土木建筑大类专业系列新形态教材

# 建筑工程质量与安全管理

郑育新　陈志翔　吴豪帅◼主　编
马青青　陈尚平　姚　鑫◼副主编

清华大学出版社
北京

## 内 容 简 介

本书根据建筑施工质量和安全管理人员职业岗位能力要求，按照高等职业技术教育土建类专业对建筑工程质量与安全管理课程的相关要求编写，坚持以就业为导向，突出实践性、实用性。本书以国家现行建筑工程标准、规范、规程为依据，结合工程案例，系统地阐述了建筑工程质量管理与安全管理的主要内容。本书包括 11 章内容：建筑工程质量管理与质量管理体系、建筑工程施工质量管理与控制、建筑工程施工质量验收、施工质量控制实施、建筑工程质量事故的处理、建筑工程安全生产管理、施工项目安全管理、施工过程安全控制、施工机械安全管理、施工现场防火安全管理、文明施工。本书具有较强的针对性、实用性和通用性，内容新颖、覆盖面广、可读性强。通过学习本书，学生可以掌握建筑工程质量与安全管理的基本理论、基本知识和基本技能，提高解决实际问题的能力，为未来的职业生涯奠定坚实的基础。

本书既可作为职业院校建筑工程类相关专业的教材和指导书，也可作为建筑施工企业管理人员技术岗位的培训用书和从事建筑工程技术人员的参考用书。

本书封面贴有清华大学出版社防伪标签，无标签者不得销售。
版权所有，侵权必究。举报：010-62782989，beiqinquan@tup.tsinghua.edu.cn。

图书在版编目（CIP）数据

建筑工程质量与安全管理 / 郑育新，陈志翔，吴豪帅主编．
北京：清华大学出版社，2025.1. --（土木建筑大类专业系列新形态教材）. -- ISBN 978-7-302-67901-1

Ⅰ．TU71

中国国家版本馆 CIP 数据核字第 2025UP8651 号

责任编辑：杜　晓
封面设计：曹　来
责任校对：袁　芳
责任印制：宋　林

出版发行：清华大学出版社
网　　址：https://www.tup.com.cn，https://www.wqxuetang.com
地　　址：北京清华大学学研大厦 A 座　　邮　编：100084
社 总 机：010-83470000　　邮　购：010-62786544
投稿与读者服务：010-62776969，c-service@tup.tsinghua.edu.cn
质量反馈：010-62772015，zhiliang@tup.tsinghua.edu.cn
课件下载：https://www.tup.com.cn，010-83470410

印 装 者：大厂回族自治县彩虹印刷有限公司
经　　销：全国新华书店
开　　本：185mm×260mm　　印　张：15.25　　字　数：350 千字
版　　次：2025 年 1 月第 1 版　　印　次：2025 年 1 月第 1 次印刷
定　　价：49.00 元

产品编号：107809-01

# 序

建筑业作为我国国民经济的重要支柱产业,在过去几十年取得了长足的发展。随着科技的进步,建筑业正处于转型升级的关键时期。工业化、数字化、智能化、绿色化成为建筑行业发展的重要方向。例如,BIM(Building Information Modeling)技术的应用为各方建设主体提供协同工作的基础,在提高生产效率、节约成本和缩短工期方面发挥重要作用,在设计、施工、运维方面很大程度上改变了传统模式和方法;智能建筑系统的普及提升了居住和办公环境的舒适度和安全性;人工智能技术在建筑行业中的应用逐渐增多,如无人机、建筑机器人的应用,提高了工作效率、降低了劳动强度,并为建筑行业带来更多创新;装配式建筑改变了建造方式,其建造速度快、受气候条件影响小,既可节约劳动力,又可提高建筑质量,并且节能环保;绿色低碳理念推动了建筑业可持续发展。2020年7月,住房和城乡建设部等13个部门联合印发《关于推动智能建造与建筑工业化协同发展的指导意见》(建市〔2020〕60号),旨在推进建筑工业化、数字化、智能化升级,加快建造方式转变,推动建筑业高质量发展,并提出到2035年,"'中国建造'核心竞争力世界领先,建筑工业化全面实现,迈入智能建造世界强国行列"的奋斗目标。

然而,人才缺乏已经成为制约行业转型升级的瓶颈,培养大批掌握建筑工业化、数字化、智能化、绿色化技术的高素质技术技能人才成为土木建筑大类专业的使命和机遇,同时也对土木建筑大类专业教学改革,特别是教学内容改革提出了迫切要求。

教材建设是专业建设的重要内容,是职业教育类型特征的重要体现,也是教学内容和教学方法改革的重要载体,在人才培养中起着重要的基础性作用。优秀的教材更是提高教学质量、培养优秀人才的重要保证。为了满足土木建筑大类各专业教学改革和人才培养的需求,清华大学出版社借助清华大学一流的学科优势,聚集优秀师资,以及行业骨干企业的优秀工程技术和管理人员,启动BIM技术应用、装配式建筑、智能建造三个方向的土木建筑大类新形态系列教材建设工作。该系列教材由四川建筑职业技术学院胡兴福教授担任丛书主编,统筹作者团队,确定教材编写原则,并负责审稿等工作。该系列教材具有以下特点。

(1)思想性。该系列教材全面贯彻党的二十大精神,落实立德树人根本任务,引导学生践行社会主义核心价值观,不断强化职业理想和职业道德培养。

(2)规范性。该系列教材以《职业教育专业目录(2021年)》和国家专业教学标准为依据,同时吸取各相关院校的教学实践成果。

(3)科学性。教材建设遵循职业教育的教学规律,注重理实一体化,内容选取、结构安排体现职业性和实践性的特色。

(4)灵活性。鉴于我国地域辽阔,自然条件和经济发展水平差异很大,部分教材采用不同课程体系，一纲多本，以满足各院校的个性化需求。

（5）先进性。一方面，教材建设体现新规范、新技术、新方法，以及现行法律、法规和行业相关规定，不仅突出 BIM、装配式建筑、智能建造等新技术的应用，而且反映了营改增等行业管理模式变革内容。另一方面，教材采用活页式、工作手册式、融媒体等新形态，并配套开发数字资源（包括但不限于课件、视频、图片、习题库等），大部分图书配套有富媒体素材，通过二维码的形式链接到出版社平台，供学生扫码学习。

教材建设是一项浩大而复杂的千秋工程，为培养建筑行业转型升级所需的合格人才贡献力量是我们的夙愿。BIM、装配式建筑、智能建造在我国的应用尚处于起步阶段，在教材建设中有许多课题需要探索，本系列教材难免存在不足之处，恳请专家和广大读者批评、指正，希望更多的同仁与我们共同努力！

胡兴福<br>
2024 年 7 月

# 前　言

依据 2022 年 9 月教育部颁布的《职业教育国家教学标准体系》中的《高等职业教育本科专业简介》，建筑工程和智能建造工程等新职业本科专业开设"建筑工程质量与安全管理"专业核心本科课程。而"建筑工程质量与安全管理"课程目前尚未有职业本科教材，传统高职教材实践性较强，但支撑理论知识不足。党的二十大报告指出：建成世界最大的高速铁路网、高速公路网，机场港口、水利、能源、信息等基础设施建设取得重大成就。近几年工程技术规范更新较快，2022 年 6 月修订的《中华人民共和国安全生产法》提出安全生产工作应当以人为本，坚持人民至上、生命至上，把保护人民生命安全摆在首位，树牢安全发展理念，坚持"安全第一、预防为主、综合治理"的方针，从源头上防范化解重大安全风险。党的二十大报告指出：提高公共安全治理水平。坚持安全第一、预防为主，建立大安全大应急框架，完善公共安全体系，推动公共安全治理模式向事前预防转型。推进安全生产风险专项整治，加强重点行业、重点领域安全监管。提高防灾、减灾、救灾和重大突发公共事件处置保障能力，加强国家区域应急力量建设。

传统教材不能紧跟新发布的工程规范；大多数高职教材图片、视频等数字资源不足，不能适应新形态教材的要求；没有全面贯彻住房和城乡建设部近些年提出的"质量第一，安全第一""一岗双责"等质量、安全要求。本书对建筑工程质量与安全管理的理论、方法、要求等做了详细的阐述，夯实理论基础。以新规范为引领，融入施工视频、微课等数字资源，坚持以质检和安全岗位为导向，突出规范性、实用性和实践性。

本书以国家现行建筑工程标准、规范、规程为依据，根据编者多年来的工作经验和教学实践，对原有的案例和内容进行了更新，以确保其与时俱进，符合当前的工程实践要求，使其更符合现在的工程规范要求，更加适合教学。

本书主要包括建筑工程质量管理和建筑工程安全管理两部分。全书共分 11 章，包括建筑工程质量管理与质量管理体系、建筑工程施工质量管理与控制、建筑工程施工质量验收、施工质量控制实施、建筑工程质量事故的处理、建筑工程安全生产管理、施工项目安全管理、施工过程安全控制、施工机械安全管理、施工现场防火安全管理、文明施工。本书以最新颁布的法律法规、标准、规范和质量员、安全员培训考试大纲以及建造师考试要求为依据，主要介绍了土建施工质量与安全相关的管理规定和标准、工程质量与安全管理的基本知识、建筑工程质量安全管理与控制。体现了科学性、实用性、系统性和可操作性的特点，既注重内容的全面性，又重点突出，做到理论联系实际。内容力求简明，以培养高技能型质量与安全技术人员为目标，知识以"够用"为度，"实用"为准。

本书由浙江广厦建设职业技术大学郑育新、陈志翔、吴豪帅担任主编并负责全书的统稿与定稿工作，新疆交通职业技术学院马青青、浙江广厦建设职业技术大学陈尚平和陕西交通职业技术学院姚鑫担任副主编,东阳市建设工程质量安全站张伟和新疆轻工职业技术学院李春燕参编。具体编写分工为:郑育新编写第1章、第6~8章,吴豪帅编写第2章,陈志翔编写第3章和第4章,姚鑫编写第5章,马青青编写第9章,陈尚平编写第10章,李春燕、张伟编写第11章,张伟、王斯文、靳红卫、付晓凤、牛晓攀负责数字资源建设。本书在编写过程中得到了新疆生产建设兵团设计院李世芳教授级高级工程师和浙江亿桥工程技术研究有限公司郑明玉高级工程师的大力支持与帮助,并对全书进行了审查。

  限于编者的水平和经验,书中难免存在疏漏和不妥之处,敬请读者批评、指正。

编　者

2024年5月

# 目 录

第 1 章　建筑工程质量管理与质量管理体系 …………………………………… 1
　　1.1　建筑工程质量管理的概念和发展 ………………………………………… 2
　　1.2　我国工程质量管理的法规 ………………………………………………… 8
　　1.3　质量管理体系 ……………………………………………………………… 12
第 2 章　建筑工程施工质量管理与控制 …………………………………………… 17
　　2.1　施工质量计划的内容和编制方法 ………………………………………… 18
　　2.2　工程质量控制的方法 ……………………………………………………… 19
　　2.3　施工试验的内容、方法和判定标准 ……………………………………… 26
第 3 章　建筑工程施工质量验收 …………………………………………………… 36
　　3.1　现行施工质量验收标准及规范 …………………………………………… 37
　　3.2　建筑工程施工质量验收划分 ……………………………………………… 38
　　3.3　建筑工程施工质量控制及验收规定 ……………………………………… 45
　　3.4　建筑工程质量验收程序和组织 …………………………………………… 47
　　3.5　施工质量验收的资料 ……………………………………………………… 49
第 4 章　施工质量控制实施 ………………………………………………………… 51
　　4.1　地基基础工程的质量控制 ………………………………………………… 52
　　4.2　砌体工程的质量控制 ……………………………………………………… 69
　　4.3　钢筋混凝土工程的质量控制 ……………………………………………… 77
　　4.4　防水工程的质量控制 ……………………………………………………… 95
第 5 章　建筑工程质量事故的处理 ………………………………………………… 106
　　5.1　建筑工程质量事故发生的原因 …………………………………………… 107
　　5.2　建筑工程质量事故的特点和分类 ………………………………………… 108
　　5.3　建筑工程中常见的质量问题（通病）…………………………………… 109
　　5.4　施工质量事故预防的具体措施 …………………………………………… 112
　　5.5　建筑工程质量事故处理 …………………………………………………… 113
第 6 章　建筑工程安全生产管理 …………………………………………………… 120
　　6.1　建设工程安全生产管理的方针、原则及相关法规 ……………………… 121
　　6.2　安全生产管理规章制度 …………………………………………………… 129
第 7 章　施工项目安全管理 ………………………………………………………… 137
　　7.1　施工项目安全管理概述 …………………………………………………… 138
　　7.2　建设工程安全生产管理体系 ……………………………………………… 146

7.3 施工安全生产责任制 …………………………………………………… 147
7.4 施工安全技术措施 ……………………………………………………… 150
7.5 施工安全教育 …………………………………………………………… 154
7.6 安全检查 ………………………………………………………………… 159
7.7 安全事故的预防与处理 ………………………………………………… 164

## 第8章 施工过程安全控制 …………………………………………………… 174
8.1 基坑工程安全技术 ……………………………………………………… 175
8.2 脚手架工程施工安全技术 ……………………………………………… 180
8.3 模板工程安全技术 ……………………………………………………… 185
8.4 高处作业安全技术 ……………………………………………………… 189

## 第9章 施工机械安全管理 …………………………………………………… 193
9.1 建筑起重机械安全技术要求 …………………………………………… 194
9.2 建筑机械设备使用安全技术 …………………………………………… 208

## 第10章 施工现场防火安全管理 ……………………………………………… 216
10.1 施工现场防火安全隐患 ………………………………………………… 217
10.2 施工现场防火的基本规定 ……………………………………………… 219
10.3 施工现场火灾急救措施 ………………………………………………… 222

## 第11章 文明施工 ……………………………………………………………… 226
11.1 文明施工概述 …………………………………………………………… 227
11.2 文明施工场容管理 ……………………………………………………… 230

**参考文献** ………………………………………………………………………… 235

# 第 1 章　建筑工程质量管理与质量管理体系

## 学习目标

1. 了解建筑工程质量管理的概念、发展历程、八大原则,以及我国工程质量管理的法规和规定。

2. 掌握质量管理体系的组织框架、施工质量控制流程,能够运用所学知识,制订合理的建筑工程质量管理计划和实施方案,并能对工程进度和质量进行监督、检查和评估,发现问题并提出处理和改进方案。

## 学习重点与难点

1. 建筑工程质量管理的概念、八大原则。
2. 工程质量管理的法规和规定,质量管理体系的组织框架、施工质量控制流程。

## 案例引入

党的二十大报告提出,坚持人民城市人民建、人民城市为人民,提高城市规划、建设、治理水平,加快转变超大特大城市发展方式,实施城市更新行动,加强城市基础设施建设。优化基础设施布局、结构、功能和系统集成,构建现代化基础设施体系。这对建筑工程质量管理提出了更高的要求。建筑工程质量管理是指在建筑工程的全过程中,为了保证工程质量的优良、安全、经济和环保,通过规范的管理体系、科学的技术措施和方法,实施严格的质量监督和控制,从而保障建筑工程的成功建设和交付的全过程。

近年来,我国对于建筑工程质量管理的要求越来越高,建立和完善建筑质量监督体系已经成为重要的国家政策。鸟巢(见图 1-1)工程的建设就是一个成功的建筑工程质量管理案例。

图 1-1　国家体育场(鸟巢)

鸟巢是2008年北京奥运会主体育场，是一项极为重要的建筑工程，其建设是综合运用了国内外的先进技术和质量管理理念。鸟巢的建设中，采用了先进的质量保证控制体系、监督管理体系和有效的信息沟通体系，保证了工程的质量。

首先，鸟巢工程建设借鉴了国外先进的建筑工程项目管理理念，采用专业的人员团队、科学的质量标准体系以及科技手段等多管齐下的方式，实现了包括设计、施工、验收、交付等多个环节的全面质量管理。

其次，鸟巢工程建设采用模块化、数字化设计和施工、实时监控、智能化控制以及信息化管理等先进技术手段，从而有效避免了工程重复建设造成的浪费、差错和时间延迟等问题，保证了工程质量和安全性。

鸟巢工程建设的成功经验说明了建筑工程质量管理的重要性和有效性，也为我国建筑工程质量管理在全球的发展上开辟了新的道路。

## 1.1 建筑工程质量管理的概念和发展

### 1.1.1 建筑工程质量管理的概念

工程质量是指工程满足业主需要的，符合国家法律、法规、技术规范标准、设计文件及合同规定的特性综合。

工程质量包括狭义和广义两个方面的含义。狭义的工程质量是指施工的工程质量（即施工质量）。广义的工程质量除指施工质量外，还包括工序质量和工作质量。

施工的工程质量是指承建工程的使用价值，也就是施工工程的适应性。正确认识施工的工程质量是至关重要的。质量是为使用目的而具备的工程适应性，不是指绝对最佳的意思，应该考虑实际用途和社会生产条件的平衡，考虑技术可能性和经济合理性。建设单位提出的质量要求，是考虑质量性能的一个重要条件，通常表示为一定幅度。施工企业应按照质量标准，进行最经济的施工，以降低工程造价，提高工程质量。

工序质量也称生产过程质量，是指施工过程中影响工程质量的主要因素，如人、机械设备、原材料、操作方法和生产环境五大因素等，对工程项目的综合作用过程，是生产过程五大要素的综合质量。为了达到设计要求的工程质量，必须掌握五大要素的变化与质量波动的内在联系，改善不利因素，不断提高工序质量。

工作质量是指施工企业的生产指挥工作、技术组织工作、经营管理工作对达到施工工程质量标准、减少不合格品的保证程度，降低失效概率。它也是施工企业生产经营活动各项工作的总质量。

工作质量不像产品质量那样直观，一般难以定量，通常是通过工程质量、不合格率、生产效率以及企业盈亏等经济效果来间接反映和定量的。

施工质量、工序质量和工作质量，虽然含义不同，但三者是密切联系的。施工质量是施工活动的最终成果，它取决于工序质量；工作质量则是工序质量的基础和保证。所以，工程质量问题绝不是就工程质量而抓工程被验收的结果所能解决的，既要抓施工质量，更要抓工作质量，必须提高工作质量来保证工序质量，从而保证和提高施工的工程质量。

建设工程作为一种特殊产品类型，除具有一般产品共有的质量特性满足社会需要的使用价值及其属性外，还具有其自身的特点。

工程质量的特性主要表现在以下六个方面。

（1）适用性，即功能——指工程满足使用目的的各种性能。包括理化性能，如尺寸、规格、保温、隔热、隔声等物理性能，耐酸、耐碱、耐腐蚀、防火、防风化、防尘等化学性能；结构性能，指地基基础的牢固程度，结构的足够强度、刚度和稳定性；使用性能，指满足设计与使用功能；外观性能，指建筑物的造型、布置、室内装饰效果、色彩等美观大方、协调等。

（2）耐久性，即寿命——指工程在规定的条件下，满足规定功能要求使用的年限，也就是工程竣工后的合理使用寿命周期。

（3）安全性——指工程建成后在使用过程中保证结构安全、保证人身和环境免受危害的程度。建设工程产品的结构安全度、抗震、耐火及防火能力，以及抗辐射、抗核污染、抗爆炸等能力，是否能达到特定的要求，都是安全性的重要标志。

（4）可靠性——指工程在规定的时间和条件下完成规定功能的能力。建设工程不仅要求在交工验收时要达到规定的指标，而且在一定的使用时期内要保持应有的正常功能。

（5）经济性——指工程从规划、勘察、设计、施工到形成产品使用寿命周期内的成本和消耗的费用。工程经济性具体表现为设计成本、施工成本、使用成本三者之和。

（6）与环境的协调性——指工程与其周围生态环境协调，与所在地区经济环境协调以及与周围已建工程相协调，以适应可持续发展的要求，符合美观的要求。

上述六个方面的质量特性彼此之间是相互依存的。总体而言，适用、耐久、安全、可靠、经济、与环境适应性，都是必须达到的基本要求，缺一不可。但是对于不同门类、不同专业的工程，如工业建筑、民用建筑、基础工程、桥梁工程、道路工程，根据其所处的特定地域环境条件、技术经济条件的差异，有不同的侧重面。

工程项目施工的最终成果，是建成并准备交付使用的建设项目，是一种新增加的、能独立发挥经济效益的固定资产，它将对整个国家或局部地区的经济发展发挥重要作用。但是，只有符合质量要求的工程，才能投产和交付使用，才能发挥经济效益。如果施工质量不合格，就会影响按期使用或留下隐患，造成危害，投资项目的经济效益就不能发挥。为此，施工企业必须牢固树立"百年大计，质量第一"的思想，做好科学组织，在管理中创造效益。

工程质量的优劣，关系到施工企业的信誉。对施工企业来说，在其施工能量超出国家对工程建设投资的情况下，企业之间就会形成竞争。企业为了提高在投标承包中的竞争力，必须树立"质量第一，信誉第一"的思想，以质量为基础，在竞争中得到发展。因此，施工企业完成的工程质量高低，关系到对国家建设的贡献大小，也关系到企业本身在建设市场中的竞争能力，必须予以足够的重视。

作为建设工程产品的工程项目，投资和耗费的人工、材料、能源都相当大，投资者（业主）付出了巨大的投资，其目的是获得理想的、能够满足使用要求的工程，以期在额定的时间内达到追回成本投入、滚动发展、创造效益的结果。

工程质量的优劣，直接影响国家建设的速度。工程质量差，本身就是最大的浪费。低劣的质量一方面需要大幅度增加返修、加固、补强等人工、器材、能源消耗，另一方面还将给投资者增加使用过程中维修、改造费用。低劣的质量必然缩短工程的使用寿命,使投资者遭受经济损失,同时还会带来其他的间接损失,给国家和使用单位造成更大的浪费、损失。因此,质量问题直接影响着企业的生存。

### 1.1.2 建筑工程质量管理的发展

建筑工程质量管理是一门科学,是随着整个社会生产的发展而发展的,同时,它同科学技术的进步、管理科学的发展也密切相关。建筑工程质量管理的发展是一个长期的过程,是在建筑工程质量问题不断出现的背景下,经过产生、发展和完善,最终形成目前先进的质量管理理念和方法。考察质量管理的发展过程,有助于我们有效地利用各种质量管理的思想和方法。目前,一般把质量管理的发展过程分为质量控制阶段、体系化管理阶段、全过程管理阶段和综合管理阶段四个阶段。

**1. 质量控制阶段**

20 世纪 50 年代到 70 年代初期,中国建筑工程质量管理处于质量控制阶段。这个阶段的特点是通过检验和抽样检测等手段,对建筑工程的质量进行控制,重视质量的检验和质量问题的解决。主要采用的方法包括橙皮书系统、ISO 9000 等质量管理体系,以及各种工程质量控制手册等。这个时期的管理方法和手段较为简单和粗糙,对建筑质量的提升和监管程度不够完善,易出现质量问题。

在这个阶段,建筑工程质量管理的重点是解决质量问题。因为建筑工程的规模不断扩大,建筑质量问题也越来越突出。建筑工程质量管理的过程中,技术人员重视工程施工过程中的质量控制,通过质量检查来发现并解决问题,以及确保工程质量符合要求。然而,这种做法往往是事后监督,而不是事前预防,因此只能实现表面上的问题解决,不能预防问题的根源。同时,这个阶段的管理方式相对单纯,没有固定的标准化管理体系,也没有明确的责任主体。建筑质量问题的出现是不可避免的,一些低质量和不合格的建筑的出现也是因为质量控制得简单和不全面,导致了不少质量风险。

**2. 体系化管理阶段**

20 世纪 80 年代到 90 年代初期,中国建筑工程质量管理进入了体系化管理阶段。这个阶段主要是借鉴 ISO 9000 等国际先进的质量管理标准,建立了一系列针对建筑工程质量的管理体系。与此同时,还推出了质量控制手册、整改措施等建筑质量管理文件,强化了管理标准化和流程化。这个时期的管理模式较为理性,将质量的掌控和管理进一步形成了具体规范。

在这个阶段,建筑工程质量管理的重点是在质量问题的控制基础上,建立质量管理体系。在这以后,相关管理规则和制度的形成,成为建筑行业建设质量的基本要求。建筑施工实施文件的规范化、标准化和流程化,逐步建立了完善的质量保证体系,并实现质量的持续改进。在这个阶段,建筑工程设计、施工、鉴定、验收等方面的标准不断提高,建筑材料也跟进了不同层次的国际标准。

这个阶段的质量管理的特点是企业可以通过建立体系,完善工作程序和工作流程,以保证工程质量符合规定,以及持续进行改进。同时,通过建立并实施质量管理体系,企业的管理指引和匹配得到了提升。而这种企业的质量体系的标准化模式,首先是从 ISO 9001

质量管理评估体系中借鉴出来的。这种管理方法的引入实现了质量控制向管理的过渡。

然而,这个阶段仍然存在质量管理的不足之处。首先,质量管理体系仅仅是企业的内部管理方式,对于行业所有企业的质量的统一规范化监管仍需进一步加强。其次,许多企业建立质量管理体系的目的不在于建立质量系统,而是通过认证获得客户的信任或者既定的商业条件。因此,建立质量管理体系的质量实现目标时常在于获得证书,而非在质量实现上。这是提高建筑工程质量的重要因素之一。

### 3. 全过程管理阶段

20世纪90年代之后,中国建筑工程质量管理进一步发展进入全过程管理阶段。这个阶段突出强调从工程设计开始到建设交付的全过程,包括施工过程、质量检测、材料选用和现场监控等方面,实现了全方位的质量控制。这个时期主要应用了BIM(building information modeling,建筑信息模型)技术和现代化的信息管理系统,提高了工程质量的效率和管理水平。

在这个阶段,建筑工程质量管理的重点是全过程管理和维护,以及加强工程的质量控制和质量保证。首先,从工程的设计到建设的所有环节都要进行精细的管理。其次,建设现场逐步实现工艺流程的标准化管理,强化现场安全管理和周围环境监管等方面。而有了现代化的信息管理系统和BIM技术,建筑工程管理的科学化水平得到了提高,也更容易管理和监控施工工艺和工序等细节。因此,可以更好地保证施工工序的合理性和整个建筑工程的质量。

然而,这个阶段的质量管理仍存在一些需要改进的问题。例如,存在零部件化与集成化、信息技术与机械装备的使用机制不成熟。同时,施工团队的组织和运行效率也需要改进,包括团队的高质量目标的制订和建立以及执行团队目标的激励和管理。因此,在工程实际质量管理中,需要正确把握施工过程中的每个细节,并深入推进现代化的信息管理技术和建筑技术。

### 4. 综合管理阶段

21世纪初至今,中国建筑工程质量管理进一步升级,进入了综合管理阶段。这个阶段主要采取了综合治理、强化监管、风险控制、科学技术等手段,将各项管理内容集成在一起统一管理。同时借鉴了国外先进的质量管理理念,注重在工程设计、材料选用、施工监管、验收交付等方面制订全面完善的管理制度和流程。

在这个阶段,建筑工程质量管理的重点是从整体上进行规划和维护,整合各类资源,确保科学的管理和监管体系,以提高建筑工程质量。这个阶段的质量管理系统在国际上已有先进的对标实践,如综合治理的方法将社会风险和质量管理进行统筹考虑,将相关的质量问题纳入监管视野。企业定制化质量管理体系建设趋于成熟,企业根据自身的工艺特点和质量目标,自主地制订建筑工程的质量管理体系文件,以大幅度提升自身质量管理水平。

同时,建筑工程质量管理也要逐步使用人工智能技术和大数据技术,以便及时处理各类质量问题和建筑风险。建立全面的质量风险控制体系,确保全生命周期内质量控制的全面执行,以实现从质量治理到优化、创新、升级的质量变革。

然而,企业在追求华丽外观和功能的同时,不应忽视内部质量的持续改进。通过平衡外观与内部质量、建立综合质量管理体系、强化质量文化建设等措施,企业可以不断提升自身的质量治理水平,为客户提供更加安全、可靠、耐用的建筑产品。

建筑工程的质量管理经历了质量控制阶段、体系化管理阶段、全过程管理阶段和综合管理阶段。在这个过程中,建筑工程质量管理体系不断拓展和完善,从而实现了建筑工程质量的持续改进和管理。然而,任何一个阶段的质量管理都存在不足之处,对于建筑工程质量问题的解决需要企业不断努力,对于质量监控与检验的精准化进行不断的提升,以确保建筑工程始终符合规范的质量要求。建筑工程质量管理是一个兼顾细节和大局的综合过程,需要企业整合人力、物力、财力的机制,以实现质量的生命周期控制。以此确保所有建筑工程的质量都能够得到充分检验和优化描述。

### 1.1.3 建筑工程质量管理的八大原则

GB/T 19000族标准为了成功地领导和运作一个组织,针对所有相关方的需求,实施并保持持续改进其业绩的管理体系,做好质量管理工作。为了确保质量目标的实现,明确了以下八项质量管理原则。

**1. 以顾客为关注焦点**

组织依存于顾客。因此,组织应当理解顾客当前和未来的需求,满足顾客要求并争取超越顾客期望。一切要以顾客为中心,没有了顾客,产品销售不出去,市场自然也就没有了。所以,无论什么样的组织,都要满足顾客的需求,顾客的需求是第一位的。要满足顾客需求,首先就要了解顾客的需求,这里说的需求,包含顾客明示的和隐含的需求。明示的需求就是顾客明确提出来的对产品或服务的要求;隐含的需求或者顾客的期望,是指顾客没有明示但是必须要遵守的,比如法律法规的要求,还有产品相关的标准的要求。另外,作为一个组织,还应该了解顾客和市场的反馈信息,并把它转化为质量要求,采取有效措施来实现这些要求。想顾客所想,这样才能做到超越顾客期望。这个指导思想不仅领导要明确,还要在全体职工中贯彻。

**2. 领导作用**

领导者确立组织统一的宗旨和方向。领导应当创造并保持使员工能充分参与实现组织目标的内部环境。作为组织的领导者,必须将本组织的宗旨、方向和内部环境统一起来,积极地营造一种竞争的机制,调动员工的积极性,使所有员工都能够在融洽的气氛中工作。领导者应该确立组织统一的宗旨和方向,就是所谓的质量方针和质量目标,并能够号召全体员工为组织的统一宗旨和方向努力。

领导的作用,即最高管理者应该具有决策和领导一个组织的关键作用。确保关注顾客要求,确保建立和实施一个有效的质量管理体系,确保提供相应的资源,并随时将组织运行的结果与目标比较,根据情况决定实现质量的方针、目标,决定持续改进的措施。在领导作风上还要做到透明、务实和以身作则。

**3. 全员参与**

各级人员都是组织之本,只有他们的充分参与,才能够使他们的才干为组织带来收益。全体职工是每个组织的基础。组织的质量管理不仅需要最高管理者的正确领导,还有赖于全员的参与。所以要对职工进行质量意识、职业道德、以顾客为中心的意识和敬业精神的教育,还要激发员工的积极性和责任感。只有员工的合作和积极参与,才可能做出成绩。

**4. 过程方法**

将活动和相关的资源作为过程进行管理,可以更高效地得到期望的结果。增值不仅是指有形的增值,还应该有无形的增值,比如制造过程,就是将一些原材料经过加工形成了产品,可以想象一下,产品的价格会比原材料的总和要高,这就是增值。这是一个最简单的例子。

组织在运转的过程中,有很多活动,都应该作为过程来管理。将相关的资源和活动作为过程进行管理,可以更高效地得到期望的结果。过程方法的原则不仅适用于某些简单的过程,也适用于由许多过程构成的过程网络。在应用于质量管理体系时,2000年版ISO 9000族标准建立了一个过程模式。此模式把管理职责,资源管理,产品实现,测量、分析和改进作为体系的四大主要过程,描述其相互关系并以顾客要求为输入,提供给顾客的产品为输出,通过信息反馈来测定顾客的满意度,评价质量管理体系的业绩。

**5. 管理的系统方法**

将相互关联的过程作为系统加以识别、理解和管理,有助于组织提高实现目标的有效性和效率。

组织的过程不是孤立的,而是有联系的,因此,正确地识别各个过程,以及各个过程之间的关系和借口,并采取适合的方法来管理。

针对设定的目标,识别、理解并管理一个由相互关联的过程所组成的体系,有助于提高组织的有效性和效率。这种建立和实施质量管理体系的方法,既可用于新建体系,也可用于现有体系的改进。此方法的实施可在三方面受益:一是提供对过程能力及产品可靠性的信任;二是为持续改进打好基础;三是使顾客满意,最终使组织获得成功。

**6. 持续改进**

持续改进总体业绩应当是组织的一个永恒目标。在过程的实施过程中不断地发现问题、解决问题,就会形成一个良性循环。

持续改进是组织的一个永恒的目标。在质量管理体系中,改进指产品质量、过程及体系有效性和效率的提高,持续改进包括了解现状;建立目标;寻找、评价和实施解决办法;测量、验证和分析结果,把更改纳入文件等活动。最终形成一个PDCA[计划(plan)、执行(do)、检查(check)、处理(act)]循环,并使这个循环不断地运行,使得组织能够持续改进。

**7. 基于事实的决策方法**

有效决策是建立在数据和信息分析的基础上。组织应该搜集运行过程中的各种数据,然后对这些数据进行统计和分析,从数据中寻找组织的改进点,或者相关的信息,以便于组织作出正确的决策,减少错误的发生。对数据和信息的逻辑分析或直觉判断是有效决策的基础。在对信息和资料做科学分析时,统计技术是最重要的工具之一。统计技术可用来测量、分析和说明产品和过程的变异性,可以为持续改进的决策提供依据。

**8. 与供方互利的关系**

组织与供方是相互依存的,互利的关系可增强双方创造价值的能力。刚才提到的组织的供应链适用于各种组织,对于不同的组织,在不同的供应链中的地位也是不同的,有可能是一个供应链中的供方,同时也是另外一个供应链中的顾客,所以,互利的供方关系其实是一个让供应链中各方同时得到改进的机会,共同进步。

通过互利的关系,增强组织及其供方创造价值的能力。供方提供的产品将对组织向顾客提供满意的产品产生重要影响,因此处理好与供方的关系,影响到组织能否持续稳定地提供顾客满意的产品。对供方不能只讲控制不讲合作互利,特别对关键供方,更要建立互利关系,这对组织和供方都有利。

## 1.2 我国工程质量管理的法规

### 1.2.1 工程建设强制性标准相关的规定

工程建设强制性标准是直接涉及工程质量、安全、卫生及环境保护等方面的工程建设标准强制性条文。强制性条文颁布以来,国务院有关部门、各级建设行政主管部门和广大工程技术人员高度重视,纷纷开展了贯彻实施强制性条文的活动,以准确理解强制性条文的内容,把握强制性条文的精神实质,全面了解强制性条文产生的背景、作用、意义和违反强制性条文的处罚等内容。

《工程建设强制性条文》是工程建设过程中的强制性技术规定,是参与建设活动各方执行工程建设强制性标准的依据。执行《工程建设强制性条文》既是贯彻落实《建设工程质量管理条例》的重要内容,又是从技术上确保建设工程质量的关键,同时也是推进工程建设标准体系改革所迈出的关键的一步。强制性条文的正确实施,对促进房屋建筑活动健康发展,保证工程质量、安全,提高投资效益、社会效益和环境效益都具有重要的意义。

我国工程建设强制性条文是从现行标准中摘录出来的,条文规定的内容较为具体详细,这样也便于检查操作。从发展方向来讲,随着我国法治建设的完善,强制性条文逐步走向技术法规,以性能为主的规定将会越来越多。强制性条文采用"必须""严禁"和"应""不应""不得"等用词,一般不采用"宜""不宜"等用词。

工程建设强制性标准的范围如下。

(1) 工程建设勘察、规划、设计、施工(包括安装)及验收等综合性标准和重要的质量标准。

(2) 工程建设有关安全、卫生和环境保护的标准。

(3) 工程建设重要的术语、符号代号、量与单位、建筑模数和制图方法标准。

(4) 工程建设重要的试验、检验和评定方法等标准。

(5) 国家需要控制的其他工程建设标准。

**1. 建设单位**

建设单位不履行或不正当履行其工程管理的职责的行为是多方面的,对于强制性标准方面,建设单位有下列行为之一的,责令改正,并处以 20 万元以上 50 万元以下的罚款。

(1) 明示或暗示施工单位使用不合格的建筑材料、建筑构配件和设备。

(2) 明示或暗示设计单位或施工单位违反建设工程强制性标准,降低工程质量。

**2. 勘察、设计单位**

勘察、设计单位违反工程建设强制性标准进行勘察、设计的,责令改正,并处以 10 万元以上30万元以下的罚款。

有前款行为,造成工程质量事故的,责令停业整顿,降低资质等级;情节严重的,吊销资质证书;造成损失的,依法承担赔偿责任。

**3. 施工单位**

施工单位违反工程建设强制性标准的,责令改正,处工程合同价款2%以上4%以下的罚款;造成建设工程质量不符合规定的质量标准的,负责返工、返修,并赔偿因此造成的损失;情节严重的,责令停业整顿,降低资质等级或者吊销资质证书。

**4. 工程监理单位**

工程监理单位与建设单位或施工单位串通,弄虚作假、降低工程质量的;违反强制性标准规定,将不合格的建设工程以及建筑材料、建筑构配件和设备按照合同签字的,责令改正,处50万元以上100万元以下的罚款,降低资质等级或者吊销资质证书;有违法所得的,予以没收;造成损失的,承担连带赔偿责任。

**5. 事故单位和人员**

违反工程建设强制性标准造成工程质量、安全隐患或者工程事故的,按照《建设工程质量管理条例》有关规定,对事故责任单位和责任人进行处罚。

**6. 建设行政主管部门和有关人员**

建设行政主管部门和有关行政主管部门工作人员,玩忽职守、滥用职权、徇私舞弊的,给予行政处分;构成犯罪的,依法追究刑事责任。

## 1.2.2　房屋建筑工程和市政基础设施工程竣工验收备案管理的规定

住房和城乡建设部为了加强房屋建筑和市政基础设施工程质量的管理,根据《建设工程质量管理条例》,制订了《房屋建筑和市政基础设施工程竣工验收备案管理办法》。规定在中华人民共和国境内新建、扩建、改建各类房屋建筑和市政基础设施工程的竣工验收备案,适用本办法。国务院住房和城乡建设主管部门负责全国房屋建筑和市政基础设施工程(以下统称工程)的竣工验收备案管理工作。县级以上地方人民政府建设主管部门负责本行政区域内工程的竣工验收备案管理工作。

《房屋建筑和市政基础设施工程竣工验收备案管理办法》规定如下。

(1) 建设单位应当自工程竣工验收合格之日起15日内,依照本办法规定,向工程所在地的县级以上地方人民政府建设主管部门(以下简称备案机关)备案。

(2) 建设单位办理工程竣工验收备案应当提交下列文件。

① 工程竣工验收备案表。

② 工程竣工验收报告。竣工验收报告应当包括工程报建日期,施工许可证号,施工图设计文件审查意见,勘察、设计、施工、工程监理等单位分别签署的质量合格文件及验收人员签署的竣工验收原始文件,市政基础设施的有关质量检测和功能性试验资料以及备案机关认为需要提供的有关资料。

③ 法律、行政法规规定应当由规划、环保等部门出具的认可文件或者准许使用文件。

④ 法律规定应当由公安消防部门出具的对大型的人员密集场所和其他特殊建设工程

验收合格的证明文件。

⑤ 施工单位签署的工程质量保证书。

⑥ 法规、规章规定必须提供的其他文件。

⑦ 住宅工程还应当提交《住宅质量保证书》和《住宅使用说明书》。

(3) 备案机关收到建设单位报送的竣工验收备案文件,验证文件齐全应当在工程竣工验收备案表上签署文件收讫。工程竣工验收备案表一式两份,一份由建设单位保存,另一份留备案机关存档。

(4) 工程质量监督机构应当在工程竣工验收之日起 5 日内,向备案机关提交工程质量监督报告。

(5) 备案机关发现建设单位在竣工验收过程中有违反国家有关建设工程质量管理规定行为的,应当在收讫竣工验收备案文件 15 日内,责令停止使用,重新组织竣工验收。

(6) 建设单位在工程竣工验收合格之日起 15 日内未办理工程竣工验收备案的,备案机关责令限期改正,处 20 万元以上 50 万元以下罚款。建设单位将备案机关决定重新组织竣工验收的工程,在重新组织竣工验收前,擅自使用的,备案机关责令停止使用,处工程合同价款 2% 以上 4% 以下罚款。建设单位采用虚假证明文件办理工程竣工验收备案的,工程竣工验收无效,备案机关责令停止使用,重新组织竣工验收,处 20 万元以上 50 万元以下罚款;构成犯罪的,依法追究刑事责任。

(7) 备案机关决定重新组织竣工验收并责令停止使用的工程,建设单位在备案之前已投入使用或者建设单位擅自继续使用造成使用人损失的,由建设单位依法承担赔偿责任。

(8) 竣工验收备案文件齐全,备案机关及其工作人员不办理备案手续的,由有关机关责令改正,对直接责任人员给予行政处分。

(9) 抢险救灾工程、临时性房屋建筑工程和农民自建低层住宅工程,不适用本办法。军用房屋建筑工程竣工验收备案,按照中央军事委员会的有关规定执行。

## 1.2.3 房屋建筑工程质量保修范围、保修期限和违规处罚的规定

建设工程质量保修制度是指建设工程在办理竣工验收手续后,在规定的保修期限内,因勘察、设计、施工、材料等原因造成的质量缺陷,应当由施工承包单位负责维修、返工或更换,由责任单位负责赔偿损失。建设工程实行质量保修制度是落实建设工程质量责任的重要措施。《中华人民共和国建筑法》《建设工程质量管理条例》《房屋建筑工程质量保修办法》(2000 年 6 月 30 日建设部令第 80 号发布)对该项制度的规定主要有以下几方面内容。

(1) 建设工程承包单位在向建设单位提交竣工验收报告时,应当向建设单位出具质量保修书。质量保修书中应当明确建设工程的保修范围、保修期限和保修责任等。保修范围和正常使用条件下的最低保修期限如下。

① 基础设施工程、房屋建筑的地基基础工程和主体结构工程,为设计文件规定的该工程的合理使用年限。

② 屋面防水工程、有防水要求的卫生间、房间和外墙面的防渗漏,为 5 年。

③ 对于供热与供冷系统的质量保修范围,通常为 2 个采暖期和 2 个供冷期。

④ 电气管线、给排水管道、设备安装和装修工程,为2年。

⑤ 装修工程为2年。

⑥ 建筑节能工程为5年。

⑦ 其他项目的保修期限由发包方与承包方约定。建设工程的保修期,自竣工验收合格之日起计算。因使用不当或者第三方造成的质量缺陷,以及不可抗力造成的质量缺陷,不属于法律规定的保修范围。

(2) 建设工程在保修范围和保修期限内发生质量问题的,施工单位应当履行保修义务,并对造成的损失承担赔偿责任。对在保修期限内和保修范围内发生的质量问题,一般应先由建设单位组织勘察、设计、施工等单位分析质量问题的原因,确定维修方案,由施工单位负责维修。但当问题较严重复杂时,不管是什么原因造成的,只要是在保修范围内,均先由施工单位履行保修义务,不得推诿扯皮。对于保修费用,则由质量缺陷的责任方承担。

## 1.2.4 建设工程专项质量检测、见证取样检测的业务内容的规定

建设工程质量检测是指依据国家有关法律、法规、工程建设强制性标准和设计文件,对建设工程的材料、构配件、设备,以及工程实体质量、使用功能等进行测试,以确定其质量特性的活动。

国务院住房和城乡建设主管部门负责对全国质量检测活动实施监督管理。省、自治区、直辖市人民政府住房和城乡建设主管部门负责对本行政区域内的质量检测活动实施监督管理,并负责检测机构的资质审批。市、县人民政府建设主管部门负责对本行政区域内的质量检测活动实施监督管理。

检测机构根据《建设工程质量检测管理办法》分为见证取样检测机构和专项检测机构。专项检测机构根据检测项目又分为地基基础工程检测、主体结构工程现场检测、建筑幕墙工程检测、钢结构工程检测。

根据《中国建设工程质量检测行业发展趋势与投资分析报告前瞻》分析,检测机构资质的要求包括以下三点。

**1. 专项检测机构和见证取样检测机构应满足的基本条件**

(1) 专项检测机构的注册资本不少于100万元人民币,见证取样检测机构不少于80万元人民币。

(2) 所申请检测资质对应的项目应通过计量认证。

(3) 有质量检测、施工、监理或设计经历,并接受了相关检测技术培训的专业技术人员不少于10人;边远的县(区)的专业技术人员可不少于6人。

(4) 有符合开展检测工作所需的仪器、设备和工作场所;其中,使用属于强制检定的计量器具,要经过计量检定合格后,方可使用。

(5) 有健全的技术管理和质量保证体系。

**2. 专项检测机构应满足的其他条件**

1) 地基基础工程检测类

专业技术人员中从事工程桩检测工作3年以上并具有高级或者中级职称的不得少于4名,其中1人应当具备注册岩土工程师资格。

2) 主体结构工程检测类

专业技术人员中从事结构工程检测工作3年以上并具有高级或者中级职称的不得少于4名,其中1人应当具备二级注册结构工程师资格。

3) 建筑幕墙工程检测类

专业技术人员中从事建筑幕墙检测工作3年以上并具有高级或者中级职称的不得少于4名。

4) 钢结构工程检测类

专业技术人员中从事钢结构机械连接检测、钢网架结构变形检测工作3年以上并具有高级或者中级职称的不得少于4名,其中1人应当具备二级注册结构工程师资格。

**3. 见证取样检测机构应满足的其他条件**

见证取样检测机构除应满足基本条件外,专业技术人员中从事检测工作3年以上并具有高级或者中级职称的不得少于3名,边远的县(区)可不少于2人。

专项检测的内容如下。

1) 地基基础工程检测

(1) 地基及复合地基承载力静载检测。

(2) 桩的承载力检测。

(3) 桩身完整性检测。

(4) 锚杆锁定力检测。

2) 主体结构工程现场检测

(1) 混凝土、砂浆、砌体强度现场检测。

(2) 钢筋保护层厚度检测。

(3) 混凝土预制构件结构性能检测。

(4) 后置埋件的力学性能检测。

## 1.3 质量管理体系

### 1.3.1 质量控制体系的组织框架

质量保证体系是运用科学的管理模式,以质量为中心所制订的保证质量达到要求的循环系统,质量保证体系的设置可使施工过程中有法可依,但关键在于是否运转正常,只有正常运转的质量保证体系,才能真正达到控制质量的目的。而质量保证体系的正常运作必须以质量控制体系来予以实现。

施工质量控制体系是按科学的程序运转,其运转的基本方式是PDCA的循环管理活动,通过计划、实施、检查、处理四个阶段把经营和生产过程的质量有机地联系起来,而形成一个高效的体系来保证施工质量达到工程质量的保证。

(1) 以提出的质量目标为依据,编制相应的分项工程质量目标计划,这个分项目标计划应使在项目参与管理的全体人员均熟悉了解,做到心中有数。

(2) 在实施过程中,无论是施工工长还是质检人员均要加强检查,在检查中发现问题并及时解决,以使所有质量问题解决于施工之中,并同时对这些问题进行汇总,形成书面材料,认真分析总结,以保证在今后或下次施工时不出现类似问题。

(3) 在实施完成后,对成型的建筑产品进行全面检查,发现问题,追查原因,对不同问题进行不同的处理方式,从人、材料、方法、机械、环境等方面进行讨论,并产生改进意见,再根据这些改进意见而使施工工序进入下次循环。

## 1.3.2 模板、钢筋、混凝土等分部分项工程的施工质量控制流程

**1. 模板工程质量控制程序**(见图1-2)

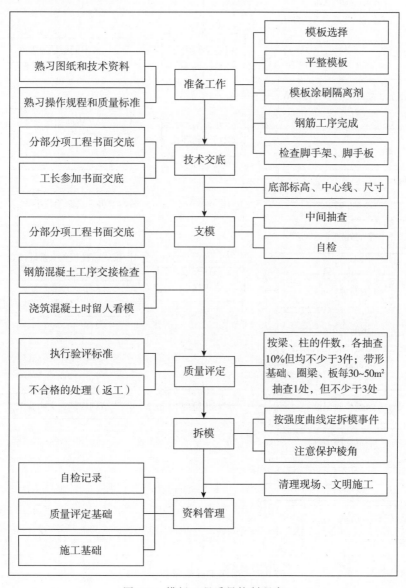

图1-2 模板工程质量控制程序

**2. 钢筋工程质量控制程序**(见图 1-3)

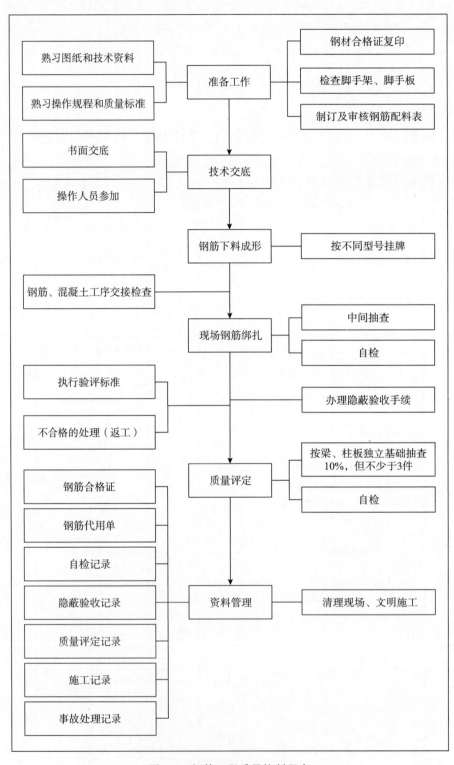

图 1-3 钢筋工程质量控制程序

**3. 混凝土工程控制程序**（见图 1-4）

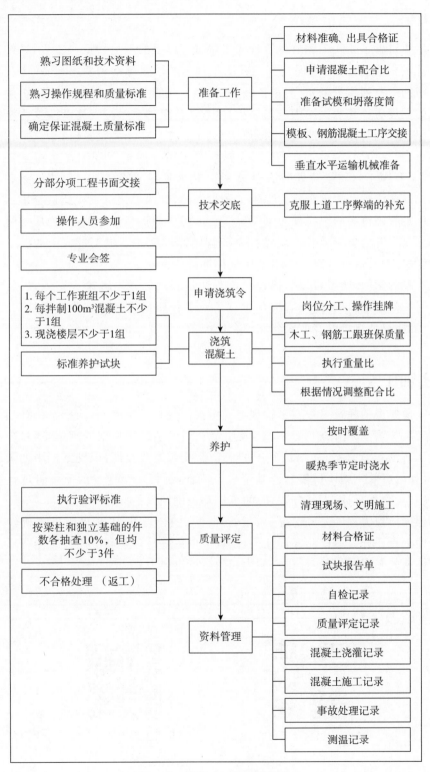

图 1-4　混凝土工程控制程序

## 小结

本章主要讲解了建筑工程质量管理与质量管理体系的相关知识。首先,讲解了建筑工程质量管理的概念,即为了确保建筑工程满足预定的质量标准和要求,而在工程项目的全过程中实施的一系列质量策划、质量控制、质量保证和质量改进活动。接着,讲解建筑工程质量管理的发展历程和八大原则。发展历程中,从传统的质量检查逐渐演变为全面质量管理,强调全员参与和持续改进。八大原则为我们提供了质量管理的核心理念,包括以顾客为关注焦点、领导作用、全员参与等,这些原则对于指导质量管理工作具有重要意义。此外,还讲解了我国工程质量管理的法规和规定,以及质量管理体系的组织框架和施工质量控制流程。这些法规和规定为我们提供了法律保障,确保了建筑工程质量管理的规范性和有效性。质量管理体系的组织框架则明确了各部门的职责和协作关系,为质量管理工作的顺利开展提供了有力支持。施工质量控制流程则详细描述了施工过程中的质量控制环节和措施,确保施工质量符合设计要求和质量标准。

通过本章的学习,读者可以掌握建筑工程质量管理的基本理论和知识,为后续章节的学习打下坚实的基础。同时,读者应认识到建筑工程质量管理的重要性和复杂性,需要不断学习和实践,提高自己的专业素养和综合能力。

## 实训任务

设计一份典型的建筑工程质量管理与质量控制流程模拟案例,根据案例计划内容需含有对建筑工程质量管理概念、八大原则及质量管理体系组织框架的理解,通过分析一个典型的建筑工程质量管理案例,讨论其中的成功经验和失败教训,识别案例中的关键质量控制点,探讨如何有效实施质量控制。基于模拟流程,制订一个详细的质量管理计划和实施方案,明确质量管理目标、责任分工、时间节点和关键绩效指标。

最后根据模拟流程的完成情况、质量管理计划的合理性、发现问题的准确性和处理方案的可行性进行评分。通过此实训任务,读者可以更好地理解和应用建筑工程质量管理与质量管理体系的知识,提高实际操作能力和问题解决能力。

## 本章教学资源

建筑工程质量管理的
概念和发展

我国工程质量管理的
法规与质量管理体系

# 第 2 章 建筑工程施工质量管理与控制

## 学习目标

1. 掌握建筑工程施工质量管理与控制的相关知识,包括质量策划的概念、施工质量计划的内容和编制方法,工程质量控制的方法,影响质量的主要因素,施工准备阶段和施工阶段的质量控制方法,以及设置施工质量控制点的原则和方法。

2. 掌握施工试验的内容、方法和判定标准,包括砂浆、混凝土、钢材及其连接、土工及桩基、屋面及防水工程、房屋结构的实体检测等方面的知识。通过学习,能够全面掌握建筑工程施工质量管理与控制的重要性,理解质量策划、质量控制和质量检验的关系,熟练掌握相关的知识和技能,能够编制合理的施工质量计划、实施有效的质量控制和试验,为建筑工程的顺利进行和质量保障提供支持。

## 学习重点与难点

1. 施工质量计划的内容和编制方法是学习的重点,要求学生理解施工质量计划的结构和内容,并且能够根据不同施工阶段的需求作出计划。工程质量控制的方法也是重点,要求学生了解影响质量的主要因素,掌握施工准备阶段和施工阶段的质量控制方法和原则,学习如何设置施工质量控制点。

2. 学习难点涉及设置施工质量控制点的原则和方法,以及对施工试验结果进行分析和总结,这两个方面需要学生灵活运用理论知识,并且需要比较敏锐的眼光,充分认识到具体施工过程中可能存在的问题,从而作出合理的控制决策。

## 案例引入

某市高速公路工程由于施工中存在质量问题(见图 2-1),引发了社会广泛关注和批评。经过深入调查,发现该工程存在着质量监管不到位、施工管理混乱等问题,导致质量问题频发,给道路使用带来了不小的安全隐患。

为了解决这些问题,施工方开始全面进行质量管理。首先,他们对施工项目质量控制的特点进行了分析,发现在该工程中,施工能力参差不齐、施工管理混乱、质量意识薄弱等都是导致质量问题的主要因素。施工方针对这些问题,制订了相应的质量控制方案和措施。施工方建立了质量管理小组,从人的因素控制入手,加强了员工的考核和奖惩机制,提高了员工的质量意识和责任心,确保施工过程中的质量问题得到及时处理和解决。

同时,施工方对机械设备和材料的控制也进行了改善。他们对机械设备进行了定期的检查、维护和保养,确保其在施工过程中的稳定运行。对于材料的选择和供应,施工方加强了管控,确保采购的材料符合标准,并按照规定的质量要求使用。

对于方法的控制,施工方加强了现场管理和监督,建立了严格的施工程序和操作规范,

图 2-1 某高速路面出现裂缝

确保每个环节都得到规范执行,有效地遏制了质量问题的发生。

最后,施工方针对该工程所处环境的特殊性,加强了环保措施,确保施工对周边环境的影响最小化。

经过多轮严格的质量控制和管理,该高速公路工程质量得到有效控制和改善,获得了广大民众的认可和赞扬。该案例充分说明了,在施工项目中,人的因素控制、机械设备控制、材料的控制、方法的控制以及环境因素控制,这些因素都是影响项目质量的关键因素,只有通过有效的质量控制,才能保证工程质量的稳定性和可靠性。

## 2.1 施工质量计划的内容和编制方法

### 2.1.1 施工质量计划的内容

按照《质量管理体系—基础和术语》(GB/T 19000—2016)质量管理体系标准,质量计划是质量管理体系文件的组成内容。在合同环境下,质量计划是企业向顾客表明质量管理方针、目标及其具体实现的方法、手段和措施的文件,体现企业对质量责任的承诺和实施的具体步骤。

在已经建立质量管理体系的情况下,质量计划的内容必须全面体现和落实企业质量管理体系文件的要求(也可引用质量体系文件中的相关条文),编制程序、内容和编制依据符合有关规定,同时结合本工程的特点,在质量计划中编写专项管理要求。施工质量计划的基本内容一般应包括以下几方面。

(1) 工程特点及施工条件(合同条件、法规条件和现场条件等)分析。
(2) 质量总目标及其分解目标。
(3) 质量管理组织机构和职责,人员及资源配置计划。
(4) 确定施工工艺与操作方法的技术方案和施工组织方案。

(5) 施工材料、设备等物资的质量管理及控制措施。
(6) 施工质量检验、检测、试验工作的计划安排及其实施方法与接收准则。
(7) 施工质量控制点及其跟踪控制的方式与要求。
(8) 质量记录的要求等。

## 2.1.2 施工质量计划的编制方法

建设工程项目施工任务的组织,无论业主方采用平行发包还是总分包方式,都将涉及多方参与主体的质量责任。也就是建筑产品的直接生产过程,是在协同方式下进行的,因此,在工程项目质量控制系统中,要按照谁实施、谁负责的原则,明确施工质量控制的主体构成及其各自的控制范围。

### 1. 施工质量计划的编制主体

施工质量计划应由自控主体即施工承包企业进行编制。在平行发包方式下,各承包单位应分别编制施工质量计划;在总分包模式下,施工总承包单位应编制总承包工程范围的施工质量计划;各分包单位编制相应分包范围的施工质量计划,作为施工总承包方质量计划的深化和组成部分。施工总承包方有责任对各分包方施工质量计划的编制进行指导和审核,并承担相应施工质量的连带责任。

### 2. 施工质量计划涵盖的范围

施工质量计划涵盖的范围,按整个工程项目质量控制的要求,应与建筑安装工程施工任务的实施范围相一致,以此保证整个项目建筑安装工程的施工质量总体受控;对具体施工任务承包单位而言,施工质量计划涵盖的范围,应能满足其履行工程承包合同质量责任的要求。建设工程项目的施工质量计划,应在施工程序、控制组织、控制措施、控制方式等方面,形成一个有机的质量计划系统,确保实现项目质量总目标和各分解目标的控制能力。

## 2.2 工程质量控制的方法

### 2.2.1 影响质量的主要因素

影响工程质量的因素主要有五个方面,即人(man)、材料(material)、机械(machine)、方法(method)和环境(environment),简称为4M1E因素。

### 1. 人员素质

人员素质是影响工程质量的一个重要因素。人是生产经营活动的主体,也是工程项目建设的决策者、管理者、操作者,工程建设的全过程都是通过人来完成的。因此,建筑行业实行经营资质管理和各类专业从业人员持证上岗制度是保证人员素质的重要管理措施。

### 2. 工程材料

影响工序质量的材料因素主要是材料的成分、物理性能和化学性能等。材料质量是工程质量的基础。材料质量不符合要求,工程质量就不可能得到保证,所以加强材料的质量控制是提高工程质量的重要保障,也是实现投资控制目标和进度控制目标的前提。在施工过程中,质量检查员必须对已运到施工现场并拟用到永久工程的材料和设备,做好检查工作,确认其质量。建筑材料(包括大堆砂石料及三大材等)、成品、半成品,要建立入场检验制度。检验应当有书面记录和专人签字,未经验收检查者或经过检验不合格者均不得使用。检验内容包括对原材料进货、制造加工、组装、中间产品试验、除锈、强度试验、严密性试验、油漆、包装直至完成出厂并具备装运条件的检验。

对工程材料的检查,首先是看其规格、性能是否符合设计要求,并对其质量通过试验进行抽样检查,不合格的材料不准使用;对设备要坚持开箱检查,看其是否有出厂合格证,其型号和性能是否与设计相符,在运输过程中有无破损,对不符合要求的设备不准安装;经试验判定有缺陷的材料或设备在消除缺陷后,要在相同的条件下重新试验,直到质量达到合格标准后方可使用。当设备安装就位后,要进行试车检查或性能测试,达不到要求的设备则以书面形式通知厂方到现场检修或更换。

**3. 机械设备**

机械设备包括组成工程实体及配套的工艺设备和各类机具,以及施工过程中使用的各类机具设备。

**4. 方法**

这里所指的方法控制,包含工程项目整个建设周期内所采用的技术方案、工艺流程、组织措施、检测手段、施工组织设计等的控制。

施工方案正确与否是直接影响工程项目的进度控制、质量控制、投资控制三大目标能否顺利实现的关键,往往由于施工方案考虑不周而拖延进度,影响质量,增加投资。为此,必须结合工程实际,从技术、组织、管理、工艺、操作、经济等方面进行全面分析、综合考虑,力求技术方案可行、经济合理、工艺先进、措施得力、操作方便,有利于提高质量、加快进度、降低成本。

例如,在拟定混凝土浇筑方案时,应保证混凝土浇筑连续进行;在浇筑上层混凝土时,下面一层混凝土不致产生初凝现象,否则就不能采用"全面分层"的浇筑方案。此时,则应采取技术措施,采用"全面分层掺缓凝剂"或"全面分层进行二次振捣"的浇筑方案。在这种情况下,对需要缓凝的时间和缓凝剂的掺量,或二次振捣的间隔时间和振动设备的数量,均应进行准确计算,并通过试验调整、确定。

总之,方法是实现工程建设的重要手段,无论方案的制订、工艺的设计、施工组织设计的编制、施工顺序的开展和操作要求等,都必须以确保质量为目的,严加控制。

**5. 环境条件**

环境条件是指对工程质量特性起重要作用的环境因素,包括以下几方面。

(1) 工程技术环境:工程地质、水文、气象等。
(2) 工程作业环境:施工作业面大小、防护设施、通风照明、通信条件。
(3) 工程管理环境:合同结构与管理关系的确定、组织体制与管理制度等。
(4) 周边环境:工程临近的地下管线、建筑物等。

## 2.2.2　施工准备阶段的质量控制

施工准备阶段的质量控制是指项目正式施工活动开始前,对各项准备工作及影响质量的各因素和有关方面进行的质量控制,是为保证施工生产正常进行而必须事先做好的工作,故亦称为事前控制。

施工准备工作不仅是在工程开工前要做好,而且贯穿于整个施工过程。施工准备的基本任务就是为施工项目建立一切必要的施工条件,确保施工生产顺利进行,确保工程质量符合要求。

施工前做好质量控制工作对保证工程质量具有很重要的意义。它包括审查施工队伍的技术资质,采购和审核对工程有重大影响的施工机械、设备等。质检员在本阶段的主要职责有以下三个方面。

**1. 建立质量控制系统**

建立质量控制系统,制订本项目的现场质量管理制度,包括现场会议制度、现场质量检验制度、质量统计报表制度、质量事故报告处理制度、质量统计报表制度、质量事故报告处理制度,完善计量及质量检测技术和手段。协助分包单位完善其现场质量管理制度,并组织整个工程项目的质量保证活动。俗话说"没有规矩不成方圆",建章立制是保证工程质量的前提,也是质检员的首要任务。

**2. 进行质量检查与控制**

对工程项目施工所需的原材料、半成品、构配件进行质量检查与控制。重要的预订货应先提交样品,经质检员检查认可后方进行采购。凡进场的原材料均应有产品合格证或技术说明书。通过一系列检验手段,将所取得的数据与厂商所提供的技术证明文件相对照,及时发现材料(半成品、构配件)质量是否满足工程项目的质量要求。一旦发现不能满足工程质量的要求,立即重新购买、更换,以保证所采用的材料(半成品、构配件)的质量可靠性。同时,质检员将检验结果反馈给厂商,使之掌握有关的质量情况。此外,根据工程材料(半成品、构配件)的用途、来源及质量保证资料的具体情况,质检员可决定质量检验工作的深度,如免检、抽检或全部检查。

**3. 组织或参与组织图纸会审**

1) 组织图纸审查

(1) 规模大、结构特殊或技术复杂的工程由公司总工程师在项目质检员的配合下组织分包技术人员,采用技术会议的形式进行图纸审查。

(2) 企业列为重点的工程,由工程处主任工程师组织有关技术人员进行图纸审查,项目质检员配合。

(3) 一般工程由项目质检员组织技术队长、工长、翻样师傅等进行图纸审查。

2) 图纸会审程序

在图纸会审以前,质检员必须组织技术队长或主任工程师、分项工程负责人(工长)及预算人员等学习正式施工图,熟悉图纸内容、要求和特点,并由设计单位进行设计交底,以达到明确要求,彻底弄清设计意图、发现问题、消灭差错的目的。图纸审查包括学习、初审、会审和综合会审四个阶段。

3) 图纸会审重点

图纸会审是应以保证建筑物的质量为出发点，对图纸中有关影响建筑性能、寿命、安全、可靠、经济等问题提出修改意见。会审重点如下。

(1) 设计单位技术等级证书及营业执照。

(2) 对照图纸目录，清点新绘图纸的张数及利用标准图的册数。

(3) 建设场地地质勘察资料是否齐全。

(4) 设计假定条件和采用的处理方法是否符合实际情况。

(5) 地基处理和基础设计有无问题。

(6) 建筑、结构、设备安装之间有无矛盾。

(7) 专业图之间、专业图内各图之间、图与统计表之间的规格、强度等级、材质、数量、坐标、标高等重要数据是否一致。

(8) 实现新技术项目、特殊工程、复杂设备的技术可能性和必要性，是否有保证工程质量的技术措施。

图纸会审后，应由组织会审的单位，将会审中提出的问题以及解决办法详细记录，写成正式文件，列入工程档案。

4) 施工过程阶段质检员的岗位职责

施工过程中进行质量控制称为事中控制。事中控制是施工单位控制工程质量的重点，其任务也很繁重。质检员在本阶段的主要工作职责如下。

(1) 完善工序质量控制，建立质量控制点。完善工序质量控制、建立质量控制点在于把影响工序质量的因素都纳入管理范围。

(2) 工序质量控制要点如下。

① 工序质量控制的内容：施工过程质量控制强度以科学方法来提高人的工作质量，以保证工序质量，并通过工序质量来保证工程项目实体的质量。

② 工序质量控制的实施要则：工序质量控制的实施是一件很繁杂的事情，关键是应抓住主要矛盾和技术关键，依靠组织制度及职责划分，完成工序活动的质量控制。一般来说，要掌握如下的实施要则：确定工序质量控制计划；对工序活动实行动态跟踪控制；加强对工序活动条件的主要控制。

(3) 质量控制点。在施工生产现场中，对需要重点控制的质量特性、工程关键部位或质量薄弱环节，在一定的时期内，一定条件下强化管理，使工序处于良好的控制状态，这就称为"质量控制点"。建立质量控制点的作用，在于强化工序质量管理控制、防止和减少质量问题的发生。

(4) 组织参与技术交底和技术复核。技术交底与复核制度是施工阶段技术管理制度的一部分，也是工程质量控制的经常性任务。

(5) 技术交底的内容。技术交底是参与施工的人员在施工前了解设计与施工的技术要求，以便科学地组织施工，按合理的工序、工艺进行作业的重要制度。在单位工程、分部工程、分项工程正式施工前，都必须认真做好技术交底工作。技术交底的内容根据不同层次有所不同，主要包括施工图纸、施工组织设计、施工工艺、技术安全措施、规范要求、操作规程、质量标准要求等。对于重点工程、特殊工程以及采用新结构、新工艺、新材料、新技术的特殊要求,更需详细地交代清楚。分项工程技术交底后,一般应填写施工技术交底记录。施工现场技术交底的重要内容有以下几点。

① 提出图纸上必须注意的尺寸,如轴线、标高、预留孔洞、预埋铁件、镶入构件的位置、规格、大小、数量等。

② 所用各种材料的品种、规格、等级及质量要求。

③ 混凝土、砂浆、防水、保温、耐火、耐酸和防腐蚀材料等的配合比和技术要求。

④ 有关工程的详细施工方法、程序、工种之间、土建与各专业单位之间的交叉配合部位、工序搭接及安全操作要求。

⑤ 设计修改、变更的具体内容或应注意的关键部位。

⑥ 结构吊装机械及设备的性能、构件重量、吊点位置、索具规格尺寸、吊装顺序、节点焊接及支撑系统等。

(6) 技术复核一方面是在分项工程施工前指导,帮助施工人员正确掌握技术要求;另一方面是在施工过程中再次督促检查施工人员是否已按施工图纸、技术交底及技术操作规程施工,避免发生重大差错。

(7) 严格工序间交换检查作业。严格工序间交换检查主要作业工序包括隐蔽作业应按有关验收规定的要求由质检员检查并签字验收。隐蔽验收记录是今后各项建筑安装工程的合理使用、维护、改造扩建的一项重要技术资料,必须归入工程技术档案。

(8) 认真分析质量统计数据,为项目经理决策提供依据。做好施工过程记录,认真分析质量统计数字,对工程的质量水平及合格率、优良品率的变化趋势作出预测供项目经理决策。对不符合质量要求的施工操作应及时纠偏,加以处理,并提出相应的报告。

## 2.2.3 施工阶段的质量控制(方法)

建设工程项目施工是由一系列相互关联、相互制约的作业过程(工序)构成,因此施工质量控制,必须对全部作业过程,即各道工序的作业质量进行控制。从项目管理的立场看,工序作业质量的控制,首先,是质量生产者即作业者的自控,在施工生产要素合格的条件下,作业者能力及其发挥的状况是决定作业质量的关键。其次,是来自作业者外部的各种作业质量检查、验收和对质量行为的监督,也是不可缺少的设防和把关的管理措施。

工序是人、材料、机械设备、施工方法和环境因素对工程质量综合起作用的过程,所以对施工过程的质量控制,必须以工序作业质量控制为基础和核心。因此,工序的质量控制是施工阶段质量控制的重点。只有严格控制工序质量,才能确保施工项目的实体质量。

工序施工质量控制主要包括工序施工条件质量控制和工序施工效果质量控制。

**1. 工序施工条件质量控制**

工序施工条件是指从事工序活动的各生产要素质量及生产环境条件。工序施工条件控制就是控制工序活动的各种投入要素质量和环境条件质量。控制的手段主要有检查、测试、试验、跟踪监督等。控制的依据主要是设计质量标准、材料质量标准、机械设备技术性能标准、施工工艺标准以及操作规程等。

**2. 工序施工效果质量控制**

工序施工效果主要反映工序产品的质量特征和特性指标。对工序施工效果的控制就是控制工序产品的质量特征和特性指标能否达到设计质量标准以及施工质量验收标准的要求。工序施工效果控制属于事后质量控制,其控制的主要途径是实测获取数据、统计分析所获取的数据、判断认定质量等级和纠正质量偏差。

按有关施工验收规范规定,下列工序质量必须进行现场质量检测,合格后才能进行下道工序。

1) 地基基础工程

(1) 地基及复合地基承载力静载检测:对于地基基础设计等级为甲级或地质条件复杂、成桩质量可靠性低的灌注桩,应采用静载荷试验的方法进行检验,检验桩数不应少于总数的 10%,且不应少于 3 根。

(2) 桩的承载力检测:设计等级为甲级、乙级的桩基或地质条件复杂,桩施工质量可靠性低,本地区采用的新桩型或新工艺的桩基应进行桩的承载力检测。检测数量在同一条件下不应少于 3 根,且不宜少于总桩数的 1%。

(3) 桩身完整性检测:根据设计要求,检测桩身缺陷及其位置,判定桩身完整性类别,采用低应变法。判定单桩竖向抗压承载力是否满足设计要求,分析桩侧和桩端阻力,采用高应变法。

2) 主体结构工程

(1) 混凝土、砂浆、砌体强度现场检测。检测同一强度等级同条件养护的试块强度,以此检测结果代表工程实体的结构强度。

① 混凝土:按统计方法评定混凝土强度的基本条件是,同一强度等级同条件养护试件的留置数量不宜少于 10 组,按非统计方法评定混凝土强度时,留置数量不应少于 3 组。

② 砂浆抽检数量:每一检验批且不超过 $250m^3$,砌体的各种类型及强度等级的砌筑砂浆,每台搅拌机应至少抽检一次。

③ 砌体:普通砖 15 万块、多孔砖 5 万块、灰砂砖及粉灰砖 10 万块各为一检验批,抽检数量为一组。

(2) 钢筋保护层厚度检测。钢筋保护层厚度检测的结构部位,应由监理(建设)、施工等各方根据结构构件的重要性共同选定。对梁类、板类构件,应各抽取构件数量的 2% 且不少于 5 个构件进行检验。

(3) 混凝土预制构件结构性能检测。对成批生产的构件,应按同一工艺正常生产的不超过 1000 件且不超过 3 个月的同类型产品为一批。在每批中应随机抽取一个构件作为试件进行检验。

## 2.2.4 设置施工质量控制点的原则和方法

质量控制点是指为了保证作业过程质量而确定的重点控制对象、关键部位或薄弱环节。设置质量控制点是保证达到施工质量要求的必要前提。设置质量控制点,是对质量进行预控的有效措施。因此,在拟定质量检查工作规划时,应根据工程特点,视其重要性、复杂性、精确性、质量标准和要求,全面地、合理地选择质量控制点。

**1. 选择质量控制点的一般原则**

质量控制点的涉及面广,既可能是结构复杂的某一项工程项目,也可能是技术要求高、施工难度大的某一结构或分项、分部工程,也可能是影响质量关键的某一环节。总之,操作、工序、材料、机械、施工顺序、技术参数、自然条件、工程环境等,均可作为质量控制点来设置,具体设置应视其对质量特征影响的大小及危害程度而定。

(1)施工过程中的关键工序或环节以及隐蔽工程,如预应力结构的张拉工序,钢筋混凝土结构中的钢筋架立。

(2)施工中的薄弱环节,或质量不稳定的工序、部位或对象,如地下防水层施工。

(3)对后续工程施工或对后续工序质量或安全有重大影响的工序、部位或对象,如预应力结构中的预应力钢筋质量、模板的支撑与固定等。

(4)采用新技术、新工艺、新材料的部位或环节。

(5)施工上无足够把握的、施工条件困难的或技术难度大的工序或环节,如复杂曲线模板的放样等。

是否设置为质量控制点,主要是视其对质量特性影响的大小、危害程度以及其质量保证的难度大小而定。

**2. 设置施工质量控制点的方法**

质量控制点的设置应根据工程性质和特点来确定。表 2-1 列举了部分建筑工程的质量控制点,可供参考。

表 2-1 质量控制点的设置

| 分项工程 | 质量控制点 |
| --- | --- |
| 测量 | 标准轴线桩、水平桩、定位轴线、标高 |
| 地基、基础(含设备基础) | 基(槽)坑开挖的位置、轮廓尺寸、标高、土质、地基耐压力,基础垫层标高,基础位置、尺寸、标高,预留沿孔预埋件的位置、规格、数量,基础墙皮数及标高、杯底弹线,岩石地基钻爆过程中的孔深、装药量、起爆方式、开挖清理后的建基面、断层、破碎、软弱夹层、岩溶的处理,渗水的处理 |
| 砌体 | 砌体轴线、皮数杆、砂浆配合比、强度,预留孔洞、预埋件位置、数量,砌体排列,砌筑体位置、轮廓尺寸,石块尺寸、强度、表面顺直度,砌筑工艺,砌体密实度,砌石厚度、孔隙率 |
| 模板 | 模板位置、尺寸、标高、强度、刚度、平整度、稳定性,预埋件埋设位置、型号、规格、安装稳定性、保护措施,预留孔洞尺寸、位置,模板强度及稳定性,模板内部清理及润湿情况 |

续表

| 分项工程 | 质量控制点 |
| --- | --- |
| 钢筋混凝土 | 水泥品种、等级,砂石质量、含水量,混凝土配合比,外加剂比例,混凝土拌合时间、坍落度,钢筋品种、规格、尺寸、搭接长度、钢筋焊接,预留洞、孔及预埋件规格、数量、尺寸、位置,预制构件吊装或出场强度,吊装位置、标高、支承长度、焊缝长度,混凝土振捣、浇筑厚度、浇筑间歇时间、积水和泌水情况、养护、表面平整度、麻面、蜂窝、露筋、裂缝、混凝土密实性、强度 |
| 吊装 | 吊装设备起重能力、吊具、索具、地锚 |
| 钢结构 | 翻样图、放大样 |
| 路基填方 | 土料的颗粒含量、含水量,砾质土的粗粒含量、最大粒径,石料的粒径、级配、坚硬度,渗水料与非渗水料结合部位的处理,填筑体的位置、轮廓尺寸、铺土厚度、铺填边线、土层接面处理,土料碾压,压实度检测 |
| 焊接 | 焊接条件、焊接工艺 |
| 装饰 | 视具体情况而定 |

## 2.3 施工试验的内容、方法和判定标准

### 2.3.1 砂浆、混凝土检测

**1. 砌筑砂浆的抽样方法及检验要求**

1) 砌筑砂浆的抽样方法

取样数量:以不超过 $250m^3$ 砌体的各种类型与各种强度等级的砌筑砂浆为一检验批,同一检验批中每台搅拌机应至少检查1次。每次至少制作1组试块,每组不少于6块。同一类型强度等级的砂浆试块应不少于3组。

取样方法:在砂浆搅拌机出料口随机取样制作砂浆试块,且要注意同盘砂浆只应制作一组试块,不可一次制作多组试块。

2) 砌筑砂浆检验要求

同一检验批砂浆试块的抗压强度平均值必须大于或等于设计强度等级所对应的立方体抗压强度;同一检验批砂浆试块的抗压强度最小一组的平均值必须大于或等于设计强度等级所对应的立方体抗压强度的0.75倍。当试块缺乏代表性或对试验结果有争议或结果不能满足设计要求等情况,可采取现场检验方法对砂浆试块和砌体的强度进行原位检测或取样检验,从而判定其强度。

**2. 混凝土的抽样方法及检验要求**

混凝土拌制前,应测定砂、石含水率并根据测试结果调整材料用量,提出施工配合比通知单。

检查数量:每工作班检查一次。

在拌制和浇筑过程中,应检查组成材料的称量偏差,每一工作班不应少于一次抽查;坍

落度的检查在浇筑地点进行,每一工作台班至少检查两次;在第一工作台班内,若混凝土配合比由于外界影响而有变动时,应及时检查;对混凝土的搅拌时间应随时检查。

1) 混凝土强度的抽样方法

用于检查结构构件混凝土强度的试件,应在混凝土的浇筑地点随机抽取。取样和试件留置应符合下列几个规定。

(1) 每拌制 100 盘且不超过 $100m^3$ 的同配合比的混凝土,取样不得少于一次。

(2) 每工作班拌制的同一配合比的混凝土不足 100 盘时,取样不得少于一次。

(3) 当一次连续浇筑超过 $1000m^3$ 时,同一配合比的混凝土每 $200m^3$ 取样不得少于一次。

(4) 每一楼层、同一配合比的混凝土,取样不得少于一次。

(5) 每次取样应至少留置一组标准养护试件,同条件养护试件的留置组数应根据实际需要确定。

对有抗渗要求的混凝土结构,其混凝土试件应在浇筑地点随机取样。同一工程、同一配合比的混凝土,取样不应少于一次,留置组数则按连续浇筑混凝土每 $500m^3$ 留一组原则,每组不少于 6 个试件,且每项工程不得少于两组。采用预拌混凝土的可根据实际需要确定。

2) 混凝土强度的检验要求

混凝土强度的合格评定应根据《混凝土强度检验评定标准》(GB/T 50107—2019)来进行,其评定方法有统计方法和非统计方法两种。前者适用于预拌混凝土厂、预制混凝土构件厂和采用现场集中搅拌混凝土的施工单位;后者适用于零星生产的预制构件厂或现场搅拌批量不大的混凝土。根据混凝土生产情况要求,其强度应按相应的统计方法进行合格性判定。当检验结果能满足上述标准的规定时,则该批混凝土强度判定为合格;当不能满足上述标准的规定时,则该批混凝土强度判定为不合格。

## 2.3.2 钢材及其连接检测

**1. 钢筋原材料的抽样方法及检验要求**

1) 热轧钢筋的抽样方法及检验要求

(1) 抽样方法:按同牌号、同炉罐号、同规格、同交货状态且质量不大于 60t 为一个检验批。对质量不大于 30t 的冶炼炉冶炼的钢锭和连续坯轧制的钢筋,允许由同牌号、同冶炼方法、同浇注方法的不同炉罐号的钢筋组成一个混合批,但每批不多于 6 个炉罐号。

(2) 取样数量:外观检查从每批钢筋中抽取 5% 进行。力学性能试验从每批钢筋中任选两根钢筋,每根取两个试件分别进行拉伸试验(包括屈服点、抗拉强度和伸长率)和冷弯试验。

(3) 取样方法:力学性能试验取样时,应在钢筋的任意一端切去 500mm,然后截取试件。拉伸试件的长度为 $l=[5d+(250\sim300)]mm$,弯曲试件的长度为 $l=(5d+150)mm$,其中 $d$ 为钢筋直径。

(4) 检验要求:进场的钢筋应在每捆(盘)上都挂有两个标牌(注明生产厂家、生产日期、钢号、炉罐号、钢筋级别、直径等),还应附有质量证明书、产品合格证及出厂试验报告,且应进行复检。

(5) 外观检查:钢筋表面不得有裂纹、结疤和折叠;钢筋表面允许有凸块,但其高度不得超过横肋的高度,钢筋表面上其他缺陷的深度或高度也不得大于所在部位尺寸的允许偏差;钢筋每1m长度内弯曲度不应大于4mm。

(6) 力学性能试验:如有任意一项试验结果不符合要求,则从同一批中另取双倍数量的试件重做各项试验,如仍有一个试件为不合格品,则该批钢筋为不合格。

(7) 热轧钢筋在加工过程中若发现脆断、焊接性能不良或机械性能显著不正常等现象时,应进行化学成分分析或其他专项检验。

2) 冷轧扭钢筋的抽样方法及检验要求

(1) 抽样方法:冷轧扭钢筋的检验批应由同一牌号、同一规格尺寸、同一台轧机生产、同一台班的钢筋组成,每批质量不大于10t,不足10t的也按一批计。

(2) 取样数量:冷轧扭钢筋的试件在同一检验批钢筋中随机抽取。拉伸试验,每批抽取2个试件;冷弯试验,每批抽取1个试件;其他项目如轧扁厚度、节距、质量、外观等视情况决定。

(3) 取样方法:取样部位应距钢筋端部不小于500mm;试件长度宜取偶数倍节距,且不应小于4倍节距,同时不小于500mm。

(4) 检验要求:判定规则如下。

① 当全部检验项目均符合本标准《冷轧扭钢筋》(JG 190—2006)规定,则该批钢筋判定为合格。

② 当检验项目中有一项检验结果不符合本标准《冷轧扭钢筋》(JG 190—2006)有关条文要求,则应从同一批钢筋中重新加倍随机取样,对不合格项目进行复检。若试样复检后合格,该批钢筋可判定为合格。否则根据不同项目按下列规则判定:当抗拉强度、拉伸、冷弯试验不合格,或重量负偏差大于5%时,该批钢筋判定为不合格。当仅轧扁厚度小于或节距大于标准规定,仍可判定为合格,但需降直径规格使用。

**2. 钢筋连接的抽样方法及检验要求**

钢筋焊接方法有电阻点焊、闪光对焊、电弧焊(双面帮条焊、单面帮条焊、双面搭接焊、单面搭接焊、熔槽帮条焊、坡口焊、窄间隙焊)、电渣压力焊、气压焊、预埋件电弧焊、预埋件埋弧压力焊。

钢筋焊接接头或焊接制品应按检验批进行质量检验与验收,并划分为主控项目和一般项目两类。质量检验时,应包括外观检查和力学性能检验。

纵向受力钢筋焊接接头,包括闪光对焊接头、电弧焊接头、电渣压力焊接头、气压焊。接头的连接方式检查和接头的力学性能检验规定为主控项目。非纵向受力钢筋焊接接头,包括交叉钢筋电阻点焊焊点、封闭环式箍筋闪光对焊接头、钢筋与钢板电弧搭接接头、预埋件钢筋电弧焊接头、预埋件钢筋埋弧压力焊接头的质量检验与验收,规定为一般项目。

1) 钢筋闪光对接焊连接的抽样方法及检验要求

(1) 抽样方法:在同一台班内,由同一焊工、按同一焊接参数焊接完成的200个同级别、同直径钢筋焊接接头作为一批。若同一台班内焊接的接头数量较少,可在一周之内累计计算。若累计仍不足 200 个接头,则也应按一批计算。

(2) 取样数量:接头外观检查,每批抽查 10%,并不少于 10 个。力学性能检验时,应从每批接头中随机切取 6 个试件,其中 3 个做拉伸试验,3 个做弯曲试验。

(3) 检验要求:接头外观应有适当的锻粗和均匀的金属毛刺;钢筋表面无横向裂纹,无明显烧伤;接头处弯折不得大于 4°,接头处钢筋轴线的偏移不得大于 $0.1d$ 且不大于 2mm。当有一个接头不符合要求时,应对全部接头进行检查。不合格接头经切除重焊后,可提交进行二次验收。

对焊接头的抗拉强度均不得低于该级别钢筋的标准抗拉强度,且断裂位置应在焊缝每侧 20mm 以外,并呈塑性断裂;当有 1 个试件的抗拉强度低于规定指标,或有 2 个试件在焊缝处或热影响区发生脆性断裂时,应取双倍数量的试件进行复检。复检结果中,若仍有 1 个试件的抗拉强度低于规定指标或有 3 个试件呈脆性断裂,则该批接头即为不合格品。

冷弯试验时,弯心直径取 $3d\sim 4d$,弯 180° 后接头外侧不得出现宽度大于 0.15mm 的横向裂纹。试验结果中有 2 个试件发生破断时,应取双倍数量的试件进行复检。复检结果中,若仍有 3 个试件发生破断,则该批接头为不合格品。

2) 钢筋电弧焊连接的抽样方法及检验要求

(1) 抽样方法:在工厂焊接条件下,以 300 个同类型接头(同钢筋级别、同接头形式)为一批。在现场安装条件下,每一楼层中以 300 个同类型接头(同钢筋级别、同接头形式、同焊接位置)作为一批,不足 300 个时,仍作为一批。

(2) 取样数量:外观检查时,应在接头清渣后逐个进行。强度检验时,从成品中每批切取 3 个接头进行拉伸试验。

(3) 检验要求:钢筋电弧焊接头外观检查结果,应符合下列要求。

① 焊缝表面平整,不得有较大的凹陷、焊瘤。

② 接头处不得有裂纹。

③ 咬边深度、气孔、夹渣的数量和大小,以及接头尺寸偏差规定的数值。

④ 坡口焊及熔槽帮条焊接头,其焊缝加强高度为 2~3mm。

外观检查不合格的接头,经修整或补强后,可提交二次验收。

(4) 钢筋电弧焊接头拉伸试验结果应符合下列要求。

① 3 个试件的抗拉强度均不得低于该级别钢筋的规定抗拉强度值。

② 至少有 2 个试件呈塑性断裂。

当检验结果有 1 个试件的抗拉强度低于规定指标,或有 2 个试件发生脆性断裂时,应取双倍数量的试件进行复验。复验结果若仍有 1 个试件的抗拉强度低于规定指标或有 3 个试件呈脆性断裂时,则该批接头即为不合格品。

3) 钢筋电渣压力焊连接的抽样方法及检验要求

(1) 抽样方法:钢筋电渣压力焊接头应逐个进行外观检查。强度检验时,从每批成品中切取 3 个试件进行拉伸试验。

① 在一般构筑物中,每 300 个同类型接头(同钢筋级别、同钢筋直径)作为一批。

② 在现浇钢筋混凝土框架结构中,每一楼层中以 300 个同类型接头作为一批;不足

300个时,仍作为一批。

(2) 检验要求:钢筋电渣压力焊接头外观检查结果应符合下列要求。

① 接头焊包均匀,不得有裂纹,钢筋表面无明显烧伤等缺陷。

② 接头处钢筋轴线的偏移不得超过 $0.1d$,同时不得大于 2mm。

③ 接头处弯折不得大于 4°。

对外观检查不合格的接头,应将其切除重焊。

钢筋电渣压力焊接头拉伸试验结果,3个试件均不得低于该级别钢筋规定的抗拉强度值。若有1个试件的抗拉强度低于规定数值,应取双倍数量的试件进行复验;复验结果,若仍有1个试件的强度达不到上述要求,该批接头即为不合格品。

4) 钢筋机械连接的抽样方法及检验要求

(1) 抽样方法:同一施工条件下的同一批材料的同等级、同规格接头,以500个作为一个检验批进行检验与验收,不足500个也作为一个检验批。

(2) 取样数量:外观检查,每批随机抽取同规格接头数的10%进行;单向拉伸试验,每一检验批应在工程结构中随机截取3个试件进行,且在现场应连续检验10个检验批,全部单向拉伸试件一次抽样均合格时,检验批的接头数量可扩大一倍;接头拧紧力矩值抽检,梁、柱构件按接头数的15%抽检,且每个构件的接头抽检数不得少于1个,基础、墙、板构件按各自接头进行,每100个接头作为一个检验批,不足100个也作为一个检验批,每批抽检3个接头。

(3) 检验要求:外观检查时应使钢筋与连接套的规格一致,接头丝扣无完整丝扣外露;单向拉伸试验应满足设计要求;接头拧紧力矩值抽检的接头应全部合格,如有一个接头不合格,则应对该检验批接头逐个检查,对查出的不合格接头应进行补强,并填写接头质量检查记录。

### 2.3.3 土工及桩基检测

**1. 执行标准**

(1)《建筑地基基础工程施工质量验收标准》(GB 50202—2018)。

(2)《土方与爆破工程施工及验收规范》(GB 50201—2012)。

(3)《土工试验方法标准》(GB/T 50123—2019)。

**2. 检验项目**

常规检测项目包括密度、压实度和含水量。

**3. 取样方法**

1) 环刀法

每段每层进行检验,应在夯实层的下半部(至每层表面以下的2/3处)取样。

2) 罐砂法

罐砂法取样数量可较环刀法适当减少,取样部位应为每层压实后的全部深度。

3) 取样数量

(1) 柱基:抽检柱基的10%,但不少于5组。

(2) 基槽管沟:每层按长度 20~50m 取 1 组,但不少于 1 组。
(3) 基坑:每层 100~500m² 取 1 组,但不少于 1 组。
(4) 填方:每层 100~500m² 取 1 组,但不少于 1 组。
(5) 场地平整:每层 400~900m² 取 1 组,但不少于 1 组。
(6) 排水沟:每层按长度 20~50m 取 1 组,但不少于 1 组。
(7) 地路面基层:每层 100~500m² 取 1 组,但不少于 1 组。

**4. 处理程序**

(1) 填土的实际干密度应不小于实际规定控制的干密度。当实测填土的实际干密度小于设计规定控制的干密度时,则该填土密实度判为不合格,应及时查明原因后,采取有效的技术措施进行处理,然后对处理好后的填土重新进行干密度检验,直到判为合格为止。

(2) 填土没有达到最优含水量时:当检测填土的实际含水量没有达到该填土土类的最优含水量时,可事先向松散的填土均匀洒适量水,使其含水量接近最优含水量后,再加振、压、夯实后,重新用环刀法取样,检测新的实际干密度,务使实际干密度不小于设计规定控制的干密度。

(3) 当填土含水量超过该填料最优含水量时:尤其是用黏性土回填,当含水量超过最优含水量再进行振、压、夯实时,易形成橡皮土,这就需采取如下技术措施后,还必须使该填料的实际干密度不小于设计规定控制的干密度。

① 开槽晾干。

② 均匀地向松散填土内掺入同类干性黏土或刚化开的熟石灰粉。

③ 当工程量不大,而且已夯压成"橡皮土",则可采取"换填法",即挖去已形成的"橡皮土"后,填入新的符合填土要求的填料。

④ 在黏性土填土的密实措施中,决不允许采用灌水法。因黏性水浸后,其含水量超过黏性土的最优含水量,在进行压、夯实时,易形成"橡皮土"。

(4) 换填法用砂(或砂石)垫层分层回填时:每层施工中,应按规定用环刀现场取样,并检测和计算出测试点砂样的实际干密度。当实际干密度未达到设计要求或事先由实验室按现场砂样测算出的控制干密度值时,应及时通知现场:在该取样处所属的范围进行重新振、压、夯实;当含水量不够时(即没达到最优含水量),应均匀地加洒水后再进行振、压、夯实。经再次振压实后,还需在该处范围内重新用环刀取样检测,务使新检测的实际干密度达到规定要求。

## 2.3.4 屋面及防水工程检测

防水工程应按《地下防水工程质量及验收规范》(GB 50208—2011)和《屋面工程质量验收规范》(GB 50207—2012)等规范进行检查与验收。

**1. 防水工程施工前检查与检验**

1) 材料

所用卷材及其配套材料、防水涂料和胎体增强材料、刚性防水材料、聚乙烯丙纶及其粘结材料等材料的出厂合格证、质量检验报告和现场抽样复验报告(查证明和报告,主要是查材料的品种、规格、性能等)、卷材与配套材料的相容性、配合比等均应符合设计要求和国家现行有关标准规定。

防水混凝土原材料(包括掺合料、外加剂)的出厂合格证、质量检验报告、现场抽样试验报告、配合比、计量、坍落度。

2) 人员

分包队伍的施工资质、作业人员的上岗证。

**2. 防水工程施工过程检查与检验**

1) 地下防水工程

防水层基层状况(包括干燥、干净、平整度、转角圆弧等)、卷材铺贴(胎体增强材料铺设)的方向及顺序、附加层、搭接长度及搭接缝位置、转角处、变形缝、穿墙管道等细部做法。

防水混凝土模板及支撑、混凝土的浇筑(包括方案、搅拌、运输、浇筑、振捣、抹压等)和养护、施工缝或后浇带及预埋件(套管)的处理、止水带(条)等的预埋、试块的制作和养护、防水混凝土的抗压强度和抗渗性能试验报告、隐蔽工程验收记录、质量缺陷情况和处理记录等是否符合设计和规范要求。

2) 屋面防水工程

基层状况(包括干燥、干净、坡度、平整度、分格缝、转角圆弧等)、卷材铺贴(胎体增强材料铺设)的方向及顺序、附加层、搭接长度及搭接缝位置、泛水的高度、女儿墙压顶的坡向及坡度、玛蹄脂试验报告单、细部构造处理、排气孔设置、防水保护层、缺陷情况、隐蔽工程验收记录等是否符合设计和规范要求。

3) 厨房、厕浴间防水工程

基层状况(包括干燥、干净、坡度、平整度、转角圆弧等)、涂膜的方向及顺序、附加层、涂膜厚度、防水的高度、管根处理、防水保护层、缺陷情况、隐蔽工程验收记录等是否符合设计和规范要求。

**3. 防水工程施工完成后的检查与检验**

1) 地下防水工程

检查标识好的"背水内表面的结构工程展开图",核对地下防水渗漏情况,检验地下防水工程整体施工质量是否符合要求。

2) 屋面防水工程

防水层完工后,应在雨后或持续淋水 2h 后,有可能做蓄水检验的屋面,其蓄水时间不应少于 24h,检查屋面有无渗漏、积水和排水系统是否畅通,施工质量符合要求方可进行防水层验收。

### 2.3.5　房屋结构实体检测

**1. 主体结构包括的内容**

主体结构主要包括混凝土结构、劲钢(管)混凝土结构、砌体结构、钢结构、木结构、网架和索膜结构等子分部工程,详见表 2-2。

表 2-2　主体结构工程一览表

| 序号 | 子分部工程名称 | 分项工程 |
|---|---|---|
| 1 | 混凝土结构 | 模板,钢筋,混凝土,预应力,现浇结构,装配式结构 |
| 2 | 劲钢(管)混凝土结构 | 劲钢(管)焊接,螺栓连接,劲钢(管)与钢筋的连接,劲钢(管)制作、安装,混凝土 |
| 3 | 砌体结构 | 砖砌体,混凝土小型空心砌块砌体,石砌体,填充墙砌体,配筋砖砌体 |
| 4 | 钢结构 | 钢结构焊接,紧固件连接,钢零部件加工,单层钢结构安装,多层及高层钢结构安装,钢结构涂装,钢构件组装,钢构件预拼装,钢网架结构安装,压型金属板 |
| 5 | 木结构 | 方木和原木结构,胶合木结构,轻型木结构,木构件防护 |
| 6 | 网架和索膜结构 | 网架制作,网架安装,索膜安装,网架防火,防腐涂料 |

**2. 主体结构验收所需条件**

1) 工程实体

(1) 主体分部验收前,墙面上的施工孔洞须按规定镶堵密实,并做隐蔽工程验收记录。未经验收不得进行装饰装修工程的施工,对确需分阶段进行主体分部工程质量验收时,建设单位项目负责人在质监交底上向质监人员提出书面申请,并经质监站同意。

(2) 混凝土结构工程模板应拆除并对其表面清理干净,混凝土结构存在缺陷处应整改完成。

(3) 楼层标高控制线应清楚弹出墨线,并做醒目志。

(4) 工程技术资料存在的问题均已悉数整改完成。

(5) 施工合同、设计文件规定和工程洽商所包括的主体分部工程施工的内容已完成。

(6) 安装工程中各类管道预埋结束,位置尺寸准确,相应测试工作已完成,其结果符合规定要求。

(7) 主体分部工程验收前,可完成样板间或样板单元的室内粉刷。

(8) 主体分部工程施工中,质监站发出整改(停工)通知书要求整改的质量问题都已整改完成,完成报告书已送质监站归档。

2) 工程资料

(1) 施工单位在主体工程完工之后对工程进行自检,确认工程质量符合有关法律、法规和工程建设强制性标准提供主体结构施工质量自评报告,该报告应由项目经理和施工单位负责人审核、签字、盖章。

(2) 监理单位在主体结构工程完工后对工程全过程监理情况进行质量评价,提供主体工程质量评估报告,该报告应当由总监和监理单位有关负责人审核、签字、盖章。

(3) 勘察、设计单位对勘察、设计文件及设计变更进行检查,对工程主体实体是否与设计图纸及变更一致,进行认可。

(4) 有完整的主体结构工程档案资料,见证试验档案,监理资料;施工质量保证资料;管理资料和评定资料。

(5) 主体工程验收通知书。

(6) 工程规划许可证复印件(需加盖建设单位公章)。

(7) 中标通知书复印件(需加盖建设单位公章)。

(8) 工程施工许可证复印件(需加盖建设单位公章)。

(9) 混凝土结构子分部工程结构实体混凝土强度验收记录。

(10) 混凝土结构子分部工程结构实体钢筋保护层厚度验收记录。

3) 主体结构验收主要依据

(1)《建筑工程施工质量验收统一标准》(GB 50300—2013)等现行质量检验评定标准、施工验收规范。

(2) 国家及地方关于建设工程的强制性标准。

(3) 经审查通过的施工图纸、设计变更、工程洽商以及设备技术说明书。

(4) 引进技术或成套设备的建设项目,还应出具签订的合同和国外提供的设计文件等资料。

(5) 其他有关建设工程的法律、法规、规章和规范性文件。

4) 主体结构验收组织及验收人员

(1) 由监理单位项目总监负责组织实施建设工程主体验收工作,建设工程质量监督部门对建设工程主体验收实施监督,该工程的建设、施工、设计等单位参加。

(2) 验收人员:验收组成员由建设单位负责人、项目现场管理人员及设计、施工、监理单位项目技术负责人或质量负责人组成。

5) 主体工程验收的程序

建设工程主体验收按施工企业自评、设计认可、监理核定、业主验收、政府监督的程序进行。

(1) 施工单位主体结构工程完工后,向建设单位提交建设工程质量施工单位(主体)报告,申请主体工程验收。

(2) 监理单位核查施工单位提交的建设工程质量施工单位(主体)报告,对工程质量情况作出评价,填写建设工程主体验收监理评估报告。

(3) 建设单位审查施工单位提交的建设工程质量施工单位(主体)报告,对符合验收要求的工程,组织设计、施工、监理等单位的相关人员组成验收组。

(4) 建设单位在主体工程验收3个工作日前将验收的时间、地点及验收组名单报至区建设工程质量监督站。

(5) 监理单位组织验收组成员在建设工程质量监督站监督下在规定的时间内对建设工程主体工程进行工程实体和工程资料的全面验收。

## 小结

本章介绍了建筑工程施工质量管理与控制的相关知识,包括施工质量计划的内容和编制方法、工程质量控制的方法以及施工试验的内容、方法和判定标准等。施工质量计划是有效管理和控制工程质量的重要手段,应包含质量目标、组织结构、资源分配、施工工序和工序验收标准等内容,要量化计划,逐步落实。工程质量控制方法应根据质量管理计划的内容制订，施工准备阶段应考虑制订总体施工方案和隐蔽工程检查等控制措施，施工阶段应引入工程自检、互检、专项检验等方法进行质量控制，掌握一定的监理技巧，改善施工方案。设置施工质量控制点需要遵循原则，首先考虑工序的安全性、关键性、重要性等因素，然后确定质量检测点，在施工管理中进行监控。此外，本章还介绍了砂浆、混凝土、钢材及其连接、土工及桩基、屋面及防水工程、房屋结构的实体检测等施工试验的内容、方法和判定标准，这些试验应按规程和合同约定进行，提高施工质量。

在建筑工程的施工管理过程中，高质量的施工质量管理和控制是非常关键的。只有建立正确的施工质量管理计划，按计划严格执行，将各项控制措施落实到位，才能确保施工质量达到预期目标，满足建筑项目所要求的质量标准。工程质量控制的核心是在施工过程中及时识别问题、控制风险，要善于总结经验，对施工质量评价变差的原因与过程进行分析，帮助建立促进质量改进的长效机制。施工试验可以对施工材料和施工工艺进行检验和鉴定，对质量进行监测和控制。建筑工程施工质量管理与控制是个大系统，需要各个环节的紧密配合和监督，也需要建筑人员具备全面的施工质量管理和控制的理论知识和实践经验。

## 实训任务

设计一份完整的建筑工程施工质量计划，并根据计划制订相应的工程质量控制措施，包括施工准备阶段的质量控制、施工阶段的质量控制方法和设置施工质量控制点的原则和方法，并进行试验的内容、方法和判定标准的规定。详细考虑各个施工过程的特殊性和质量指标要求，规定相应的验收标准和质量监管措施，保证建筑工程的施工质量达到预期目标。

## 本章教学资源

工程质量控制
的方法

施工试验的内容、
方法和判定标准

# 第 3 章　建筑工程施工质量验收

### 学习目标

1. 熟悉建筑工程施工质量验收的相关知识，包括现行的施工质量验收标准及规范、施工质量验收的划分、施工质量控制及验收规定、建筑工程质量验收程序和组织，以及施工质量验收所需的资料。

2. 了解建筑工程施工质量验收的流程和要求，掌握相应的理论知识和实践技能。

### 学习重点与难点

1. 学习重点是掌握建筑工程施工质量验收的相关标准、规范、划分、控制、验收程序、组织和所需资料等基础知识，工程质量验收的流程和方法，学习如何判断工程质量是否符合标准和要求，提高工程质量的管理和控制能力，确保施工质量的稳定和可靠性。

2. 学习难点是对现行施工质量验收标准和规范的理解和应用，如何判断工程质量是否达到验收标准，以及如何采取有效措施来控制和改善工程质量。

3. 建筑工程施工质量验收的资料收集和整理也是本章的难点之一，需要掌握收集、整理、归档等技能，确保施工质量资料的完备性和可靠性，为工程验收提供充分的依据。

### 案例引入

某学校计划扩建学生宿舍楼，由一家建筑施工公司承建。在施工过程中，存在多项质量问题，如某些地方墙面出现严重的裂缝、翻新后的窗户玻璃不平整等。这些问题不仅影响到校方的使用需求，也存在安全隐患（见图 3-1）。

图 3-1　某学校扩建学生宿舍楼现场

为了解决这些问题,校方安排专业人员进行验收,检查施工公司是否符合施工质量验收标准及规范。通过检查发现,施工公司在施工过程中存在以下问题。

(1) 施工人员没有按照施工图纸进行施工,导致部分墙面出现裂缝。

(2) 窗户翻新时,使用了非正规渠道采购的零配件,导致窗户玻璃不平整。

(3) 施工公司没有按照验收规定进行施工,缺乏相应的质量控制措施。

这些问题在验收过程中得到解决,并要求施工公司进行整改。最终,校方重新验收学生宿舍楼,发现所有问题均得到圆满解决。

通过这个案例,我们可以看到施工质量验收的重要性。只有严格按照相关标准和规范进行验收,才能够保证建筑工程的质量,确保人民群众的安全和利益。

## 3.1 现行施工质量验收标准及规范

为了加强筑工程质量管理,统一建筑工程施工质量的验收,保证工程质量,最新发布了《建筑与市政工程施工质量控制通用规范》(GB 55032—2022),并从2023年3月1日开始实施,《建筑与市政工程施工质量控制通用规范》(GB 55032—2022)是一个强制性工程建设规范,它的具体作用主要体现在以下几个方面。

(1) 规范建筑与市政工程施工质量控制活动:这一规范是为了确保施工质量控制活动能够按照一定的标准和要求进行,以保证工程质量和安全。

(2) 保证人民群众生命财产安全和人身健康:通过制定严格的施工质量控制标准,这一规范旨在确保建筑工程和市政工程在施工过程中不会对人民群众的生命财产安全和人身健康造成威胁。

(3) 提高施工质量控制水平:通过明确施工质量控制的要求和方法,这一规范有助于提升施工单位的质量管理水平,推动施工质量控制向更高水平发展。

(4) 提供施工质量控制依据:这一规范为施工单位提供了明确的质量控制依据,有助于施工单位在施工过程中进行质量控制和检测,确保工程质量符合要求。

总之,《建筑与市政工程施工质量控制通用规范》(GB 55032—2022)在保障建筑施工质量和市政工程施工质量方面起着重要作用,有助于推动建筑行业和市政行业的健康发展。

建筑工程质量验收规范系列标准框架体系各规范名称如下。

(1)《建筑与市政工程施工质量控制通用规范》(GB 55032—2022)。

(2)《建筑地基基础工程施工质量验收标准》(GB 50202—2018)。

(3)《砌体工程施工质量验收规范》(GB 50203—2019)。

(4)《混凝土结构工程施工质量验收规范》(GB 50204—2015)。

(5)《钢结构工程施工质量验收标准》(GB 50205—2020)。

(6)《木结构工程施工质量验收规范》(GB 50206—2012)。

(7)《屋面工程质量验收规范》(GB 50207—2012)。

(8)《地下防水工程质量验收规范》(GB 50208—2019)。

(9)《建筑地面工程施工质量验收规范》(GB 50209—2021)。

(10)《建筑装饰装修工程质量验收标准》(GB 50210—2019)。

(11)《通风与空调工程施工质量验收规范》(GB 50243—2016)。

(12)《建筑电气工程施工质量验收规范》(GB 50303—2015)。

(13)《建筑节能工程施工质量验收规范》(GB 50411—2019)。

该技术标准体系总结了我国建筑施工质量验收的实践经验，坚持了"验评分离、强化验收、完善手段、过程控制"的指导思想。

① 验评分离：是将以前验评标准中的质量检验与质量评定的内容分开，将以前施工及验收规范中的施工工艺和质量验收的内容分开，将验评标准中的质量检验与施工规范中的质量验收衔接，形成工程质量验收规范。施工及验收规范中的施工工艺部分作为企业标准或行业推荐性标准；验评标准中的评定部分，主要是对企业操作工艺水平进行评价，可作为行业推荐性标准，为社会及企业的创优评价提供依据。

② 强化验收：是将施工规范中的验收部分与验评标准中的质量检验内容合并起来，形成一个完整的工程质量验收规范，作为强制性标准。该标准是建设工程必须完成的最低质量标准，是施工单位必须达到的施工质量标准，也是建设单位验收工程质量所必须遵守的规定。

强化验收体现在：强制性标准，只设合格一个质量等级；强化质量指标都必须达到规定的指标；增加检测项目。

③ 完善手段：一是完善材料、设备的检测；二是改进施工阶段的施工试验；三是开发竣工工程的抽测项目，减少或避免人为因素的干扰和主观评价的影响。

工程质量检测，可分为基本试验、施工试验和竣工工程有关安全、使用功能抽样检测三个部分。基本试验具有法定性，其质量指标、检测方法都有相应的国家或行业标准，其方法、程序、设备仪器，以及人员素质都应符合有关标准的规定，其试验一定要符合相应标准方法的程序及要求，要有复演性，其数据要有可比性。

施工试验是施工单位进行质量控制、判定质量时要注意的技术条件，试验程序需要第三方见证，保证其统一性和公正性。

竣工抽样试验是确认施工检测的程序、方法、数据的规范性和有效性，统一施工检测及竣工抽样检测的程序、方法、仪器设备等。

④ 过程控制：一是体现在建立过程控制的各项制度；二是在基本规定中，设置控制的要求，强化中间控制和合格控制，强调施工必须有操作依据，并提出了综合施工质量水平的考核作为质量验收的要求；三是验收规范的本身，检验批、分项、分部、单位工程的验收，就是过程控制。

## 3.2 建筑工程施工质量验收划分

建筑工程施工质量验收涉及建筑工程施工过程控制和竣工验收控制，合理划分建筑工程施工质量验收层次是非常必要的。特别是不同专业工程的验收批如何确定，将直接影响到质量验收工作的科学性、经济性、实用性及可操作性，通过验收批和中间验收层次及最终验收单位的确定,实施对工程施工质量的过程控制和终端把握,确保工程施工质量达到工程项目决策阶段所确定的质量目标和水平。

(1) 建筑工程质量验收应划分为单位(子单位)工程、分部(子分部)工程、分项工程和检验批。

(2) 单位工程的划分应按下列原则确定。

① 具备独立施工条件并能形成独立使用功能的建筑物及构筑物为一个单位工程。

② 建筑规模较大的单位工程,可将其能形成独立使用功能的部分为一个子单位工程。

(3) 分部工程的划分应按下列原则确定。

① 分部工程的划分应按专业性质、建筑部位确定。

② 分部工程较大或较复杂时,可按材料种类、施工特点、施工程序、专业系统及类别等划分为若干子分部工程。

(4) 分项工程应按主要工种、材料、施工工艺、设备类别等进行划分。

(5) 分项工程可由一个或若干检验批组成,检验批可根据施工及质量控制和专业验收需要按楼层、施工段、变形缝等进行划分。

建筑工程的分部(子分部)、分项工程可按表3-1采用。

表3-1 建筑工程的分部(子分部)、分项工程划分

| 序号 | 分部工程 | 子分部工程 | 分项工程 |
| --- | --- | --- | --- |
| 1 | 地基与基础 | 土方 | 土方开挖,土方回填,场地平整 |
| | | 基坑支护 | 灌注桩排桩围护墙,重力式挡土墙,板桩围护墙,型钢水泥土搅拌墙,土钉墙与复合土钉墙,地下连续墙,咬合桩围护墙,沉井与沉箱,钢或混凝土支撑,锚杆(索),与主体结构相结合的基坑支护,降水与排水 |
| | | 地基处理 | 素土、灰土地基,砂和砂石地基,土工合成材料地基,粉煤灰地基,强夯地基,注浆加固地基,预压地基,振冲地基,高压喷射注浆地基,水泥土搅拌桩地基,土和灰土挤密桩地基,水泥粉煤灰碎石桩地基,夯实水泥土桩地基,砂桩地基 |
| | | 桩基础 | 先张法预应力管桩,钢筋混凝土预制桩,钢桩泥浆护壁混凝土灌注桩,长螺旋钻孔压灌桩沉管灌注桩,干作业成孔灌注桩,锚杆静压桩 |
| | | 混凝土基础 | 模板,钢筋,混凝土,预应力,现浇结构,装配式结构 |
| | | 砌体基础 | 砖砌体,混凝土小型空心砌块砌体,石砌体,配筋砌体 |
| | | 钢结构基础 | 钢结构焊接,紧固件连接,钢结构制作,钢结构安装,防腐涂料涂装 |
| | | 钢管混凝土结构基础 | 构件进场验收,构件现场拼装,柱脚锚固,构件安装,柱与混凝土梁连接,钢管内钢筋骨架,钢管内混凝土浇筑 |
| | | 型钢混凝土结构基础 | 型钢焊接,紧固件连接,型钢与钢筋连接,型钢构件组装及预拼装,型钢安装,模板,混凝土 |
| | | 地下防水 | 主体结构防水,细部构造防水,特殊施工法结构防水,排水,注浆 |

续表

| 序号 | 分部工程 | 子分部工程 | 分项工程 |
|---|---|---|---|
| 2 | 主体结构 | 混凝土结构 | 模板,钢筋,混凝土,预应力,现浇结构,装配式结构 |
| | | 砌体结构 | 砖体,混凝土小型空心砌块砌体,石砌体,配筋砌体,填充墙砌体 |
| | | 钢结构 | 钢结构焊接,紧固件连接,钢零部件加工,钢构件组装及预拼装,单层钢结构安装,多层及高层钢结构安装,钢管结构安装,预应力钢索和膜结构,压型金属板,防腐涂料涂装,防火涂料涂装 |
| | | 钢管混凝土结构 | 构件现场拼装,构件安装,柱与混凝土梁连接,钢管内钢筋骨架,钢管内混凝土浇筑 |
| | | 型钢混凝土结构 | 型钢焊接,紧固件连接,型钢与钢筋连接,型钢构件组装及预拼装,型钢安装,模板,混凝土 |
| | | 铝合金结构 | 铝合金焊接,紧固件连接,铝合金零部件加工,铝合金构件组装,铝合金构件预拼装,铝合金框架结构安装,铝合金空间网格结构安装,铝合金面板安装,铝合金幕墙结构安装,防腐处理 |
| | | 木结构 | 方木和原木结构,胶合木结构,轻型木结构,木结构防护 |
| 3 | 建筑装饰装修 | 建筑地面 | 基层铺设,整体面层铺设,板块面层铺设,木、竹面层铺设 |
| | | 抹灰 | 一般抹灰,保温层薄抹灰,装饰抹灰,清水砌体勾缝 |
| | | 外墙防水 | 外墙砂浆防水,涂膜防水,透气膜防水 |
| | | 门窗 | 木门窗安装,金属门窗安装,塑料门窗安装,特种门安装,门窗玻璃安装 |
| | | 吊顶 | 整体面层吊顶,板块面层吊顶,格栅吊顶 |
| | | 轻质隔墙 | 板材隔墙,骨架隔墙,活动隔墙,玻璃隔墙 |
| | | 饰面板 | 石板安装,陶瓷板安装,木板安装,金属板安装,塑料板安装 |
| | | 饰面砖 | 外墙饰面砖粘贴,内墙饰面砖粘贴 |
| | | 幕墙 | 玻璃幕墙安装,金属幕墙安装,石材幕墙安装,陶板幕墙安装 |
| | | 涂饰 | 水性涂料涂饰,溶剂型涂料涂饰,美术涂饰 |
| | | 裱糊与软包 | 裱糊,软包 |
| | | 细部 | 橱柜制作与安装,窗帘盒和窗台板制作与安装,门窗套制作与安装,护栏和扶手制作与安装,花饰制作与安装 |
| 4 | 屋面 | 基层与保护 | 找坡层和找平层,隔汽层,隔离层,保护层 |
| | | 保温与隔热 | 板状材料保温层,纤维材料保温层,喷涂硬泡聚氨酯保温层,现浇泡沫混凝土保温层,种植隔热层,架空隔热层,蓄水隔热层 |
| | | 防水与密封 | 卷材防水层,涂膜防水层,复合防水层,接缝密封防水 |
| | | 瓦面与板面 | 烧结瓦和混凝土瓦铺装,沥青瓦铺装,金属板铺装,玻璃采光顶铺装 |
| | | 细部构造 | 檐口,檐沟和天沟,女儿墙和山墙,水落口,变形缝,伸出屋面管道,屋面出入口,反梁过水孔,设施基座,屋脊,屋顶窗 |

续表

| 序号 | 分部工程 | 子分部工程 | 分 项 工 程 |
|---|---|---|---|
| 5 | 建筑给水排水及供暖 | 室内给水系统 | 给水管道及配件安装,给水设备安装,室内消火栓系统安装,消防喷淋系统安装,防腐,绝热,管道冲洗、消毒,试验与调试 |
| | | 室内排水系统 | 排水管道及配件安装,雨水管道及配件安装,防腐,试验与调试 |
| | | 室内热水系统 | 管道及配件安装,辅助设备安装,防腐,绝热,试验与调试 |
| | | 卫生器具 | 卫生器具安装,卫生器具给水配件安装,卫生器具排水管道安装,试验与调试 |
| | | 室内供暖系统 | 管道及配件安装,辅助设备安装,散热器安装,低温热水地板辐射供暖系统安装,电加热供暖系统安装,燃气红外辐射供暖系统安装,热风供暖系统安装,热计量及调控装置安装试验与调试,防腐,绝热 |
| | | 室外给水管网 | 给水管道安装,室外消火栓系统安装,试验与调试 |
| | | 室外排水管网 | 排水管道安装,排水管沟与井池,试验与调试 |
| | | 室外供热管网 | 管道及配件安装,系统水压试验,系统调试,防腐,绝热,试验与调试 |
| | | 室外二次供热管网 | 管道及配管安装,土建结构,防腐,绝热,试验与调试 |
| | | 建筑饮用水供应系统 | 管道及配件安装,水处理设备及控制设施安装,防腐,绝热,试验与调试 |
| | | 建筑中水系统及雨水利用系统 | 建筑中水系统、雨水利用系统管道及配件安装,水处理设备及控制设施安装,防腐,绝热,试验与调试 |
| | | 游泳池及公共浴池水系统 | 管道及配件系统安装,水处理设备及控制设施安装,防腐绝热,试验与调试 |
| | | 水景喷泉系统 | 管道系统及配件安装,防腐,绝热,试验与调试 |
| | | 热源及辅助设备 | 锅炉安装,辅助设备及管道安装,安全附件安装,换热站安装,防腐,绝热,试验与调试 |
| | | 监测与控制仪表 | 检测仪器及仪表安装,试验与调试 |
| 6 | 通风与空调 | 送风系统 | 风管与配件制作,部件制作,风管系统安装,风机与空气处理设备安装,风管与设备防腐,系统调试,旋流风口、岗位送风口、织物(布)风管安装 |
| | | 排风系统 | 风管与配件制作,部件制作,风管系统安装,风机与空气处理设备安装,风管与设备防腐,系统调试,吸风罩及其他空气处理设备安装,厨房、卫生间排系统安装 |
| | | 防排烟系统 | 风管与配件制作,部件制作,风管系统安装,风机与空气处理设备安装,风管与设备防腐,系统调试,排烟风阀(口)、常闭正压风口、防火风管安装 |
| | | 除尘系统 | 风管与配件制作,部件制作,风管系统安装,风机与空气处理设备安装,风管与设备防腐,系统调试,除尘器与排污设备安装,吸尘罩安装,高温风管绝热 |

续表

| 序号 | 分部工程 | 子分部工程 | 分项工程 |
|---|---|---|---|
| 6 | 通风与空调 | 舒适性空调系统 | 风管与配件制作,部件制作,风管系统安装,风机与空气处理设备安装,风管与设备防腐,系统调试,组合式空调机组安装,消声器、静电除尘器、换热器、紫外线灭菌器等设备安装,风机盘管、VAV与UFAD地板送风装置、射流喷口等末端设备安装,风管与设备绝热 |
| | | 恒温恒湿空调系统 | 风管与配件制作,部件制作,风管系统安装,风机与空气处理设备安装,风管与设备防腐,系统调试,组合式空调机组安装,电加热器、加湿器等设备安装,精密空调机组安装,风管与设备绝热 |
| | | 净化空调系统 | 风管与配件制作,部件制作,风管系统安装,风机与空气处理设备安装,风管与设备防腐,系统调试,净化空调机组安装,消声器、静电除尘器、换热器、紫外线灭菌器等设备安装,中、高效过滤器及风机过滤器单元(FFU)等末端设备清洗与安装,洁净度测试,风管与设备绝热 |
| | | 地下人防通风系统 | 风管与配件制作,部件制作,风管系统安装,风机与空气处理设备安装,风管与设备防腐,系统调试,风机与空气处理设备安装,过滤吸收器、防爆波活门、防爆超压排气活门等专用设备安装 |
| | | 真空吸尘系统 | 风管与配件制作,部件制作,风管系统安装,风机与空气处理设备安装,风管与设备防腐,管道安装,快速接口安装,风机与滤尘设备安装,系统压力试验及调试 |
| | | 冷凝水系统 | 管道系统及部件安装,水泵及附属设备安装,管道、设备防腐与绝热,管道冲洗与管内防腐,系统灌水渗漏及排放试验 |
| | | 空调(冷、热)水系统 | 管道系统及部件安装,水泵及附属设备安装,管道、设备防腐与绝热,管道冲洗与管内防腐,系统压力试验及调试,板式热交换器,辐射板及辐射供热、供冷地埋管,热泵机组 |
| | | 设备安装冷却水系统 | 管道系统及部件安装,水泵及附属设备安装,管道、设备防腐与绝热,管道冲洗与管内防腐,系统压力试验及调试,板式热交换器,辐射板及辐射供热、供冷地埋管,热泵机组 |
| | | 土壤源热泵换热系统 | 管道系统及部件安装,水泵及附属设备安装,管道、设备防腐与绝热,管道冲洗与管内防腐,系统压力试验及调试冷却塔与水处理设备安装,防冻伴热设备安装 |
| | | 水源热泵换热系统 | 管道系统及部件安装,水泵及附属设备安装,管道、设备防腐与绝热,管道冲洗与管内防腐,系统压力试验及调试,地表水源换热管及管网安装,除垢设备安装 |
| | | 蓄能系统 | 管道系统及部件安装,水泵及附属设备安装,管道、设备防腐与绝热,管道冲洗与管内防腐,系统压力试验及调试蓄水罐与蓄冰槽、罐安装 |
| | | 压缩式制冷(热)设备系统 | 制冷机组及附属设备安装,管道、设备防腐与绝热,系统压力试验及调试,制冷剂管道及部件安装,制冷剂灌注 |
| | | 吸收式制冷设备系统 | 制冷机组及附属设备安装,管道、设备防腐与绝热,试验及调试,系统真空试验,溴化锂溶液加灌,蒸汽管道系统安装,燃气或燃油设备安装 |

续表

| 序号 | 分部工程 | 子分部工程 | 分项工程 |
|---|---|---|---|
| 6 | 通风与空调 | 多联机（热泵）空调系统 | 室外机组安装,室内机组安装,制冷剂管路连接及控制开关安装,风管安装,冷凝水管道安装,制冷剂灌注,系统压力试验及调试 |
| | | 太阳能供暖空调系统 | 太阳能集热器安装,其他辅助能源、换热设备安装,蓄能水箱,管道及配件安装,系统压力试验及调试,防腐,绝热低温热水地板辐射采暖系统安装 |
| | | 设备自控系统 | 温度、压力与流量传感器安装,执行机构安装调试,防排烟系统功能测试,自动控制及系统智能控制软件调试 |
| 7 | 建筑电气 | 室外电气 | 变压器、箱式变电所安装,成套配电柜、控制柜(屏、台)和动力、照明配电箱(盘)及控制柜安装,梯架、托盘和槽盒安装,导管敷设,电缆敷设,管内穿线和槽盒内敷线,电缆头制作,导线连接,线路绝缘测试,普通灯具安装,专用灯具安装,建筑照明通电试运行,接地装置安装 |
| | | 变配电室 | 变压器、箱式变电所安装,成套配电柜、控制柜(屏、台)和动力、照明配电箱(盘)安装,母线槽安装,梯架、托盘和槽盒安装,电缆敷设,电缆头制作,导线连接,线路电气试验,接地装置安装,接地干线敷设 |
| | | 供电干线 | 电气设备试验和试运行,母线槽安装,梯架、托盘和槽盒安装,导管敷设,电缆敷设,管内穿线和槽盒内敷线,电缆头制作,导线连接,线路绝缘测试,接地干线敷设 |
| | | 电气动力 | 成套配电柜、控制柜(屏、台)和动力、照明配电箱(盘)安装,电动机、电加热器及电动执行机构检查接线,电气设备试验和试运行,梯架、托盘和槽盒安装,导管敷设,电缆敷设,管内穿线和槽盒内敷线,电缆头制作,导线连接,线路绝缘测试,开关、插座、风扇安装 |
| | | 电气照明 | 成套配电柜、控制柜(屏、台)和动力、照明配电箱(盘)安装,梯架、托盘和槽盒安装,导管敷设,管内穿线和槽盒内敷线,塑料护套线直敷布线,钢索配线,电缆头制作,导线连接,线路绝缘测试,普通灯具安装,专用灯具安装,开关、插座、风扇安装,建筑照明通电试运行 |
| | | 备用和不间断电源 | 成套配电柜、控制柜(屏、台)和动力、照明配电箱(盘)安装,柴油发电机组安装,不间断电源装置(UPS)及应急电源装置(EPS)安装,母线槽安装,导管敷设,电缆敷设,管内穿线和槽盒内敷线,电缆头制作,导线连接,线路绝缘测试,按地装置安装 |
| | | 防雷及接地 | 接地装置安装,避雷引下线及接闪器安装,建筑物等电位连接 |
| 8 | 智能建筑 | 智能化集成系统 | 设备安装,软件安装,接口及系统调试,试运行 |
| | | 信息接入系统 | 安装场地检查 |
| | | 用户电话交换系统 | 线缆敷设,设备安装,软件安装,接口及系统调试,试运行 |
| | | 信息网络系统 | 计算机网络设备安装,计算机网络软件安装,网络安全设备安装,网络安全软件安装,系统调试,试运行 |

续表

| 序号 | 分部工程 | 子分部工程 | 分项工程 |
|---|---|---|---|
| 8 | 智能建筑 | 综合布线系统 | 梯架、托盘、槽盒和导管安装,线缆敷设,机柜、机架、配线架安装,信息插座安装,链路或信道测试,软件安装,系统调试,试运行 |
| | | 移动通信室内信号覆盖系统 | 安装场地检查 |
| | | 卫星通信系统 | 安装场地检查 |
| | | 有线电视及卫星电视接收系统 | 梯架、托盘、槽盒和导管安装,线缆敷设,设备安装,软件安装,系统调试,试运行 |
| | | 公共广播系统 | 梯架、托盘、槽盒和导管安装,线缆敷设,设备安装,软件安装,系统调试,试运行 |
| | | 会议系统 | 梯架、托盘、槽盒和导管安装,线缆敷设,设备安装,软件安装,系统调试,试运行 |
| | | 信息导引及发布系统 | 梯架、托盘、槽盒和导管安装,线缆敷设,显示设备安装,机房设备安装,软件安装,系统调试,试运行 |
| | | 时钟系统 | 梯架、托盘、槽盒和导管安装,线缆敷设,设备安装,软件安装,系统调试,试运行 |
| | | 信息化应用系统 | 梯架、托盘、槽盒和导管安装,线缆敷设,设备安装,软件安装,系统调试,试运行 |
| | | 建筑设备监控系统 | 梯架、托盘、槽盒和导管安装,线缆敷设,传感器安装,执行器安装,控制器、箱安装,中央管理工作站和操作分站设备安装,软件安装,系统调试,试运行 |
| | | 火灾自动报警系统 | 梯架、托盘、槽盒和导管安装,线缆敷设,探测器类设备安装,控制器类设备安装,其他设备安装,软件安装,系统调试,试运行 |
| | | 安全技术防范系统 | 梯架、托盘、槽盒和导管安装,线缆敷设,设备安装,软件安装,系统调试,试运行 |
| | | 应急响应系统 | 设备安装,软件安装,系统调试,试运行 |
| | | 机房 | 供配电系统,防雷与接地系统,空气调节系统,给水排水系统,综合布线系统,监控与安全防范系统,消防系统,室内装饰装修,电磁屏蔽,系统调试,试运行 |
| | | 防雷与接地 | 接地装置,接地线,等电位连接,屏蔽设施,电涌保护器,线缆敷设,系统调试,试运行 |
| 9 | 建筑节能 | 围护系统节能 | 墙体节能,幕墙节能,门窗节能,屋面节能,地面节能 |
| | | 供暖空调设备及管网节能 | 供暖节能,通风与空调设备节能,空调与供暖系统冷热源节能,空调与供暖系统管网节能 |
| | | 电气动力节能 | 配电节能,照明节能 |
| | | 监控系统节能 | 监测系统节能,控制系统节能 |
| | | 可再生能源 | 地源热泵系统节能,太阳能光热系统节能,太阳能光伏节能 |

续表

| 序号 | 分部工程 | 子分部工程 | 分项工程 |
|---|---|---|---|
| 10 | 电梯 | 电力驱动的曳引式或强制式电梯 | 设备进场验收,土建交接检验,驱动主机,导轨,门系统,轿厢,对重,安全部件,悬挂装置,随行电缆,补偿装置,电气装置,整机安装 |
| | | 液压电梯 | 设备进场验收,土建交接检验,液压系统,导轨,门系统,轿厢,对重,安全部件,悬挂装置,随行电缆,电气装置,整机安装 |
| | | 自动扶梯、自动人行道 | 设备进场验收,土建交接检验,整机安装 |

(6) 室外工程可根据专业类别和工程规模划分单位(子单位)工程。室外单位(子单位)工程、分部工程可按表 3-2 采用。

表 3-2 室外单位(子单位)工程、分部工程划分

| 子单位工程 | 分部工程 | 分项工程 |
|---|---|---|
| 室外设施 | 道路 | 路基,基层,面层,广场与停车场,人行道,人行地道,挡土墙,附属构筑物 |
| | 边坡 | 土石方,挡土墙,支护 |
| 附属建筑及室外环境 | 附属建筑 | 车棚,围墙,大门,挡土墙 |
| | 室外环境 | 建筑小品,亭台,水景,连廊,花坛,场坪绿化,景观桥 |

## 3.3 建筑工程施工质量控制及验收规定

### 3.3.1 建筑工程施工检验批质量验收

(1) 主控项目和一般项目的质量经抽样检验合格。
(2) 具有完整的施工操作依据、质量检查记录。

检验批是工程验收的最小单位,是分项工程乃至整体建筑工程质量验收的基础。检验批是施工过程中条件相同并有一定数量的材料、构配件或安装项目,由于其质量基本均匀一致,因此可以作为检验的基础单位,并按批验收。检验批的合格质量主要取决于对主控项目和一般项目的检验结果。主控项目是对检验批的基本质量起决定性影响的检验项目,因此必须全部符合有关专业工程验收规范的规定。这意味着主控项目不允许有不符合要求的检验结果,即这种项目的检查具有否决权。

### 3.3.2 分项工程质量验收合格的规定

(1) 分部工程所含的检验批均应符合合格质量的规定。
(2) 分项工程所含的检验批的质量验收记录应完整。

分项工程的验收在检验批的基础上进行。一般情况下,两者具有相同或相近的性质,

只是批量的大小不同而已。因此,将有关的检验批汇集构成分项工程的验收。分项工程合格质量的条件比较简单,只要构成分项工程的各检验批的验收资料文件完整,并且均已验收合格,则分项工程验收合格。分部工程所含的检验批均应符合合格质量的规定并且记录应完整。

### 3.3.3 分部(子分部)工程质量验收合格规定

(1)分部(子分部)工程所含工程的质量均应验收合格。
(2)质量控制资料应完整。
(3)地基与基础、主体结构和设备安装等分部工程,有关安全及功能的检验和抽样检测结果应符合有关规定。
(4)观感质量验收应符合要求。

### 3.3.4 单位(子单位)工程质量验收合格的规定

(1)单位(子单位)工程所含分部(子分部)工程的质量均应验收合格。
(2)质量控制资料应完整。
(3)单位(子单位)工程所含分部工程有关安全和功能的检测资料应完整。
(4)主要功能项目的抽查结果应符合相关专业质量验收规范的规定。
(5)观感质量验收应符合要求。

分部工程的各分项工程必须已验收合格且相应的质量控制资料文件必须完整,这是验收的基本条件,此外,由于各分项工程的性质不尽相同,因此作为分部工程不能简单地组合而加以验收,尚须增加以下两类检查项目:涉及安全和使用功能的地基基础、主体结构、有关安全及重要使用功能的安装分部工程应进行有关见证取样送样试验或抽样检测。关于观感质量验收,这类检查往往难以定量,只能以观察、触摸或简单测量的方式进行,并由个人的主观印象判断,检查结果并不给出"合格"或"不合格"的结论,而是综合给出质量评价,对于"差"的检查点应通过返修处理等补救。

### 3.3.5 建筑工程质量不符合要求的特殊处理

(1)经返工重做或更换器具、设备的检验批,应重新进行验收。
(2)经有资质的检测单位检测鉴定能够达到设计要求的检验批,应予以验收。
(3)经有资质的检测单位检测鉴定达不到设计要求,但经原设计单位核算认可能够满足结构安全和使用功能的检验批,可予以验收。
(4)经返修或加固处理的分项、分部工程,虽然改变外形尺寸但仍能满足安全使用要求,可按技术处理方案和协商文件进行验收。
(5)通过返修或加固处理仍不能满足安全使用要求的分部工程、单位(子单位)工程,严禁验收。

## 3.4 建筑工程质量验收程序和组织

### 3.4.1 检验批及分项工程的验收程序与组织

检验批及分项工程应由监理工程师(建设单位项目技术负责人)组织施工单位项目专业质量(技术)负责人等进行验收。

验收前,施工单位先填好检验批和分项工程的验收记录表(有关监理记录和结论不填),并由项目专业质量检验员和项目专业技术负责人分别在检验批和分项工程质量检记录中相关栏目中签字,然后由监理工程师组织严格按规定程序进行验收。

### 3.4.2 分部工程的验收程序与组织

分部工程应由总监理工程师(建设单位项目负责人)组织施工单位项目负责人和技术、质量负责人等进行验收。由于地基基础、主体结构技术性能要求严格,技术性强,关系到整个工程的安全,因此,地基与基础、主体结构分部工程的验收由勘察、设计单位工程项目负责人和施工单位技术、质量部门负责人参加相关分部工程验收。

### 3.4.3 单位(子单位)工程的验收程序与组织

**1. 竣工初验收的程序**

竣工初验收的程序见图 3-2。

当单位工程达到竣工验收条件后,施工单位应在自查、自评工作完成后,填写工程竣工报验单,并将全部竣工资料报送项目监理机构,申请竣工验收。

总监理工程师应组织各专业监理工程师对竣工资料及各专业工程的质量情况进行全面检查,对检查出的问题,应督促施工单位及时整改。对需要进行功能试验的项目(包括单机试车和无负荷试车),监理工程师应督促施工单位进行试验,并对重要项目进行监督、检查,必要时请建设单位和设计单位参加,并应认真审查试验报告单并督促施工单位做好成品保护和现场清理。

经项目监理机构对竣工资料及实物全面检查、验收合格后,由总监理工程师签署工程竣工报验单,并向建设单位提出质量评估报告。

**2. 正式验收**

建设单位收到工程验收报告后,应由建设单位(项目)负责人组织施工(含分包单位)、设计、监理等单位(项目)负责人进行单位(子单位)工程验收。

单位工程由分包单位施工时,分包单位对所承包的工程项目应按规定的程序检查评定,总包单位应派人参加。分包工程完成后,应将工程有关资料交总包单位。

《建设工程质量管理条例》第十六条规定,建设工程竣工验收应当具备下列条件。

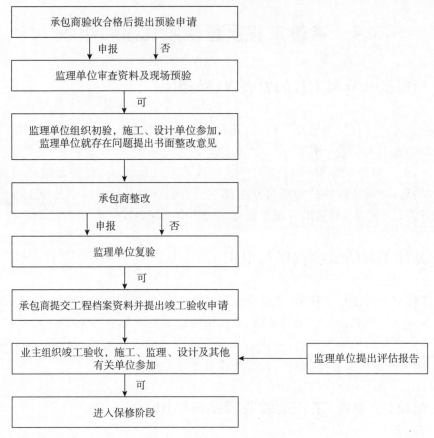

图 3-2 竣工初验收的程序

(1) 完成建设工程设计和合同约定的各项内容。
(2) 有完整的技术档案和施工管理资料。
(3) 有工程使用的主要建筑材料、构配件和设备的进场试验报告。
(4) 有勘察、设计、施工、工程监理等单位分别签署的质量合格文件。
(5) 有施工单位签署的工程保修书。

当参加验收各方对工程质量验收意见不一致时,可请当地建设行政主管部门或工程质量监督机构协调处理。

**3. 单位工程竣工验收备案**

单位工程质量验收合格后,建设单位应在规定时间内将工程竣工验收报告和有关文件,报建设行政管理部门备案。

(1) 房屋建筑工程竣工验收备案的范围。凡在我国境内新建、扩建、改建各类房屋建筑工程和市政基础设施工程,都应按照有关规定进行备案。抢险救灾工程、临时性房屋建筑工程和农民自建低层住宅工程,不适用此规定。军用房屋建筑工程竣工验收备案,按照中央军委有关规定执行。

(2) 房屋建筑工程竣工验收备案的期限。建设单位应当自工程竣工验收合格之日起 15 日内,依照规定,向工程所在地的县级以上地方人民政府建设行政主管部门备案。

备案机关收到建设单位报送的竣工验收备案文件,验证文件齐全后,应当在工程竣工验收备案表上签署文件收讫。工程竣工验收备案表一式两份,一份由建设单位保存,另一份留备案机关存档。

工程质量监督机构应当在工程竣工验收之日起5日内,向备案机关提交工程质量监督报告。备案机关发现建设单位在竣工验收过程中有违反国家有关建设工程质量管理规定行为的,应当在收讫竣工验收备案文件15日内,责令停止使用,重新组织竣工验收。

## 3.5 施工质量验收的资料

建设单位办理工程竣工验收备案时应提交下列文件。

(1) 工程竣工验收备案表。

(2) 工程竣工验收报告。竣工验收报告应当包括工程报建日期,施工许可证号,施工图设计文件审查意见,勘察、设计、施工、工程监理等单位分别签署的质量合格文件及验收人员签署的竣工验收原始文件,市政基础设施的有关质量检测和功能性试验资料以及备案机关认为需要提供的有关资料。

(3) 法律、行政法规规定应当由规划、公安消防、环保等部门出具的认可文件或者准许使用的文件。

(4) 施工单位签署的工程质量保证书。

(5) 法规、规章规定必须提供的其他文件。

商品住宅还应当提交《住宅质量保证书》和《住宅使用说明书》。

—— 小结 ——

本章主要介绍了建筑工程施工质量验收的标准、划分、控制及规定以及验收程序和组织。建筑工程施工质量验收是确保工程质量的重要环节,是施工过程中保证工程质量的最后一道关。因此,施工质量验收应该严格按照规范和要求进行,遵循国家、行业和企业的相关标准。

在现行施工质量验收标准及规范中,包括了结构工程验收、电气工程验收、给排水工程验收等多个方面的规定,以保证工程施工质量的全面控制。建筑工程施工质量验收的划分主要体现在工程设计验收、工程部位验收、工程材料验收等方面。而建筑工程施工质量控制及验收规定,则是为确保工程质量顺利进行,提出了各种具体的要求和规定,包括设备及施工人员的要求,并指定了相关责任人。

针对建筑工程施工质量验收的程序和组织,需要严格按照要求进行,包括进场验收、施工过程控制及施工中间验收、完工验收等环节,以保证工程施工质量的全面把控。同时,验收的资料也是非常重要的一部分,包括检测报告、验收报告、事故报告、建设单位的批准文件、公司内部验收汇总等,需要按照要求进行归档保存,以便日后查阅。

综上所述,建筑工程施工质量验收是在施工过程中确保工程质量的最后一道关,需要严格按照规范、要求和程序进行，确保工程质量的可靠性和稳定性。只有如此，才能保证建筑工程实现长期的稳定运营和有效的使用。

## 实训任务

本工程为某有限公司××城四期D区5号楼，建设地址位于××市，为住宅楼（地下室为储藏间）；总建筑面积19429.04m²，地上建筑面积18386.69m²（含跃层面积335.70m²），地下室建筑面积1042.35m²，基底建筑面积1042.35m²，本工程地上18层带跃层，地下一层，建筑总高度53.75m；本单体工程使用功能：负一层为住户储藏室、热计量小室及电气间；地上1~18层及18层跃层为住宅，共108户，本单体工程属二类高层建筑，耐火等级为地上二级、地下一级，屋面防水等级为一级，地下防水为二级，地下室为丙类2项储藏间，本工程室内外高差为0.15m，±0.000绝对高程相当于××m。本工程结构类型为剪力墙结构，抗震设防烈度为8(0.20g)度，设计使用年限为50年，结构为剪力墙结构；基础为筏板基础。

根据以上案例，编制一份建筑工程质量验收方案，包括验收程序、验收标准和验收要求等，实践学习验收方案的编写和实施。

## 本章教学资源

建筑工程施工质量验收的
划分及验收规定

建筑工程质量验收程序
与施工质量验收的资料

# 第4章 施工质量控制实施

### 学习目标

1. 深入学习和掌握地基基础工程、砌体工程、钢筋混凝土工程、防水工程、钢结构工程以及装饰装修工程的质量控制方法和实施详细步骤。
2. 学习如何在实际施工中采取相应的质量控制措施,保证工程施工的质量和安全。

### 学习重点与难点

重点和难点在于深入掌握地基基础工程、砌体工程、钢筋混凝土工程、防水工程、钢结构工程和装饰装修工程的质量控制方法和实施步骤。

### 案例引入

某建筑工地施工中,发现地基土方开挖过程中严重变形,存在明显的沉降和土壤塌方现象(见图4-1)。经过测试发现,土壤质量较差,挖掘深度也超出了原计划的范围。为了解决此问题,工程师对现场进行了细致的勘测和分析,并采取了相应的措施。

图4-1 某建筑工地基坑坍塌事故

首先,工程师采用了深度回填方法,对挖掘现场进行了补充和加固,保证了土方施工的稳定性和安全性。其次,在地基处理方面,工程师加强了土壤改良和加固处理,包括对土壤进行增强、加固和改良,以提高土壤的承载力和稳定性。此外,针对深土层和不稳定土层,采用了钻孔灌注桩和悬挂锚杆加固,进一步保证了地基的稳定性和安全性。

钢筋混凝土工程方面,通过控制模板的工艺质量、钢筋的质量标准和混凝土的强度等因素,确保了混凝土施工的质量和稳定性。此外,针对防水工程,工程师加强了屋面和地下防水的处理,采用了高质量的防水材料和标准化的施工方法,以确保防水效果和施工质量的稳定性和可靠性。

在装饰装修工程方面,工程师着重控制抹灰的厚度和质量,按照标准要求进行施工,确保了抹灰表面的平整度和黏结强度。并且,在地面施工中,采用了标准化的铺贴方法,保证了地砖效果和施工质量的稳定性和可靠性。

通过以上措施,工程质量得到了有效控制,解决了地基土方开挖及质量监控方面的问题,并最终实现了施工目标的达成。这个案例充分体现了施工质量控制在工程施工过程中的重要性和必要性,只有对每个环节进行精细化管控和严格把控,才能确保工程质量的可靠性和稳定性。

## 4.1 地基基础工程的质量控制

### 4.1.1 一般规定

扩展基础、筏形与箱形基础、沉井与沉箱,施工前应对放线尺寸进行复核;桩基工程施工前应对放好的轴线和桩位进行复核。群桩桩位的放样允许偏差应为 20mm,单排桩桩位的放样允许偏差应为 10mm。

预制桩(钢桩)的桩位允许偏差应符合表 4-1 的规定。斜桩倾斜度的偏差应为倾斜角正切值的 15%。

表 4-1 预制桩(钢桩)的桩位允许偏差

| 序号 | 检查项目 | | 允许偏差(mm) |
|---|---|---|---|
| 1 | 带有基础梁的桩 | 垂直基础梁的中心线 | ≤100+0.01H |
| | | 沿基础梁的中心线 | ≤150+0.01H |
| 2 | 承台桩 | 桩数为 1~3 根桩基中的桩 | <100+0.01H |
| | | 桩数大于或等于 4 根桩基中的桩 | ≤1/2 桩径+0.01H 或 1/2 边长+0.01H |

注:$H$ 为桩基施工面至设计桩顶的距离(mm)。

灌注桩混凝土强度检验的试件应在施工现场随机抽取。来自同一搅拌站的混凝土,每浇筑 $50m^3$ 必须至少留置 1 组试件;当混凝土浇筑量不足 $50m^3$ 时,每连续浇筑 12h 必须至少留置 1 组试件。对单柱单桩,每根桩应至少留置 1 组试件。

灌注桩的桩径、垂直度及桩位允许偏差应符合表 4-2 的规定。

表 4-2 灌注桩的桩径、垂直度及桩位允许偏差

| 序号 | 成孔方法 | | 桩径允许偏差(mm) | 垂直度允许偏差 | 桩位允许偏差(mm) |
|---|---|---|---|---|---|
| 1 | 泥浆护壁钻孔桩 | $D<1000mm$ | ≥0 | ≤1/100 | ≤70+0.01H |
| | | $D≥1000mm$ | | | ≤100+0.01H |
| 2 | 套管成孔灌注桩 | $D<500mm$ | ≥0 | ≤1/100 | ≤70+0.01H |
| | | $D≥500mm$ | | | ≤100+0.01H |
| 3 | 干成孔灌注桩 | | ≥0 | ≤1/100 | ≤70+0.01H |
| 4 | 人工挖孔桩 | | ≥0 | <1/200 | ≤50+0.005H |

注:1. $H$ 为桩基施工面至设计桩顶的距离(mm);
2. $D$ 为设计桩径(mm)。

工程桩应进行承载力和桩身完整性检验。

设计等级为甲级或地质条件复杂时，应采用静载试验的方法对桩基承载力进行检验，检验桩数不应少于总桩数的1‰，且不应少于3根，当总桩数少于50根时，不应少于2根。在有经验和对比资料的地区，设计等级为乙级、丙级的桩基可采用高应变法对桩基进行竖向抗压承载力检测，检测数量不应少于总桩数的5％，且不应少于10根。

工程桩的桩身完整性的抽检数量不应少于总桩数的20％，且不应少于10根。每根柱子承台下的桩抽检数量不应少于1根。

## 4.1.2 土方工程

**1．土方工程施工过程的质量控制**

1）准备工作的检查

（1）场地平整的表面坡度应符合设计要求，无设计要求时，向排水沟方向的坡度不小于0.2％。平整后的场地表面应逐点检查。检查点为每100～400m² 取1点，且不少于10点；长度、宽度和边坡均为每20m取1点，每边不少于1点。

（2）进行施工区域内以及施工区周围的地上或地下障碍物的清理拆迁情况的检查。做好周边环境监测初读数据的记录。

（3）进行地面排水和降低地下水位工作情况的检查。

2）工程定位与放线的控制与检查

（1）根据规划红线或建筑方格网，按设计总平面图的规定来复核建筑物或构筑物的定位桩。

（2）按照基础平面图，对基坑的灰线进行轴线和几何尺寸的复核，并核查单位工程放线后的方位是否符合图样的朝向。

（3）开挖前应预先设置轴线控制桩及水准点桩，并定期进行复核。

3）土方开挖过程中的检查与控制

（1）土方开挖应遵循"开槽支撑、先撑后挖、分层开挖、严禁超挖"的原则，检查开挖的顺序、方法与设计工况是否一致。

（2）土方开挖过程中，标高应随时检查。机械开挖时，应留150～300mm厚的土层，采用人工找平，以避免超挖现象的出现。

（3）开挖过程中应检查平面位置、水平标高、边坡坡度、排水及降水系统，并随时观测周围的环境变化。

4）基坑（基槽）的检查验收

（1）表面检查验收。观察土的分布、走向情况是否符合设计要求，是否挖到原（老）土、槽底土的颜色是否均匀一致，如有异常应会同设计单位进行处理。

（2）检查钎探记录。

5）进行土方回填施工的质量检查

（1）检查回填土方的含水量，使其保持在最佳含水状态。

（2）根据土质、压实系数及使用的机具，检查及控制铺土厚度和压实遍数。

6）验槽

施工完成后，进行验槽，并形成记录及检验报告，最后检查施工记录及验槽报告。

**2. 土方工程施工质量检验标准和检验方法**

1）土方开挖分项工程

土方开挖分项工程质量检验标准与检验方法见表4-3。

表4-3 土方开挖分项工程质量检验标准与检验方法

| 项目 | 序号 | 检验项目 | 允许偏差或允许值（mm） | | | | | 检验方法 | 检验数量 |
| --- | --- | --- | --- | --- | --- | --- | --- | --- | --- |
| | | | 桩基基坑基槽 | 挖方场地平整 | | 管沟 | 地（路）面基层 | | |
| | | | | 人工 | 机械 | | | | |
| 主控项目 | 1 | 标高 | +50 | ±30 | ±50 | −50 | −50 | 指挖后的基底标高，用水准仪测量。检查测量记录 | 柱基按总数抽查10%，但不少于5个，每个不少于2点；基坑每20m²取1点，每坑不少于2点；基槽、管沟、排水沟、路面基层每20m取1点，但不少于5点；场地平整每100~400m²取1点，但不少于10点 |
| | 2 | 长度、宽度（由设计中心线向两边量） | +200 −50 | +300 −100 | +500 −150 | +100 | — | 长度、宽度是指基底宽度、长度。用经纬仪、拉线尺量检查等，检查测量记录 | 每20m取1点，每边不少于1点 |
| | 3 | 边坡 | 符合设计要求或规范规定 | | | | | 观察或用坡度尺检查 | 每20m取1点，每边不少于1点 |
| 一般项目 | 1 | 表面平整度 | 20 | 20 | 50 | 20 | 20 | 表面平整度主要指基底。用2m靠尺和楔形塞尺检查 | 每30~50m²取1点 |
| | 2 | 基底土性 | 符合设计或地质报告要求 | | | | | 观察或土样分析，通常请勘察、设计单位来验槽，形成验槽记录 | 全数检查 |

2）土方回填分项工程

土方回填分项工程质量检验标准与检验方法见表4-4。

表 4-4 土方回填分项工程质量检验标准与检验方法

| 项目 | 序号 | 检验项目 | 允许偏差或允许值(mm) | | | | | 检验方法 | 检验数量 |
|---|---|---|---|---|---|---|---|---|---|
| | | | 桩基基坑基槽 | 挖方场地平整 | | 管沟 | 地(路)面基层 | | |
| | | | | 人工 | 机械 | | | | |
| 主控项目 | 1 | 标高 | -50 | ±30 | ±50 | -50 | -50 | 用水准仪测量回填后的表面标高,检查测量记录 | 同土方开挖工程 |
| | 2 | 分层压实系数 | 符合设计要求 | | | | | 按规定或环刀法取样测试,不满足要求应随时返工,检查测试记录 | 柱基按总数抽查10%,但不少于10个;基坑及管沟回填,每层按20~50m取样1组;基坑和室内填土,每层按100~500m² 取样1组,且不少于1组;场地平整填方,每层按400m²、900m² 取样1组,且不少于10组 |
| 一般项目 | 1 | 回填土料 | 符合设计要求 | | | | | 取样检验或直观鉴别。检查施工、试验记录 | 全数检查 |
| | 2 | 分层厚度及含水量 | 符合设计要求 | | | | | 用水准仪测量、检查施工记录 | 同主控项目2 |
| | 3 | 表面平整度 | 20 | 20 | 30 | 20 | 20 | 用靠尺、塞尺或水准仪检查 | 每30~50m² 取1点检查 |

3)土方工程质量验收记录

(1)工程地质勘察报告。

(2)土方工程施工方案。

(3)相关部门签署验收意见的基坑验槽记录、填方工程基底处理记录、地基处理设计变更单或技术核定单、隐蔽工程验收记录、建筑物(构筑物)平面和标高放线测量记录和复合单、回填土料取样或工地直观鉴别记录。

(4)填筑厚度及压实遍数取值的根据或试验报告。

(5)最优含水量选定根据或试验报告。

(6)挖土或填土边坡坡度选定的依据。

(7)每层填土分层压实系数的测试报告和取样分布图。

(8)施工过程的排水监测记录。

(9)土方开挖或填土工程质量检验单。

### 4.1.3 地基处理

**1. 地基施工应具备的资料**

(1) 岩土工程勘察资料。

(2) 邻近建筑物和地下设施类型、分布及结构质量情况。

(3) 砂、石子、水泥、钢材、石灰、粉煤灰等原材料的质量,检验项目,批量和检验方法,应符合国家现行标准的规定。

(4) 地基施工结束,宜在一个间歇期后,进行质量验收,间歇期由设计确定。地基施工考虑间歇期是因为地基土的密实,孔隙水压力的消散,水泥或化学浆液的固结等均无原则有一个期限,施工结束即进行验收有不符实际的可能。至于间歇多长时间在各类地基规范中有所考虑,但是参数数字具体可由设计人员根据要求确定。有些大工程施工周期较长,一部分已到间歇要求,另一部分仍有施工,就不一定待全部工程施工结束后再进行取样检查,可先在已完工程部位进行,但是否有代表性就应由设计方确定。

(5) 地基加固工程,应在正式施工前进行试验施工,论证设定的施工参数及加固效果。为验证加固效果所进行的载荷试验,其施加载荷应不低于设计载荷的 2 倍。试验工程目的在于取得数据,以指导施工。对无经验可查的工程更应强调,这样做的目的,是使施工质量更容易满足要求,既不造成浪费也不会造成大面积返工。对试验荷载考虑稍大一些,有利于分析比较,以取得可靠的施工参数。

(6) 对灰土地基、砂和砂石地基、土工合成材料地基,粉煤灰地基、强夯地基、注浆地基、预压地基,其竣工后的结果(地基强度或承载力)必须达到设计要求的标准。检验数量,每单位工程不应少于 3 点,1000$m^2$ 以上工程,每 100$m^2$ 至少应有 1 点,3000$m^2$ 以上工程,每 300$m^2$ 至少应有 1 点。每一独立基础下至少应有 1 点,基槽每 20 延米应有 1 点。本条所列的地基均不是复合地基,由于各地各设计单位的习惯、经验等,对地基处理后的质量检验指标均不一样,有的用标贯、静力触探,有的用十字板剪切强度等,有的就用承载力检验。对此,本条用何指标不予规定,按设计要求而定。地基处理的质量好坏,最终体现在这些指标中。为此,将本条列为强制性条文。各种指标的检验方法可按国家现行行业标准《建筑地基处理技术规范》(GB 50202—2018)的规定执行。

(7) 对水泥土搅拌复合地基、高压喷射注浆桩复合地基,砂桩地基、振冲桩复合地基、土和灰土挤密桩复合地基,水泥粉煤灰碎石桩复合地基及夯实水泥土桩复合地基,其承载力检验,数量为总数的 1.0%~1.5%,但不应少于 3 根。水泥土搅拌桩地基,高压喷射注浆桩地基,砂桩地基,振冲桩地基、土和灰土挤密桩地基,水泥粉煤灰碎石桩地基及夯实水泥土桩地基为复合地基,桩是主要施工对象,首先应检验桩的质量,检查方法可按国家现行行业标准《建筑工程基桩检测技术规范》(JGJ 106—2014)的规定执行。

(8) 除指定的主控项目外,其他主控项目及一般项目可随意抽查,但复合地基中的水泥土搅拌桩、高压喷射注浆桩、振冲桩、土和灰土挤密桩、水泥粉煤灰碎石桩及夯实水泥土桩至少应抽查 20%。

## 2. 灰土地基

(1) 灰土土料、石灰或水泥(当水泥替代灰土中的石灰时)等材料及配合比应符合设计要求,灰土应搅拌均匀。灰土的土料宜用黏土、粉质黏土。严禁采用冻土、膨胀土和盐渍土等活动性较强的土料。

(2) 施工过程中应检查分层铺设的厚度、分段施工时上下两层的搭接长度、夯实时加水量、夯压遍数、压实系数。验槽发现有软弱土层或孔穴时,应挖除并用素土或灰土分层填实。最优含水量可通过击实试验确定。灰土最大虚铺厚度可参考表4-5所示数值。

表4-5 灰土最大虚铺厚度

| 序号 | 夯实机具 | 质量(t) | 厚度(mm) | 备 注 |
|---|---|---|---|---|
| 1 | 石夯、木夯 | 0.04~0.08 | 200~250 | 人力送夯,落距400~500mm,每夯搭接半夯 |
| 2 | 轻型夯实机械 | — | 200~250 | 蛙式或柴油打夯机 |
| 3 | 压路机 | 6~10 | 200~300 | 双轮 |

(3) 施工结束后,应检验灰土地基的承载力。

(4) 灰土地基的质量检验标准应符合表4-6规定。

表4-6 灰土地基的质量检验标准

| 项 目 | 序号 | 检查项目 | 允许偏差或允许值 | | 检验方法 |
|---|---|---|---|---|---|
| | | | 单位 | 数值 | |
| 主控项目 | 1 | 地基承载力 | 设计要求 | | 按规定方法 |
| | 2 | 配合比 | 设计要求 | | 按拌和时的体积比 |
| | 3 | 压实系数 | 设计要求 | | 现场实测 |
| 一般项目 | 1 | 石灰粒径 | mm | ≤5 | 筛选法 |
| | 2 | 土料有机质含量 | % | ≤5 | 试验室焙烧法 |
| | 3 | 土颗粒粒径 | mm | ≤5 | 筛分法 |
| | 4 | 含水量(与要求的最优含水量比较) | % | ±2 | 烘干法 |
| | 5 | 分层厚度偏差(与设计要求比较) | mm | ±50 | 水准仪 |

## 3. 砂和砂石地基

(1) 砂、石等原材料质量、配合比应符合设计要求,砂、石应搅拌均匀。原材料宜用中砂、粗砂、砾砂、碎石(卵石)、石屑。细砂应同时掺入25%~35%碎石或卵石。

(2) 施工过程中必须检查分层厚度、分段施工时搭接部分的压实情况、加水量,压实遍数、压实系数。砂和砂石地基每层铺筑厚度及最优含水量可参考表4-7所示数值。

表4-7 砂和砂石地基每层铺筑厚度及最优含水量

| 序号 | 压实方法 | 每层铺筑厚度(mm) | 施工时的最优含水量(%) | 施工说明 | 备 注 |
|---|---|---|---|---|---|
| 1 | 平振法 | 200~250 | 15~20 | 用平振式振捣器往复振捣 | 不宜使用干细砂或含泥量较大的砂所铺筑的砂地基 |

续表

| 序号 | 压实方法 | 每层铺筑厚度（mm） | 施工时的最优含水量（%） | 施工说明 | 备注 |
|---|---|---|---|---|---|
| 2 | 插振法 | 振捣器插入深度 | 饱和 | ① 用插入式振捣器；<br>② 插入点间距可根据机械振幅大小决定；<br>③ 不应插至下卧黏性图层；<br>④ 插入振捣完毕后，所留的空洞，应用砂填实 | 不宜使用细砂或含泥量较大的砂所铺筑的砂地基 |
| 3 | 水撼法 | 250 | 饱和 | ① 注水高度应超过每次铺筑面层；<br>② 用钢叉摇撼捣实插入点间距为 100mm；<br>③ 钢叉分四齿，齿的间距 80mm，长 300mm，木柄长 90mm | |
| 4 | 夯实法 | 150～200 | 饱和 | ① 用木夯或机械夯；<br>② 木夯重 40kg，落距 400～500mm；<br>③ 一夯压半夯全面夯实 | |
| 5 | 碾压法 | 250～350 | 8～12 | 6～12t 压路机往复碾压 | 适用于大面积施工的砂和砂石地基 |

注：在地下水位以下的地基其最下层的铺筑厚度可比表中增加 50mm。

（3）施工结束后，应检验砂石地基的承载力。

（4）砂和砂石地基的质量检验标准应符合表 4-8 的规定。

表 4-8　砂和砂石地基的质量检验标准

| 项目 | 序号 | 检查项目 | 允许偏差或允许值 | | 检验方法 |
|---|---|---|---|---|---|
| | | | 单位 | 数值 | |
| 主控项目 | 1 | 地基承载力 | 设计要求 | | 按规定方法 |
| | 2 | 配合比 | 设计要求 | | 检查拌合时的体积比或重量比 |
| | 3 | 压实系数 | 设计要求 | | 现场实测 |
| 一般项目 | 1 | 砂石料有机质含量 | % | ≤5 | 焙烧法 |
| | 2 | 砂石料含泥量 | % | ≤5 | 水洗法 |
| | 3 | 石料粒径 | mm | ≤100 | 筛分法 |
| | 4 | 含水量（与最优含水量比较） | % | ±2 | 烘干法 |
| | 5 | 分层厚度（与设计要求比较） | mm | ±50 | 水准仪 |

**4. 土工合成材料地基**

（1）施工前应对土工合成材料的物理性能（单位面积的质量、厚度、比重）、强度、延伸率以及土、砂石料等做检验。土工合成材料以 100m² 为一批，每批应抽查 5%。所用土工合成材料的品种与性能和填料土类，应根据工程特性和地基土条件，通过现场试验确定，垫层材料宜用黏性土、中砂、粗砂、砾砂、碎石等内摩阻力高的材料。如工程要求垫层排水，垫层材料应具有良好的透水性。

(2) 施工过程中应检查清基、回填料铺设厚度及平整度、土工合成材料的铺设方向、接缝搭接长度或缝接状况、土工合成材料与结构的连接状况等。土工合成材料如用缝接法或胶接法连接,应保证主要受力方向的连接强度不低于所采用材料的抗拉强度。

(3) 施工结束后,应进行承载力检验。

(4) 土工合成材料地基质量检验标准应符合表 4-9 的规定。

表 4-9  土工合成材料地基质量检验标准

| 项目 | 序号 | 检查项目 | 允许偏差或允许值 单位 | 允许偏差或允许值 数值 | 检验方法 |
|---|---|---|---|---|---|
| 主控项目 | 1 | 土工合成材料强度 | % | ≤5 | 置于夹具上做拉伸试验(结果与设计标准相比) |
| 主控项目 | 2 | 土工合成材料延伸率 | % | ≤3 | 置于夹具上做拉伸试验(结果与设计标准相比) |
| 主控项目 | 3 | 地基承载力 | 设计要求 | | 按规定方法 |
| 一般项目 | 1 | 土木合成材料搭接长度 | mm | ≥300 | 用钢尺量 |
| 一般项目 | 2 | 土石料有机质含量 | % | ≤5 | 焙烧法 |
| 一般项目 | 3 | 层面平整度 | mm | ≤100 | 用 2m 靠尺 |
| 一般项目 | 4 | 每层铺设厚度 | mm | ±25 | 水准仪 |

**5. 粉煤灰地基**

(1) 施工前应检查粉煤灰材料,并对基槽清底状况、地质条件予以检验。粉煤灰材料可用电厂排放的硅铝型低钙粉煤灰。$SiO_2+Al_2O_3$(或 $SiO_2+Al_2O_3+Fe_2O_3$ 总含量)总含量不低于 70%,烧失量不大于 12%。

(2) 施工过程中应检查铺筑厚度、碾压遍数、施工含水量控制、搭接区碾压程度、压实系数等。粉煤灰填筑的施工参数宜试验后确定。每摊铺一层后,先用履带式机具或轻型压路机初压 1~2 遍,然后用中、重型振动压路机振辗 3~4 遍,速度为 2.0~2.5km/h,再静辗 1~2 遍,碾压轨迹应相互搭接,后轮必须超过两施工段的接缝。

(3) 施工结束后,应检验地基的承载力。

(4) 粉煤灰地基质量检验标准应符合表 4-10 的规定。

表 4-10  粉煤灰地基质量检验标准

| 项目 | 序号 | 检查项目 | 允许偏差或允许值 单位 | 允许偏差或允许值 数值 | 检验方法 |
|---|---|---|---|---|---|
| 主控项目 | 1 | 压实系数 | 设计要求 | | 现场实测 |
| 主控项目 | 2 | 地基承载力 | 设计要求 | | 按规定方法 |
| 一般项目 | 1 | 粉煤灰粒径 | mm | 0.001~2.000 | 过筛 |
| 一般项目 | 2 | 氧化铝及二氧化硅含量 | % | ≥70 | 试验室化学分析 |
| 一般项目 | 3 | 烧失量 | % | ≤12 | 试验室烧结法 |
| 一般项目 | 4 | 每层铺筑厚度 | mm | ±50 | 水准仪 |
| 一般项目 | 5 | 含水量(与最优含水量比较) | % | ±2 | 取样后试验室确定 |

## 6. 强夯地基

(1) 施工前应检查夯锤重量、尺寸,落距控制手段,排水设施及被夯地基的土质。为避免强夯振动对周边设施的影响,施工前必须对附近建筑物进行调查,必要时采取相应的防振或隔振措施,影响范围10~15m。施工时应由邻近建筑物开始夯击逐渐向远处移动。

(2) 施工中应检查落距、夯击遍数、夯点位置、夯击范围。如无经验,宜先试夯取得各类施工参数后再正式施工。对透水性差、含水量高的土层,前后两遍夯击应有一定间歇期,一般2~4周。夯点超出需加固的范围为加固深度的1/3~1/2,且不小于3m。施工时要有排水措施。

(3) 施工结束后,检查被夯地基的强度并进行承载力检验。

(4) 强夯地基质量检验标准应符合表4-11的规定。

表4-11 强夯地基质量检验标准

| 项目 | 序号 | 检查项目 | 允许偏差或允许值 | | 检验方法 |
|---|---|---|---|---|---|
| | | | 单位 | 数值 | |
| 主控项目 | 1 | 地基强度 | 设计要求 | | 按规定方法 |
| | 2 | 地基承载力 | 设计要求 | | 按规定方法 |
| 一般项目 | 1 | 夯锤落距 | mm | ±300 | 钢索设标志 |
| | 2 | 锤重 | kg | ±100 | 称重 |
| | 3 | 夯击遍数和顺序 | 设计要求 | | 计数法 |
| | 4 | 夯点间距 | mm | ±500 | 用钢尺量 |
| | 5 | 夯击范围(超出基础范围距离) | 设计要求 | | 用钢尺量 |
| | 6 | 前后两遍间歇时间 | 设计要求 | | |

质量检验应在夯后一定的间歇之后进行,一般为两周。

## 7. 注浆地基

(1) 施工前应掌握有关技术文件(注浆点位置、浆液配比、注浆施工技术参数、检测要求等)。浆液组成材料的性能符合设计要求,注浆设备应确保正常运转。为确保注浆加固地基的效果,施工前应进行室内浆液配比试验及现场注浆试验,以确定浆液配方及施工参数。常用浆液类型见表4-12。

表4-12 常用浆液类型

| 浆 液 | | 浆 液 类 型 |
|---|---|---|
| 粒状浆液(悬液) | 不稳定粒状浆液 | 水泥浆 |
| | | 水泥砂浆 |
| | 稳定粒状浆液 | 黏土浆 |
| | | 水泥黏土浆 |
| 化学浆液(溶液) | 无机浆液 | 硅酸盐 |
| | 有机浆液 | 环氧树脂类 |
| | | 甲基丙烯酸酯类 |
| | | 丙烯酸胺类 |
| | | 木质素类 |
| | | 其他 |

(2) 施工中应经常抽查浆液的配比及主要性能指标,注浆的顺序、注浆过程中的压力控制等。对化学注浆加固的施工顺序宜按以下规定进行。

① 加固渗透系数相同的土层应自上而下进行。

② 如土的渗透系数随深度而增大,应自下而上进行。

③ 相邻土层的土质不同,应首先加固渗透系数大的土层。

④ 检查时,如发现施工顺序与此有异,应及时制止,以确保工程质量。

(3) 施工结束后,应检查注浆体强度、承载力等。检查孔数为总量的2%~5%,不合格率大于或等于20%时应进行二次注浆。检验应在注浆后15d(砂土、黄土)或60d(黏性土)进行。

(4) 注浆地基的质量检验标准应符合表4-13的规定。

表4-13 注浆地基的质量检验标准

| 项目 | 序号 | 检查项目 | | 允许偏差或允许值 | | 检验方法 |
|---|---|---|---|---|---|---|
| | | | | 单位 | 数值 | |
| 主控项目 | 1 | 原材料检验 | 水泥 | 设计要求 | | 检查产品合格证书或抽样送检 |
| | | | 注浆用砂:粒径<br>细度模数<br>含泥量及有机质含量 | mm<br><br>% | <2.5<br><2.0<br><3.0 | 试验室试验 |
| | | | 注浆用黏土:塑性指数<br>黏粒含量<br>含砂量<br>有机质含量 | | >14<br>>25%<br><5%<br><3% | 试验室试验 |
| | | | 粉煤灰:细度<br>烧失量 | <br>% | 不大于同时使用的水泥细度<br><3 | 试验室试验 |
| | | | 水玻璃:模数 | 3~3.3 | | 抽样送检 |
| | | | 其他化学浆液 | 设计要求 | | 检查产品合格证书或抽样送检 |
| | 2 | 注浆体强度 | | 设计要求 | | 取样检验 |
| | 3 | 地基承载力 | | 设计要求 | | 按规定方法 |
| 一般项目 | 1 | 各种注浆材料称量误差 | | % | <3 | 抽查 |
| | 2 | 注浆孔位 | | mm | ±20 | 用钢尺量 |
| | 3 | 注浆孔深 | | mm | ±100 | 测量注浆管长度 |
| | 4 | 注浆压力(与设计参数比) | | % | ±10 | 检查压力表读数 |

**8. 预压地基**

(1) 施工前应检查施工监测措施,沉降、孔隙水压力等原始数据,排水设施,砂井(包括袋装砂井)、塑料排水带等位置。塑料排水带的质量标准应符合本单元相关规定。软土的固结系数较小,当土层较厚时,达到工作要求的固结度需时较长,为此,对软土预压应设置排水通道,其长度及间距宜通过试压确定。

(2)堆载施工应检查堆载高度、沉降速率,真空预压施工应检查密封膜的密封性能、真空表读数等。堆载预压,必须分级堆载,以确保预压效果并避免坍滑事故。一般每天沉降速率控制在10~15mm,边桩位移速率控制在4~7mm。孔隙水压力增量不超过预压荷载增量60%,以这些参考指标控制堆载速率。

(3)施工结束后,应检查地基土的强度及要求达到的其他物理力学指标,重要建筑物地基应做承载力检验。一般工程在预压结束后,做十字板剪切强度或标贯、静力触探试验即可,但重要建筑物地基就应做承载力检验。如设计有明确规定应按设计要求进行检验。

(4)预压地基和塑料排水带质量检验标准应符合表4-14的规定。

表4-14 预压地基和塑料排水带质量检验标准

| 项 目 | 序号 | 检查项目 | 允许偏差或允许值 | | 检验方法 |
| --- | --- | --- | --- | --- | --- |
| | | | 单位 | 数值 | |
| 主控项目 | 1 | 预压载荷 | % | ≤2 | 水准仪 |
| | 2 | 固结度(与设计要求比) | % | ≤2 | 根据设计要求采用不同的方法 |
| | 3 | 承载力或其他性能指标 | 设计要求 | | 按规定方法 |
| 一般项目 | 1 | 沉降速率(与控制值比) | % | ±10 | 水准仪 |
| | 2 | 砂井或塑料排水带位置 | mm | ±100 | 用钢尺量 |
| | 3 | 砂井或塑料排水带插入深度 | mm | ±200 | 插入时用经纬仪检查 |
| | 4 | 插入塑料排水带时的回带长度 | mm | ≤500 | 用钢尺量 |
| | 5 | 塑料排水带或砂井高出砂垫层距离 | mm | ≥200 | 用钢尺量 |
| | 6 | 插入塑料排水带的回带根数 | % | >5 | 目测 |

注:如真空预压,主控项目中预压载荷的检查为真空降低值≤2%。

**9. 振冲地基**

(1)施工前应检查振冲的性能,电流表、电压表的准确度及填料的性能。为确切掌握好填料量、密实电流和留振时间,使各段桩体都符合规定的要求,应通过现场测试成桩确定这些施工参数。填料应选择不溶于地下水,或不受侵蚀影响且本身无侵蚀性和性能稳定的硬粒料。对粒径控制的目的,是确保振冲效果及效率。粒径过大,在边振边填过程中难以落入孔内;粒径过细小,在孔中沉入速度太慢,不易振密。

(2)施工中应检查密实电流、供水压力、供水量、填料量、孔底留振时间、振冲点位置、振冲器施工参数等(施工参数由振冲试验或设计确定)。振冲置换造孔的方法有排孔法,即由一端开始到另一端结束;跳打法,即每排孔施工时隔一孔造一孔,反复进行;帷幕法,即先造外围2~3圈孔,再造内隔孔,此时可隔一圈造一圈或依次向中心区推进。振冲施工必须防止涌孔,因此要做好孔位编号及施工复查工作。

(3)施工结束后,应在有代表性的地段做地基强度或地基承载力检验。振冲施工对原土结构造成扰动,强度降低。因此,质量检验应在施工结束后间歇一定时间,对砂土地基间隔2~3周。桩顶部位由于周围约束力小,密实度较难达到要求,检验取样应考虑此因素。

对振冲密实法加固的砂土地基,如不加填料,质量检验主要是地基的密实度,宜由设计、施工、监理(或业主方)共同确定位置后,再进行检验。

(4) 振冲地基质量检验标准应符合表 4-15 的规定。

表 4-15 振冲地基质量检验标准

| 项目 | 序号 | 检查项目 | 允许偏差或允许值 | | 检验方法 |
|---|---|---|---|---|---|
| | | | 单位 | 数值 | |
| 主控项目 | 1 | 填料粒径 | 设计要求 | | 抽样检查 |
| | 2 | 密实电流(黏性土) | A | 50～55 | 电流表读数 |
| | | 密实电流(砂性土或粉土)(以上为功率 30kW 振冲器) | A | 40～50 | |
| | | 密实电流(其他类型振冲器) | A | $(1.5\sim2.0)A_0$ | 电流表读数,$A_0$ 为空振电流 |
| | 3 | 压实系数 | 设计要求 | | 按规定方法 |
| 一般项目 | 1 | 石灰粒径 | mm | ≤5 | 抽样检查 |
| | 2 | 土料有机质含量 | % | ≤5 | 抽样检查 |
| | 3 | 土颗粒粒径 | mm | ≤5 | 筛分法 |
| | 4 | 含水量(与要求的最优含水量比较) | % | ±2 | 试验室焙烧法 |
| | 5 | 分层厚度偏差(与设计要求比较) | mm | ±50 | 量钻杆或重锤测 |

**10. 高压喷射注浆地基**

(1) 施工前应检查水泥、外掺剂等的质量、桩位、压力表、流量表的精度或灵敏度,高压喷射设备的性能等。高压喷射注浆工艺宜用普通硅酸盐水泥,强度等级不得低于 32.5,水泥用量、压力宜通过试验确定,如无条件可参考表 4-16。

表 4-16 1m 桩长喷射桩水泥用量表

| 桩径(mm) | 桩长(m) | 强度为 32.5 普硅水泥单位用量 | 喷射施工方法 | | |
|---|---|---|---|---|---|
| | | | 单管 | 二重管 | 三管 |
| φ600 | 1 | kg/m | 200～250 | 200～250 | |
| φ800 | | | 300～350 | 300～350 | |
| φ900 | | | 350～400(新) | 350～400 | |
| φ1000 | | | 400～450(新) | 400～450 | 700～800 |
| φ1200 | | | | 500～600(新) | 800～900 |
| φ1400 | | | — | 700～800(新) | 900～1000 |

注:"新"系指采用高压水泥浆泵,压力为 36～40MPa,流量为 80～110L/min 的新单管法和二重管法。

水压比为 0.7～1.0 较妥,为确保施工质量,施工机具必须配置准确的计量仪表。

(2) 施工中应检查施工参数(压力、水泥浆盐、提升速度、旋转速度等)及施工程序。由于喷射压力较大,容易发生窜浆,影响邻孔的质量,应采用间隔跳打法施工,一般两孔间距大于1.5m。

(3) 施工结束后,应检查桩体强度、平均直径、桩身中心位置、桩体质量及承载力等。桩体质量及承载力应在施工结束后28d进行。如不做承载力或强度检验,则间歇期可适当缩短。

(4) 高压喷射注浆地基质量检验标准应符合表4-17的规定。

表4-17  高压喷射注浆地基质量检验标准

| 项目 | 序号 | 检查项目 | 允许偏差或允许值 | | 检验方法 |
| --- | --- | --- | --- | --- | --- |
| | | | 单位 | 数值 | |
| 主控项目 | 1 | 水泥及外掺剂质量 | 符合出厂要求 | | 检查产品合格证书或抽样送检 |
| | 2 | 水泥用量 | 设计要求 | | 查看流量表及水泥浆水灰比 |
| | 3 | 桩体强度或完整性检验 | 设计要求 | | 按规定方法 |
| | 4 | 地基承载力 | 设计要求 | | 按规定方法 |
| 一般项目 | 1 | 钻孔位置 | mm | ≤50 | 用钢尺量 |
| | 2 | 钻孔垂直度 | % | ≤1.5 | 经纬仪测钻杆或实测 |
| | 3 | 孔深 | mm | ±200 | 用钢尺量 |
| | 4 | 注浆压力 | 按设定参数指标 | | 查看压力表 |
| | 5 | 桩体搭接 | mm | >200 | 用钢尺量 |
| | 6 | 桩体直径 | mm | ≤50 | 开挖后用钢尺量 |
| | 7 | 桩身中心允许偏差 | | ≤0.2D | 开挖后桩顶下500mm处用钢尺量,$D$为桩径 |

**11. 水泥土搅拌桩地基**

(1) 施工前应检查水泥及外掺剂的质量、桩位、搅拌机工作性能及各种计量设备完好程度(主要是水泥浆流量计及其他计量装置)。水泥土搅拌桩对水泥压力量要求较高,必须在施工机械上配置流量控制仪表,以保证一定的水泥用量。

(2) 施工中应检查机头提升速度、水泥浆或水泥注入量、搅拌桩的长度及标高。水泥土搅拌桩施工过程中,为确保搅拌充分,桩体质量均匀,搅拌机头提速不宜过快,否则会使搅拌桩体局部水泥量不足或水泥不能均匀地拌和在土中,导致桩体强度不一,因此规定了机头提升速度。

(3) 施工结束后,应检查桩体强度、桩体直径及地基承载力。

(4) 进行强度检验时,对承重水泥土搅拌桩应取90d后的试件;对支护水泥土搅拌桩应取28d后的试件。强度检验取90d的试样是根据水泥土的特性而定,如作为围护结构用的水泥搅拌桩施工的影响因素较多,故检查数量略多于一般桩基。

(5) 水泥土搅拌桩地基质量检验标准应符合表4-18的规定。各地有其他成熟的方法,只要可靠都行。如用轻便触探器检查均匀程度、用对比法判断桩身强度等,可参照国家现行行业标准《建筑地基处理技术规范》(JGJ 79—2021)。

表 4-18　水泥土搅拌桩地基质量检验标准

| 项目 | 序号 | 检查项目 | 允许偏差或允许值 | | 检验方法 |
|---|---|---|---|---|---|
| | | | 单位 | 数值 | |
| 主控项目 | 1 | 水泥及外掺剂质量 | 设计要求 | | 检查产品合格证书并抽样送检 |
| | 2 | 水泥用量 | 参数要求 | | 查看流量计 |
| | 3 | 桩体强度 | 设计要求 | | 按规定办法 |
| | 4 | 地基承载力 | 设计要求 | | 按规定办法 |
| 一般项目 | 1 | 机头提升速度 | m/min | ≤0.5 | 量机头上升距离及时间 |
| | 2 | 桩底标高 | mm | ±200 | 测机头深度 |
| | 3 | 桩顶标高 | mm | +100，-50 | 水准仪(最上部 500mm 不计入) |
| | 4 | 桩位偏差 | mm | <50 | 用钢尺量 |
| | 5 | 桩径 | | <0.04D | 用钢尺量，D 为桩径 |
| | 6 | 垂直度 | % | ≤1.5 | 经纬仪 |
| | 7 | 搭接 | mm | >200 | 用钢尺量 |

### 4.1.4　桩基础工程

**1. 钢筋混凝土灌注桩工程基础**

1) 材料质量要求

(1) 粗骨料：应选用质地坚硬的卵石、碎石，其粒径宜为 15～25mm，且卵石粒径不宜大于 50mm，碎石粒径不宜大于 40mm；含泥量不大于 2%，且无垃圾杂物。

(2) 细骨料：应选用质地坚硬的中砂，含泥量不大于 5%，无草根、泥块等杂物。

(3) 水泥：宜选用强度等级为 32.5、42.5 的硅酸盐水泥或普通硅酸盐水泥，使用前必须有出厂质量证明书和水泥现场取样复检试验报告，合格后方可使用。

(4) 钢筋：应具有出厂质量证明书和钢筋现场取样复检试验报告，合格后方可使用。

(5) 拌和用水：一般饮用水或洁净的自然水。

2) 施工过程的质量控制

(1) 试孔。桩施工前，应进行"试成孔"。试孔桩的数量每个场地不少于 2 个，通过试成孔检查核对地质资料、施工参数及设备运转情况。试成孔结束后应检查孔径、垂直度、孔壁稳定性等是否符合设计要求。

(2) 检查建筑物位置和工程桩位轴线是否符合设计要求。

(3) 做好成孔过程的质量检查。泥浆护壁成孔桩应检查护筒的埋设位置，其偏差应符合规范及设计要求；检查钻机就位的垂直度和平面位置，开孔前应对钻头直径和钻具长度进行测量，并记录备查；检查护壁泥浆的密度及成孔后沉渣的厚度。

套管成孔灌注桩应经常检查管内有无地下水或泥浆，若有应及时处理再继续沉管；当桩距小于 4 倍桩径时应检查是否有保证相邻桩桩身不受振动损坏的技术措施；应检查桩靴的强度和刚度及与桩管衔接密封的情况,以保证桩管内不进泥砂及地下水。

干作业成孔灌注桩应检查钻机的位置和钻杆的垂直度,还应检查钻机的电流值或油压值,以避免钻机超负荷工作;成孔后应用探测器检查桩径、深度和孔底情况。

人工挖孔灌注桩应检查护壁井圈的位置以及埋设和制作质量;检查上下节护壁的搭接长度是否大于50mm;挖至设计标高后,检查孔壁、孔底情况,及时清除孔壁的渣土和淤泥、孔底残渣和积水。

(4) 进行钢筋笼施工质量的检查,具体如下。

① 钢筋笼制作允许偏差及检查方法见表4-19。

表4-19 钢筋笼制作允许偏差及检查方法

| 项目 | 序号 | 检验项目 | 允许偏差 | 检查方法 | 检验数量 |
| --- | --- | --- | --- | --- | --- |
| 主控项目 | 1 | 主筋间距(mm) | ±10 | 尺量检查 | 每个桩均全数检查 |
| | 2 | 长度(mm) | ±10 | 尺量检查 | 每个桩均全数检查 |
| 一般项目 | 1 | 钢筋材质检验 | 符合设计要求 | 抽样送检,查质保书及试验报告 | 见相关规范要求 |
| | 2 | 箍筋间距(mm) | ±20 | 尺量检查 | 检查桩总数的20% |
| | 3 | 直径(mm) | ±10 | 尺量检查 | 检查桩总数的20% |

② 检查焊接钢筋笼质量:钢筋搭接焊缝宽度应不小于$0.7d$,厚度不小于$0.3d$;焊接长度单面焊为$8d$(Ⅰ级筋)或$10d$(Ⅱ级筋)、双面焊为$4d$(Ⅰ级筋)或$5d$(Ⅱ级筋)。

③ 钢筋笼安装的质量检查:钢筋笼安装前应进行制作质量的中间检验,检验的标准及方法应符合表4-20的规定。

表4-20 混凝土灌注桩钢筋笼质量检验标准

| 序号 | 检验项目 | | 允许偏差或允许值 | 检查方法 |
| --- | --- | --- | --- | --- |
| 1 | 主筋间距(mm) | | ±10 | 现场钢尺测量笼顶、笼中、笼底3个断面 |
| 2 | 箍筋间距(mm) | | ±20 | 现场钢尺测量连续3次并取最大值,每个钢筋笼抽检笼顶、距底1m范围和笼中部3处 |
| 3 | 钢筋笼直径(mm) | | ±10 | 现场钢尺测量笼顶、笼中、笼底3个断面,每个断面测量2个垂直相交的直径 |
| 4 | 钢筋笼总长(mm) | | ±100 | 现场钢尺测量每节钢筋笼的长度(以最短一根主筋为准),相加并减去$(n-1)$个主筋搭接长度 |
| 5 | 主筋保护层厚度(mm) | 水下导管灌注混凝土 | ±20 | 观察保护层垫块的放置情况 |
| | | 非水下灌注混凝土 | ±10 | 观察保护层垫块的放置情况 |

3) 施工质量的检查

检查混凝土的配合比是否符合设计及施工工艺的要求;检查混凝土的拌制质量,混凝土的坍落度是否符合设计和施工要求;检查灌注桩的平面位置及垂直度,其允许偏差应符合表4-21中的规定。

表 4-21 灌注桩的平面位置和垂直度的允许偏差

| 项目 | 成孔方法 | | 桩径允许偏差(mm) | 垂直度允许偏差(mm) | 桩位允许偏差(mm) | |
|---|---|---|---|---|---|---|
| | | | | | 1~3根、单排桩基垂直于中心线方向和群桩基础边桩 | 条形桩基沿中心线方向和群桩基础的中间桩 |
| 1 | 泥浆护壁钻孔桩 | $D \leqslant 1000mm$ | ±50 | <1 | $D/6$,且不大于100 | $D/4$,且不大于150 |
| | | $D > 1000mm$ | ±50 | <1 | $100+0.01H$ | $150+0.01H$ |
| 2 | 套管成孔灌注桩 | $D \leqslant 500mm$ | −20 | <1 | 70 | 150 |
| | | $D > 500mm$ | | | 100 | |
| 3 | 干作业成孔灌注桩 | | −20 | <1 | 70 | 150 |
| 4 | 人工挖孔桩 | 混凝土护壁 | +50 | <0.5 | 50 | 150 |
| | | 钢套管护壁 | | <1 | 100 | 200 |

注:1. 桩径允许偏差的负值是指个别断面。
2. 采用复打、反插法施工的桩,其桩径允许偏差不受上表限制。
3. $H$ 为施工现场地面标高与桩顶设计标高的距离,$D$ 为设计桩径。

### 2. 混凝土灌注桩工程质量检验

混凝土灌注桩工程质量检验标准与检验方法见表 4-22。

表 4-22 混凝土灌注桩工程质量检验标准与检验方法

| 项目 | 序号 | 检验项目 | 允许偏差或允许值 | 检查方法 | 检验数量 |
|---|---|---|---|---|---|
| 主控项目 | 1 | 桩位 | 见表 4-23 | 基坑开挖前测量护筒,开挖后测量桩中心 | 全数检查 |
| | 2 | 孔深(mm) | +300,0 | 吊重锤测量,或测量钻杆、套管的长度 | 全数检查 |
| | 3 | 桩体质量检查 | 符合桩基检测技术规范 | 按设计要求选用动力法检测,或钻芯取样至桩尖下 500mm 进行检测,并检查检测报告 | 设计等级为甲级地基或地质条件复杂,且成桩质量可靠性低的灌注桩,抽查数量为总桩数的 30%,且不少于 20 根;其他桩不少于总桩数的 20%,且不少于 10 根;每根柱子承台下不少于 1 根。当桩身完整性差的比例较高时,应扩大检验比例甚至 100%检验 |
| | 4 | 混凝土强度 | 符合设计要求 | 检查试件报告或钻芯取样 | 每 $50m^3$(不足 $50m^3$ 的桩)必须取 1 组试件,每根桩必须有一组试件 |
| | 5 | 承载力 | 符合桩基检测技术规范 | 静荷载试验或采用动载大应变检测,并检查检测报告 | 设计等级为甲级地基或地质条件复杂,且成桩质量可靠性低的灌注桩,应采用静荷载试验,抽查数量为不少于总桩数的 1%,且不少于 3 根;总桩数为 50 根时,检查数量为 2 根;其他桩应采用高应变动力法检测 |

续表

| 项目 | 序号 | 检验项目 | 允许偏差或允许值 | 检查方法 | 检验数量 |
|---|---|---|---|---|---|
| 一般项目 | 1 | 垂直度 | 见表4-23 | 检查钻杆、套筒的垂直度或吊重锤检查 | 除第6项混凝土坍落度的检测按每50m³ 1次或1根桩或1台班不少于1次进行外,其余项目为全数检查 |
| | 2 | 桩径 | 见表4-23 | 采用井径仪或超声波检测,干作业时用钢尺测量,人工挖孔桩不包括内衬厚度 | |
| | 3 | 泥浆相对密度(黏土或砂性土) | 1.15~1.20 | 清孔后在距孔底500mm处取样,用密度计测量 | |
| | 4 | 泥浆面标高(高于地下水位)(m) | 0.5~1.0 | 观察检查 | |
| | 5 | 沉渣厚度(mm) | ≤50 | 用沉渣仪或重锤测量 | |
| | | | ≤150 | | |
| | 6 | 混凝土坍落度(mm) | 160~220 | 混凝土灌注前用坍落度仪测量 | |
| | | | 70~100 | | |
| | 7 | 钢筋笼安装深度(mm) | ±100 | 用钢尺测量 | |
| | 8 | 混凝土充盈系数 | >1 | 计量检查每根桩的实际灌注量并与桩体积相比,还应检查施工记录 | |
| | 9 | 桩顶标高(mm) | +30 | 水准仪测量,应扣除桩顶浮浆和劣质桩体 | |

混凝土灌注桩的平面位置和垂直度的允许偏差见表4-23。

表4-23 混凝土灌注桩的平面位置和垂直度的允许偏差

| 序号 | 成孔方法 | | 允许偏差 | | 桩位允许偏差(mm) | |
|---|---|---|---|---|---|---|
| | | | 桩径(mm) | 垂直度(%) | 1~3根,单排桩基垂直于中心线方向和群桩基础的边桩 | 条形桩基沿中心线方向和群桩基础的中间桩 |
| 1 | 泥浆护壁钻孔桩 | D≤1000mm | ±50 | <1 | D/6,且不大于100 | D/4,且不大于150 |
| | | D>1000mm | ±50 | | 100+0.01H | 150+0.01H |
| 2 | 套管成孔灌注桩 | D≤500mm | −20 | <1 | 70 | 150 |
| | | D>500mm | | | 100 | 150 |
| 3 | 干成孔灌注桩 | | −20 | <1 | 70 | 150 |
| 4 | 人工挖孔桩 | 混凝土护壁 | +50 | <0.5 | 50 | 150 |
| | | 钢套管护壁 | +50 | <1 | 100 | 200 |

## 4.2 砌体工程的质量控制

### 4.2.1 砖砌体

本节适用于烧结普通砖、烧结多孔砖、混凝土多孔砖、混凝土实心砖、蒸压灰砂砖、蒸压粉煤灰砖等砌体工程。

**1. 主控项目**

(1) 砖和砂浆的强度等级必须符合设计要求。

① 抽检数量:每一生产厂家,烧结普通砖、混凝土实心砖每 15 万块,烧结多孔砖、混凝土多孔砖、蒸压灰砂砖及蒸压粉煤灰砖每 10 万块各为一验收批,不足上述数量时按 1 批计,抽检数量为 1 组。

② 检验方法:检查砖和砂浆试块试验报告。

(2) 砌体灰缝砂浆应密实饱满,砖墙水平灰缝的砂浆饱满度不得低于 80%;砖柱水平灰缝和竖向灰缝饱满度不得低于 90%。

① 抽检数量:每检验批抽查不应少于 5 处。

② 检验方法:用百格网检查砖底面与砂浆的粘结痕迹面积。每处检测 3 块砖,取其平均值。

(3) 砖砌体的转角处和交接处应同时砌筑,严禁无可靠措施的内外墙分砌施工。在抗震设防烈度为 8 度及 8 度以上的地区,对不能同时砌筑而又必须留置的临时间断处应砌成斜槎,普通砖砌体斜槎水平投影长度不应小于高度的 2/3。多孔砖砌体的斜槎长高比不应小于 1/2。斜槎高度不得超过一部脚手架的高度。

① 抽检数量:每检验批抽查不应少于 5 处。

② 检验方法:观察检查。

(4) 非抗震设防及抗震设防烈度为 6 度、7 度地区的临时间断处,当不能留斜槎时,除转角处外,可留直槎,但直槎必须做成凸槎,且应加设拉结钢筋,拉结钢筋应符合下列规定。

① 每 120mm 墙厚放置 1ϕ6 拉结钢筋(120mm 厚墙应放置 2ϕ6 拉结钢筋)。

② 间距沿墙高不应超过 500mm;且竖向间距偏差不应超过 100mm。

③ 埋入长度从留槎处算起,每边均不应小于 500mm,对抗震设防烈度 6 度、7 度的地区,不应小于 1000mm。

④ 末端应有 90°弯钩。

⑤ 抽检数量:每检验批抽查不应少于 5 处。

⑥ 检验方法:观察和尺量检查。

**2. 一般项目**

(1) 砖砌体组砌方法应正确,内外搭砌,上下错缝。清水墙、窗间墙无通缝;混水墙中不得有长度大于 300mm 的通缝,长度 200~300mm 的通缝每间不超过 3 处,且不得位于同一面墙体上。砖柱不得采用包心砌法。

① 抽检数量:每检验批抽查不应少于5处。

② 检验方法:观察检查。砌体组砌方法抽检每处应为3~5m。

(2) 砖砌体的灰缝应横平竖直,厚薄均匀。水平灰缝厚度及竖向灰缝宽度宜为10mm,但不应小于8mm,也不应大于12mm。

① 抽检数量:每检验批抽查不应少于5处。

② 检验方法:水平灰缝厚度用尺量10皮砖砌体高度折算。竖向灰缝宽度用尺量2m砌体长度折算。

(3) 砖砌体尺寸、位置的允许偏差及检验应符合表4-24的规定。

表4-24 砖砌体尺寸、位置的允许偏差及检验

| 序号 | 项 目 | | | 允许偏差(mm) | 检验方法 | 抽检数量 |
|---|---|---|---|---|---|---|
| 1 | 轴线位移 | | | 10 | 用经纬仪和尺或用其他测量仪器检查 | 承重墙、柱全数检查 |
| 2 | 基础、墙、柱顶面标高 | | | ±15 | 用水准仪和尺检查 | 不应小于5处 |
| 3 | 墙面垂直度 | 每层 | | 5 | 用2m托线板检查 | 不应小于5处 |
| | | 全高 | ≤10m | 10 | 用经纬仪、吊线和尺或其他测量仪器检查 | 外墙全部阳角 |
| | | | >10m | 20 | | |
| 4 | 表面平整度 | 清水墙、柱 | | 5 | 用2m靠尺和楔形塞尺检查 | 不应小于5处 |
| | | 混水墙、柱 | | 8 | | |
| 5 | 水平灰缝平直度 | 清水墙 | | 7 | 拉5m线和尺检查 | 不应小于5处 |
| | | 混水墙 | | 10 | | |
| 6 | 门窗洞口高、宽(后塞口) | | | ±10 | 用尺检查 | 不应小于5处 |
| 7 | 外墙下窗口偏移 | | | 20 | 以底层窗口为准,用经纬仪或吊线检查 | 不应小于5处 |
| 8 | 清水墙游丁走缝 | | | 20 | 以每层第一皮砖为准,用吊线和尺检查 | 不应小于5处 |

## 4.2.2 混凝土小型空心砌块砌体

**1. 主控项目**

(1) 小砌块和芯柱混凝土、砌筑砂浆的强度等级必须符合设计要求。

① 抽检数量:每一生产厂家,每1万块小砌块为一验收批,不足1万块按一批计,抽检数量为1组。用于多层以上建筑的基础和底层的小砌块抽检数量不应少于2组。

② 检验方法:检查小砌块和芯柱混凝土、砌筑砂浆试块试验报告。

(2) 砌体水平灰缝和竖向灰缝的砂浆饱满度,按净面积计算不得低于90%。

① 抽检数量:每检验批抽查不应少于5处。

② 检验方法:用专用百格网检测小砌块与砂浆粘结痕迹,每处检测3块小砌块,取其

平均值。

(3) 墙体转角处和纵横墙交接处应同时砌筑。临时间断处应砌成斜槎,斜槎水平投影长度不应小于斜槎高度。施工洞口可预留直槎,但在洞口砌筑和补砌时,应在直槎上下搭砌的小砌块孔洞内用强度等级不低于C20(或Cb20)的混凝土灌实。

① 抽检数量:每检验批抽查不应少于5处。
② 检验方法:观察检查。

(4) 小砌块砌体的芯柱在楼盖处应贯通,不得削弱芯柱截面尺寸;芯柱混凝土不得漏灌。

① 抽检数量:每检验批抽查不应少于5处。
② 检验方法:观察检查。

**2. 一般项目**

(1) 砌体的水平灰缝厚度和竖向灰缝宽度宜为10mm,但不应大于12mm,也不应小于8mm。

① 抽检数量:每检验批抽查不应少于5处。
② 抽检方法:水平灰缝用尺量5皮小砌块的高度折算;竖向灰缝宽度用尺量2m砌体长度折算。

(2) 小砌块砌体尺寸、位置的允许偏差应按《砌体结构工程施工质量验收规范》(GB 50203—2011)第5.3.3条的规定执行。

### 4.2.3 石砌体

**1. 主控项目**

(1) 石材及砂浆强度等级必须符合设计要求。
① 抽检数量:同一产地的同类石材抽检不应小于一组。
② 检验方法:料石检查产品质量证明书,石材、砂浆检查试块试验报告。

(2) 砌体灰缝的砂浆饱满度不应小于80%。
① 抽检数量:每检验批抽查不应少于5处。
② 检验方法:观察检查。

**2. 一般项目**

(1) 石砌体尺寸、位置的允许偏差及检验方法应符合表4-25的规定。

表4-25 石砌体尺寸、位置的允许偏差及检验方法

| 序号 | 项目 | 允许偏差(mm) | | | | | | | 检验方法 |
|---|---|---|---|---|---|---|---|---|---|
| | | 毛石砌体 | | 料石砌体 | | | | | |
| | | | | 毛料石 | | 粗料石 | | 细料石 | |
| | | 基础 | 墙 | 基础 | 墙 | 基础 | 墙 | 墙、柱 | |
| 1 | 轴线位置 | 20 | 15 | 20 | 15 | 15 | 10 | 10 | 用经纬仪和尺检查,或用其他测量仪器检查 |

| 序号 | 项目 | | 允许偏差(mm) | | | | | | | 检验方法 |
| --- | --- | --- | --- | --- | --- | --- | --- | --- | --- | --- |
| | | | 毛石砌体 | | 料石砌体 | | | | | |
| | | | | | 毛料石 | | 粗料石 | | 细料石 | |
| | | | 基础 | 墙 | 基础 | 墙 | 基础 | 墙 | 墙、柱 | |
| 2 | 基础和墙砌体顶面标高 | | ±25 | ±15 | ±25 | ±15 | ±15 | ±15 | ±10 | 用水准仪和尺检查 |
| 3 | 砌体厚度 | | +30 | +20<br>−10 | +30 | +20<br>−10 | +15 | +10<br>−5 | +10<br>−5 | 用尺检查 |
| 4 | 墙面垂直度 | 每层 | — | 20 | — | 20 | — | 10 | 7 | 用经纬仪、吊线和尺检查,或用其他测量仪器检查 |
| | | 全高 | — | 30 | — | 30 | — | 25 | 10 | |
| 5 | 表面平整度 | 清水墙、柱 | — | — | — | 20 | — | 10 | 5 | 细料石用2m靠尺和楔形塞尺检查,其他用两直尺垂直于灰缝拉2m线和尺检查 |
| | | 混水墙、柱 | — | — | — | 30 | — | 15 | — | |
| 6 | 清水墙水平灰缝平直度 | | — | — | — | — | — | 10 | 5 | 拉10m线和尺检查 |

抽检数量:每检验批抽查不应少于5处。

(2)石砌体的组砌形式应符合下列规定。

① 内外搭砌,上下错缝,拉结石、丁砌石交错设置。

② 毛石墙拉结石每0.7m² 墙面不应少于1块。

③ 检查数量:每检验批抽查不应少于5处。

④ 检验方法:观察检查。

### 4.2.4 配筋砌体

**1. 一般规定**

(1)配筋砌体工程除应满足一般规定外,尚应符合相应规定。

(2)构造柱浇灌混凝土前,必须将砌体留槎部位和模板浇水湿润,将模板内的落地灰、砖渣和其他杂物清理干净,并在结合面处注入适量与构造柱混凝土相同的去石水泥砂浆。振捣时,应避免触碰墙体,严禁通过墙体传震。

(3)设置在砌体水平灰缝中钢筋的锚固长度不宜小于$50d$,且其水平或垂直弯折段的长度不宜小于$20d$和150mm;钢筋的搭接长度不应小于$55d$。

(4)配筋砌块体剪力墙,应采用专用的小砌块砌筑砂浆和专用的小砌块灌孔混凝土。小砌体砌筑砂浆和小砌块灌孔混凝土性能好,对保证配筋砌块砌体剪力墙的结构受力性能十分有利,其性能应分别符合国家现行标准《混凝土小型空心砌块砌筑砂浆》(JC 860—2008)和《混凝土小型空心砌块灌孔混凝土》(JC 861—2008)的要求。

**2. 主控项目**

(1) 钢筋的品种、规格和数量应符合设计要求。

检验方法：检查钢筋的合格证书、钢筋性能试验报告、隐蔽工程记录。

(2) 构造柱、芯柱、组合砌体构件、配筋砌体剪力墙构件的混凝土或砂浆的强度等级应符合设计要求。

① 抽检数量：各类构件每一检验批砌体至少应做一组试块。

② 检验方法：检查混凝土或砂浆试块试验报告。

(3) 构造柱与墙体的连接处应砌成马牙槎，马牙槎应先退后进，预留的拉结钢筋应位置正确，施工中不得任意弯折。

① 抽检数量：每检验批抽20%构造柱，且不少于3处。

② 检验方法：观察检查。钢筋竖向移位不应超过100mm，每一马牙槎沿高度方向尺寸不应超过300mm。

③ 合格标准：钢筋竖向位移和马牙槎尺寸偏差每一构造柱不应超过2处。构造柱是房屋抗震设防的重要构造措施。为保证构造柱与墙体可靠的连接，使构造柱能充分发挥其作用而提出了施工要求。外露的拉结筋有时会妨碍施工，必要时进行弯折是可以的，但不允许随意弯折。在弯折和平直复位时，应仔细操作，避免使埋入部分的钢筋产生松动。

(4) 构造柱位置及垂直度的允许偏差应符合表4-26的规定。抽检数量：每检验批抽10%，且不应少于5处。构造柱位置及垂直度的允许偏差系根据《砌体结构设计规范》(GB 50003—2011)的规定而确定的，经多年工作实践，证明其尺寸允许偏差是适宜的。

表4-26 构造柱位置及垂直度的允许偏差

| 序号 | 项 目 | | | 允许偏差(mm) | 抽 检 方 法 |
| --- | --- | --- | --- | --- | --- |
| 1 | 柱中心线位置 | | | 10 | 用经纬仪和尺检查或用其他测量仪器检查 |
| 2 | 柱层间错位 | | | 8 | 用经纬仪和尺检查或用其他测量仪器检查 |
| 3 | 柱垂直度 | 每层 | | 10 | 用2m托线板检查 |
|  |  | 全高 | ≤10m | 15 | 用经纬仪、吊线和尺检查，或用其他测量仪器检查 |
|  |  |  | >10m | 20 |  |

(5) 对配筋混凝土小型空心砌块砌体，芯柱混凝土应在装配式楼盖处贯通，不得削弱芯柱截面尺寸。芯柱与预制楼盖相交处，应使芯柱上下连续，否则芯柱的抗震作用将受到不利影响，但又必须保证楼板的支承长度。两者虽有矛盾，但从设计和施工两方面采取灵活的处置措施是可以满足上述规定的。

① 抽检数量：每检验批抽10%，且不应少于5处。

② 检验方法：观察检查。

**3. 一般项目**

(1) 设置在砌体水平灰缝内的钢筋，应居中置于灰缝中。水平灰缝厚度应大于钢筋直径4mm以上。砌体外露砂浆保护层的厚度不应小于15mm。砌体水平灰缝中钢筋居中放置有两个目的:一是对钢筋有较好的保护;二是使砂浆层能与块体较好地粘结。要避免钢筋偏上或偏下而与块体直接接触的情况出现,因此规定水平灰缝厚度应大于钢筋直径4mm以上,但灰缝过厚又会降低砌体的强度,因此,施工中应予注意。

① 抽检数量:每检验批抽检3个构件,每个构件检查3处。

② 抽验方法:观察检查,钢尺检测辅之。

(2) 设置在砌体灰缝内的钢筋的防腐保护应符合要求。

① 抽检数量:每检验批抽检10%的钢筋。

② 检验方法:观察检查。

③ 合格标准:防腐涂料无溯刷(喷浸),无起皮脱落现象。

(3) 网状配筋砌体中,钢筋网及放置间距应符合设计规定。

① 抽检数量:每检验批抽10%,且不应少于5处。

② 检验方法:钢筋规格检查钢筋网成品,钢筋放置间距局部剔缝观察,或用钢筋位置测定仪测定。

③ 合格标准:钢筋网沿砌体高度位置超过设计规定1皮砖厚不得多于1处。

(4) 组合砖砌体构件,竖向受力钢筋保护层符合设计要求,距砖砌体表面距离不应小于5mm;拉结筋两端应设弯钩,拉结筋与箍筋的位置应正确。组合砖砌体中,为了保证钢筋的握裹力和耐久性,钢筋保护层厚度距砌体表面的距离应符合设计规定;拉结筋及箍筋为充分发挥其作用,也做了相应的规定。

① 抽检数量:每检验批抽检10%,且不应少于5处。

② 检验方法:支模前观察与尺械检查。

③ 合格标准:钢筋保护层符合设计要求;拉结筋位置及弯钩设置80%及以上符合要求,箍筋间距超过规定,每件不得多于2处,且每处不得超过1皮砖。

(5) 配筋砌块砌体剪力墙中,采用搭接头的受力钢筋搭接长度不应小于$35d$,且不应少于300mm。对于钢筋在小砌块砌体灌孔混凝土中锚固的可靠性,砌体设计规范修订组曾安排做了专门的锚固试验,试验表明,位于灌孔混凝土中的钢筋,不论位置是否对中,均能在远小于规定的锚固长度内达到屈服。这是因为灌孔混凝土中的钢筋处在周边有砌块壁形成约束条件下的混凝土所致,这比钢筋在一般混凝土中锚固条件要好。

① 抽检数量:每检验批每类构件抽20%(墙、柱、连梁),且不应少于3件。

② 检验方法:尺量检查。

### 4.2.5 填充墙砌体

**1. 一般规定**

(1) 本单元适用于房屋建筑采用空心砖、蒸压加气混凝土砌块、轻骨料混凝土小型空心砌块等砌筑填充墙砌体的施工质量验收。

(2) 蒸压加气混凝土砌块、轻骨料混凝土小型空心砌块砌筑时,其产品龄期应超过28d。加气混凝土砌块、轻骨料混凝土小砌块为水泥胶凝增强的块材,以28d强度为标准设计强度,且龄期达到28d之前,自身收缩较快。为了有效控制砌体收缩裂缝和保证砌体强度,对砌筑时的龄期进行了规定。

(3) 空心砖蒸压加气混凝土砌块、轻骨料混凝土小型空心砌块等在运输、装卸过程中,严禁抛掷和倾倒。进场后应按品种、规格分别堆放整齐,堆置高度不宜超过2m。加气混凝土砌块应防止雨淋。考虑到空心砖、加气混凝土砌块、轻骨料混凝土小砌块强度不太高,碰撞易碎,吸湿性相对较大,特作此规定。

(4) 填充墙砌体砌筑前块材应提前2d浇水湿润。蒸压加气混凝土砌块砌筑时,应向砌筑面适量浇水。块材砌筑前浇水湿润是为了使其与砌筑有较好的粘结。根据空心砖、轻骨料混凝土小砌块的吸水、失水特性合适的含水率分别为:空心砖宜为10%～15%;轻骨料混凝土小砌块宜为5%～8%。加气混凝土砌块出厂时的含水率为35%左右,以后砌块逐渐干燥,施工时的含水率宜控制在小于15%(对粉煤灰加气混凝土砌块宜小于20%)。加气混凝土砌块砌筑时在砌筑面适量浇水是为了保证砌筑砂浆的强度及砌体的整体性。

(5) 用轻骨料混凝土小型空心砌块或蒸压加气混凝土砌块砌筑墙体时,墙底部应砌烧结普通砖或多孔砖,或普通混凝土小型空心砌块,或现浇混凝土坎台等,其高度不宜小于200mm。考虑到轻骨料混凝土小砌块和加气混凝土砌块的强度及耐久性,又不宜剧烈碰撞,以及吸湿性大等因素而作此规定。

**2. 主控项目**

砖、砌块和砌筑砂浆的强度等级应符合设计要求。砖、砌块和砌筑砂浆的强度等级合格是砌体力学性能的重要保证,故作此规定。

检验方法:检查砖或砌块的产品合格证书、产品性能检测报告和砂浆试块试验报告。

**3. 一般项目**

(1) 填充墙砌体一般尺寸的允许偏差应符合表4-27的规定。抽检数量规定如下。

① 对表4-27中1、2项,在检验批的标准间中随机抽查10%,但不应少于3间;大面积房间和楼道按两个轴线或每10延长米按一标准间计数。每间检验不应少于3处。

② 对表4-27中3、4项,在检验批中抽检10%,且不应少于5处。根据填充墙砌体的非结构受力特点出发,将轴线位移和垂直度允许偏差纳入一般项目验收。

表4-27 填充墙砌体一般尺寸的允许偏差

| 序号 | 项 目 | | 允许偏差(mm) | 检验方法 |
| --- | --- | --- | --- | --- |
| 1 | 轴线位移 | | 10 | 用尺检查 |
| | 垂直度 | 小于或等于3m | 5 | 用2m托线板或吊线、尺检查 |
| | | 大于3m | 10 | |
| 2 | 表面平整度 | | 8 | 用2m靠尺和楔形塞尺检查 |
| 3 | 门窗洞口高、宽(后塞口) | | ±5 | 用尺检查 |
| 4 | 外墙上、下窗口偏移 | | 20 | 用经纬仪或吊线检查 |

(2) 蒸压加气混凝土砌块砌体和轻骨料混凝土小型空心砌块砌体不应与其他块材混砌。

① 抽检数量:在检验批中抽检20%,且不应少于5处。

② 检验方法:外观检查。加气混凝土砌块砌体和轻骨料混凝土小砌块砌体的干缩较大,为防止或控制砌体干缩裂缝的产生,作出"不应混砌"的规定。但对于因构造需要的墙底部、墙顶部、局部门、窗洞口处,可酌情采用其他块材补砌。

(3) 填充墙砌体的砂浆饱满度及检验方法应符合表 4-28 的规定。填充墙砌体的砂浆饱满度虽影响砌体的质量,但不涉及结构的重大安全,故将其检查列入一般项目验收。

抽检数量:每部架子不少于 3 处,且每处不应少于 3 块。

表 4-28 填充墙砌体的砂浆饱满度及检验方法

| 砌体分类 | 灰缝 | 饱满度及要求 | 检验方法 |
| --- | --- | --- | --- |
| 空心砖砌体 | 水平 | ≥80% | 采用百格网检查块材底面砂浆的粘结痕迹面积 |
| | 垂直 | 填满砂浆,不得有透明缝、瞎缝、假缝 | |
| 加气混凝土砌块和轻骨料混凝土小砌块砌体 | 水平 | ≥80% | |
| | 垂直 | ≥80% | |

(4) 填充墙砌体留置的拉结钢筋或网片的位置应与块体皮数相符合。拉结钢筋或网片应置于灰缝中,埋置长度应符合设计要求,竖向位置偏差不应超过一皮高度。此条规定是为了保证填充墙砌体与相邻的承重结构(墙或柱)有可靠的连接。

① 抽检数量:在检验批中抽检 20%,且不应少于 5 处。

② 检验方法:观察和用尺量检查。

(5) 填充墙砌筑时应错缝搭砌,蒸压加气混凝土砌块搭砌长度不应小于砌块长度的 1/3;轻骨料混凝土小型空心砌块搭砌长度不应小于 90mm;竖向通缝不应大于 2 皮。错缝,即上下皮块体错开摆放,此种砌法为搭砌,可以增强砌体的整体性。

① 抽检数量:在检验批的标准间中抽查 10%,且不应少于 3 间。

② 检查方法:观察和用尺检查。

(6) 填充墙砌体的灰缝厚度和宽度应正确。空心砖、轻骨料混凝土小型空心砌块的砌体灰缝应为 8~12mm。蒸压加气混凝土砌块砌体的水平灰缝厚度及竖向灰缝宽度分别宜为 15mm 和 20mm。加气混凝土砌块尺寸比空心砖、轻骨料混凝土小砌块大,故对其砌体水平灰缝厚度和竖向灰缝宽度的规定稍大一些,灰缝过厚或过宽,不仅浪费砌筑砂浆,而且砌体灰缝的收缩也将加大,不利砌体裂缝的控制。

① 抽检数量:在检验批的标准间中抽查 10%,且不应少于 3 间。

② 检查方法:用尺量 5 皮空心砖或小砌块的高度和 2m 砌体长度折算。

(7) 填充墙砌至接近梁、板底时,应留一定空隙,待填充墙砌完并应至少间隔 7d 后,再将其补砌挤紧。填充墙砌完后,砌体还将产生一定变形,施工不当,不仅会影响砌体与梁或板底的紧密结合,还会产生结合部位的水平裂缝。

① 抽检数量:每验收批抽 10% 填充墙片(每两柱间的填充墙为一墙片),且不应少于 3 片墙。

② 检验方法:观察检查。

## 4.3 钢筋混凝土工程的质量控制

### 4.3.1 模板

**1. 材料质量要求**

混凝土结构模板可采用木模板、钢模板、木胶合板模板、竹胶合板模板、塑料和玻璃钢模板等。常用的模板主要有木模板、钢模板和竹胶合板模板等。

(1) 木模板及支撑所用的木料应选用质地优良、无腐朽的松木或杉木,且不宜低于Ⅲ等材,其含水率不小于25%(质量分数)。木模板在拼制时,板边应找平刨直、接缝严密,当为清水混凝土时板面应刨光。

(2) 组织钢模板:组合钢模板由钢模板、连接片和支承件组成,其规格见表4-29。

表4-29 组织钢模板规格     单位:mm

| 规格 | 平面模板 | 阴角模板 | 阳角模板 | 连接角模 |
|---|---|---|---|---|
| 宽度 | 100,150,200,250,300 | 150×150<br>100×150 | 100×100<br>50×50 | 50×50 |
| 长度 | 450,600,900,1200,1500 | | | |
| 肋高 | 55 | | | |

钢模板纵、横肋的孔距与模板的模数应一致,模板横竖都可拼装,钢模板应接缝严密、装拆灵活、搬运方便,钢模板板面应保持平整不翘曲,边框应保证平直不弯折,使用中若有变形应及时整修。

连接件有U形卡、L形插销,紧固螺栓、钩头螺栓、对拉螺栓、扣件等,应满足配套使用、装拆方便、操作安全的要求,使用前应检查其质量合格证明。

支承件有木支架和钢支架两种。支架必须有足够的强度、刚度和稳定性,支架应能承受新浇筑混凝土的重量、模板重量、侧压力以及施工荷载,其质量应符合有关标准的规定,并应检查其质量合格证明。

(3) 竹胶合板模板:应选用无变质、厚度均匀、含水率小的竹胶合板模板,并优先采用防水胶质型。竹胶合板根据板面处理的不同可分为素面板、复木板、涂膜板和复膜板,表面处理应按《竹胶合板模板》(JG/T 156—2004)中的要求进行。

(4) 隔离剂:不得采用影响结构性能或妨碍装饰工程施工的隔离剂,严禁使用废机油作为隔离剂。常用的隔离剂有皂液、滑石粉、石灰水及其混合液和各种专门化学制品脱模剂等。脱模剂材料宜拌成黏稠状,且应涂刷均匀、不得流淌。

(5) 模板及其支架使用的材料规格尺寸,应符合模板设计要求。模板及其支架应定期维修,钢模板及钢支架还应有防锈措施。

(6) 清水混凝土工程及装饰混凝土工程所使用的模板,应满足设计要求的效果。

(7) 泵送混凝土对模板的要求与常规作业不同,必须通过混凝土侧压力的计算,来确定如何采取措施增强模板支撑,是将对销螺栓加密、截面加大,还是减少围檩间距或增大围檩截面等,从而防止模板变形。

**2. 施工过程的质量控制**

(1) 审查模板设计文件和施工技术方案。特别是要检查模板及其支撑系统在浇筑混凝土时的侧压力以及在施工荷载作用下的强度、刚度和稳定性是否满足要求。

(2) 按编制的模板设计文件和施工技术方案检查模板安装质量。在混凝土浇筑前,进行模板工程验收。

(3) 检查测量、放样、弹线工作是否按照施工技术方案进行,并进行复核记录。

(4) 模板安装时检查接头处、梁柱板交叉处连接是否牢固可靠,防止烂根、位移、胀模等不良现象。

(5) 对照图样检查所有预埋件及预留孔洞,并检查其固定是否牢靠准确。

(6) 检查在模板支设安装时是否按要求拉设水平通线、竖向垂直度控制线,确保模板横平竖直、位置准确。

(7) 检查防止模板变形的控制措施。

(8) 检查模板的支撑体系是否牢固可靠。模板及支撑系统应连成整体,竖向结构模板(墙、柱等)应加设斜撑和剪刀撑,水平结构模板(梁、板等)应加强支撑系统的整体连接。对于木支撑,纵横方向应加设拉杆;采用钢管支撑时,应扣成整体排架。所有可调节的模板及支撑系统在模板验收后,不得对其任意改动。

(9) 模板与混凝土的接触面应清理干净并涂刷隔离剂,严禁隔离剂污染钢筋和混凝土接槎处。混凝土浇筑前,应检查模板内的杂物是否清理干净。

(10) 审查模板拆除的技术方案,并检查在模板拆除时执行的情况。

**3. 模板工程质量检验**

1) 现浇结构模板的安装

现浇结构模板安装工程质量检验标准和检验方法见表 4-30。

表 4-30 现浇结构模板安装工程质量检验标准和检验方法

| 项目 | 序号 | 检验项目 | 允许偏差或允许值 | 检查方法 | 检验数量 |
| --- | --- | --- | --- | --- | --- |
| 主控项目 | 1 | 现浇结构模板及支架的安装 | 安装上层楼板的模板及支架时,下层楼板应具有承受上层荷载的承载能力,上、下层支架的立柱应对准,并铺设垫板 | 对照模板设计文件和施工技术方案观察检查 | 全数检查 |
| | 2 | 隔离剂涂刷 | 不得污染钢筋和混凝土接槎处,不准使用油性隔离剂,不能影响装修 | 观察检查 | |

续表

| 项目 | 序号 | 检验项目 | | | 允许偏差或允许值 | 检查方法 | 检验数量 |
|---|---|---|---|---|---|---|---|
| 一般项目 | 1 | 模板安装的一般要求 | | | 模板接缝处不应漏浆；模板内应清理干净；模板内应涂刷隔离剂；对清水混凝土工程和装饰混凝土工程，应使用能达到设计效果的模板 | 观察检查 | 全数检查 |
| | 2 | 用作模板的地坪、胎模 | | | 应平整光洁，不得产生影响构件质量的下沉、裂缝、起砂和起鼓现象 | 观察检查 | |
| | 3 | 模板起拱 | | | 跨度大于4m的模板起拱高度应符合设计要求；当设计无具体要求时，起拱高度宜为跨度的0.1%～0.3% | 水准仪或拉线、钢尺检查 | 在同一个检查批内，对梁板应抽查构件数量的10%，且不少于3件(间)；对大空间结构按纵、横轴线划分检查面，抽查总数的10%，且不少于3面 |
| | 4 | 预埋件及预留孔洞(mm) | 预埋钢板中心线位置 | | 3 | 钢尺检查；中心线位置检查时，应沿纵、横两个方向测量，并取其中较大值 | 同一个检验批内，对梁、柱和独立基础，抽查构件数量的10%，且不少于3件；对墙和板，按有代表性自然间抽查10%，且不少于3间；对大空间结构，墙可按相邻轴线(高度5m)划分检查面，板可按纵、横轴线划分检查面，抽查总数的10%，且不少于3面 |
| | | | 预埋管(孔)中心线位置 | | 3 | | |
| | | | 插筋 | 中心线位置 | 5 | | |
| | | | | 外露长度 | ±10,0 | | |
| | | | 预埋螺栓 | 中心线位置 | 2 | | |
| | | | | 外露长度 | ±10,0 | | |
| | | | 预留洞 | 中心线位置 | 10 | | |
| | | | | 尺寸 | ±10,0 | | |
| | 5 | 模板安装(mm) | 轴线位置 | | 5 | 钢尺检查，检查时应沿纵、横两个方向测量，并取其中的较大值 | |
| | | | 底模上表面标高 | | ±5 | 水准仪或拉线、钢尺检查 | |
| | | | 截面内部尺寸 | 基础 | ±10 | 钢尺检查 | |
| | | | | 柱、墙、梁 | +4,-5 | | |
| | | | 层高垂直度 | 不大于5m | 6 | 经纬仪或吊线、钢尺检查 | |
| | | | | 大于5m | 8 | | |
| | | | 相邻两板表面高低差 | | 2 | 钢尺检查 | |
| | | | 表面平整度 | | 5 | 2m靠尺和塞尺检查 | |

2) 模板的拆除

模板拆除工程质量检验标准和检验方法见表 4-31。

表 4-31 模板拆除工程质量检验标准和检验方法

| 项目 | 检验项目 | | 检验要求 | | 检查方法 | 检验数量 |
|---|---|---|---|---|---|---|
| | | | 构件跨度(m) | 达到的设计强度等级(%) | | |
| 主控项目 | 底板拆除时的混凝土强度 | 板 | ≤2 | ≥50 | 检查同条件养护的试件强度试验报告 | 全数检查 |
| | | | >2,≤8 | ≥75 | | |
| | | | >8 | ≥100 | | |
| | | 梁、拱、壳 | ≤8 | ≥75 | | |
| | | | >8 | ≥100 | | |
| | | 悬臂构件 | — | ≥100 | | |
| | 后张法预应力混凝土结构模板拆除 | | 侧模宜在预应力张拉之前拆除;底模支架的拆除应按施工技术方案执行,当无具体要求时,不应在结构预应力建立前拆除 | | 观察检查 | |
| | 后浇带模板拆和支顶 | | 按施工技术方案执行 | | 观察检查 | |
| 一般项目 | 侧模板拆除 | | 混凝土强度应能保证其表面及棱角不受损伤 | | 观察检查 | |
| | 模板拆除操作及其堆放 | | 不应对楼层产生冲击荷载,拆除的模板、支架宜分散堆放并及时清运 | | 观察检查 | |

### 4.3.2 钢筋

**1. 材料质量要求**

(1) 混凝土结构构件所采用的热轧钢筋、热处理钢筋、碳素钢丝、刻痕钢丝和钢绞线的质量,必须符合现行国家标准的有关规定。

(2) 钢筋进场应检查产品合格证、出厂检验报告;钢筋的品种、规格、型号、化学成分、力学性能等,必须满足设计要求和符合现行国家标准的有关规定。当用户有特别要求时,还应列出某些专门的检验数据。

(3) 对进场的钢筋应按进场的批次和产品的抽样检验方案来抽样复检,钢筋复检报告结果应符合现行国家标准。进场复检报告是判断材料能否在工程中应用的依据。进场的每捆(盘)钢筋均应有两个标牌(标明生产厂家、生产日期、钢号、炉罐号、钢筋级别、直径等),还应按炉罐号、批次及直径分批验收,之后分别堆放整齐,严防混料,并应对其检验状态进行标识,防止混用。

(4) 钢筋进场时和使用前应全数检查其外观质量。钢筋应平直、无损伤,表面不得有裂纹、油污、颗粒状或片状的老锈。

(5) 检查现场复检报告时,对于有抗震设防要求的框架结构,其纵向受力钢筋的强度应满足设计要求;当设计无具体要求时,对于一、二级抗震,检验所得的强度实测值应符合下列规定:钢筋的抗拉强度实测值与屈服强度实测值的比值不应小于 1.25;钢筋的屈服强度实测值与强度标准值的比值不应大于1.3。

(6) 在钢筋分项工程施工过程中,若发现钢筋脆断、焊接性能不良或力学性能显著不正常等现象时,应立即停止使用,并对该批钢筋进行化学成分检验或其他专项检验,再按其检验结果进行技术处理。

(7) 钢筋的种类、强度等级、直径应符合设计要求。当钢筋的品种、级别或规格需作变更时,应办理设计变更文件。当需要代换时,必须征得设计单位同意,并应符合下列要求:不同种类钢筋的代换,应按钢筋受拉承载力设计值相等的原则进行,代换后应满足混凝土结构设计规范中有关间距、锚固长度、最小钢筋直径、根数等的要求;对有抗震要求的框架钢筋需代换时,应符合上一条规定。不宜以强度等级较高的钢筋代换原设计中的钢筋,对重要的受力结构,不宜用Ⅰ级钢筋代换变形钢筋;当构件受抗裂、裂缝宽度或挠度控制时,钢筋代换时应重新进行验算,梁的纵向受力钢筋与弯起钢筋应分别进行代换。

(8) 当进口钢筋需要焊接时,必须进行化学成分检验。

(9) 预制构件的吊环,必须采用未经冷拉的Ⅰ级热轧钢筋制作。

**2. 施工过程的质量控制**

(1) 对进场的钢筋原材料进行检查验收。应检查产品合格证、出厂检验报告;检查进场复检报告;钢筋进场时和使用前还应全数检查外观质量。

(2) 钢筋加工的质量检查。检查钢筋冷拉的方法和控制参数;检查钢筋翻样图及配料单中的钢筋尺寸、形状是否符合设计要求,加工尺寸偏差也应符合规定;检查受力钢筋加工时的弯钩及弯折的形状和弯曲半径;检查箍筋末端的弯钩形式。

(3) 检查钢筋连接的质量。钢筋的连接方法应符合设计要求;钢筋接头的位置设置应满足受力和连接的要求;钢筋接头的质量应按规定进行抽样检验。

(4) 钢筋安装时的质量检查。应检查钢筋的品种、级别、规格、数量是否符合设计要求;检查钢筋骨架绑扎方法是否正确、是否牢固可靠;检查梁、柱箍筋弯钩处是否沿受力钢筋方向相互错开放置;绑扎扣是否按变换方向进行绑扎;检查钢筋保护层垫块是否根据钢筋直径、间距和设计要求正确放置;检查受力钢筋放置的位置是否符合设计要求,特别是梁、板、悬挑构件的上部纵向受力钢筋;检查钢筋安装位置是否准确,其偏差是否符合规定要求。

**3. 钢筋工程质量检验**

1) 钢筋原材料及加工质量检验

钢筋原材料及加工质量检验标准和检验方法见表4-32。

表4-32 钢筋原材料及加工质量检验标准和检验方法

| 项目 | 序号 | 检验项目 | 质量检验标准 | 检查方法 | 检验数量 |
|---|---|---|---|---|---|
| 主控项目 | 1 | 钢筋原材料进场 | 按相关规定抽样并检验力学性能,其质量必须符合产品标准的规定 | 检查产品合格证、出厂检查报告和进场复检报告 | 按进场的批次和产品的抽样检验方案确定,一般钢筋混凝土用的钢筋按重量不大于60t为一个检验批,每批应由同一牌号、同一炉罐号、同一规格尺寸、同一台轧机、同一台班的钢筋组成,且每批不大于10t,不足10t按一批计 |

续表

| 项目 | 序号 | 检验项目 | 质量检验标准 | 检查方法 | 检验数量 |
|---|---|---|---|---|---|
| 主控项目 | 2 | 有抗震设防要求的框架结构的纵向受力钢筋强度 | 满足设计要求；钢筋的抗拉强度实测值与屈服强度实测值的比值不应小于1.25，钢筋的屈服强度实测值与强度标准值的比值不应大于1.3 | 检查进场复检报告 | 按进场的批次和产品的抽样检验方案确定 |
| | 3 | 有异常的钢筋 | 当发现钢筋脆断、焊接性能不行或力学性能不正常等现象时，应对该批钢筋进行化学成分或其他专项检验，如果力学性能或化学成分不符合要求，应停止使用，作退货处理 | 检查化学成分或进行其他专项检查 | 对发现有异常的钢筋按批次抽样检查 |
| | 4 | 受力钢筋的弯钩和弯折 | ① HRB400级钢筋按设要求需作135°弯钩时，其弯弧内直径不大于4d，弯钩的弯后平直部长度应符合设计要求。<br>② 作不大于90°的弯折时，其弯弧内直径不小于50d | 尺量检查 | 按每工作班同一类型钢筋、同一加工设备抽样，且不应少于3件 |
| | 5 | 箍筋的加工 | 除焊接封闭式箍筋外，箍筋的末端应作弯钩，弯钩的形式应符合设计要求，当设计无具体要求时，应符合下列规定。<br>① 箍筋弯钩的弯弧内直径除满足前面的规定外，尚应不小于受力钢筋直径。<br>② 箍筋弯折的角度，对一般结构不应小于90°。对有抗震等要求的结构，应为135°。<br>③ 箍筋弯后平直部分长度，对一般结构不宜小于箍筋直径的5倍，对有抗震等要求的结构不应小于箍筋直径的10倍 | 尺量检查 | |
| 一般项目 | 1 | 钢筋外观 | 钢筋应平直、无损伤，表面不得有裂纹、油污、颗粒状或片状的老锈 | 观察检查 | 进场时和使用前全数检查 |
| | 2 | 钢筋调直 | 宜采用机械方法，也可采用冷拉方法，采用冷拉方法时，HRB400和RRB400不宜大于1% | 观察检查、钢尺检查 | 按每个工作班同一类型钢筋、同一加工设计抽样，且不应少于3件 |
| | 3 | 与钢筋加工的形状对应的尺寸允许偏差(mm) | 受力钢筋顺长度方向全长的净尺寸 ±10 | 钢尺检查 | |
| | | | 弯起钢筋的弯折位置 ±20 | | |
| | | | 箍筋的内净尺寸 ±5 | | |

2) 钢筋连接质量检验

钢筋连接质量检验标准和检验方法见表4-33。

表 4-33  钢筋连接质量检验标准和检验方法

| 项目 | 序号 | 检验项目 | 质量检验标准 | 检查方法 | 检验数量 |
|---|---|---|---|---|---|
| 主控项目 | 1 | 纵向受力钢筋的连接方式 | 符合设计要求 | 观察检查 | 全数检查 |
| | 2 | 钢筋机械连接接头、焊接接头的力学性能 | 应按现行国家标准《钢筋机械连接通用技术规程》(JGJ 107—2023),《钢筋焊接及验收规程》(JGJ 18—2022)的规定抽样检验钢筋接头的力学性能,其质量应符合有关规程的规定 | 检查产品合格证、接头力学性能试验报告 | 按有关规程确定 |
| 一般项目 | 1 | 钢筋接头的位置 | 宜设置在受力较小处,同一纵向受力钢筋不宜设置两个或两个以上的接头(指同一跨度中),接头末端至弯起点的距离不应小于钢筋直径的10倍 | 观察、钢尺检查 | 全数检查 |
| | 2 | 钢筋接头的外观检查 | 应按现行国家标准的规定进行外观检查,其质量应符合有关规程的规定 | 观察检查 | |
| | 3 | 钢筋机械连接接头或焊接接头在同一构件中的设置 | 设置在同一构件的接头宜相互错开,纵向受力钢筋接头连接区段的长度为35d(d为纵向受力钢筋的较大直径)且不小于500mm,同一区段内,接头面积百分率为该区段内有接头的纵向受力钢筋截面面积与全部纵向受力筋截面面积的百分比,应符合设计要求,当设计无要求时应符合以下规定。<br>① 在受拉区不宜大于50%。<br>② 接头不宜设置在有抗震设防要求的框架梁端、柱端的箍筋加密区,但是当无法避免时,对等强度的高质量机械连接接头,不宜大于40%。<br>③ 直接承受动力荷载的结构中,不宜采用焊接接头,当采用机械连接接头时,不应大于50% | 观察检查 | 同一检验批内,对梁、柱和独立基础,抽查总数的10%,且不少于3件,对墙和板,按有代表性的自然间抽查10%,且不少于3间,对大空间结构,墙可按相邻轴线(高度5m左右)划分检查面,板可按纵轴线划分检查面,均抽查总数10%,且不少于3面 |
| | 4 | 同一构件中相邻纵向受力钢筋的绑扎搭接接头设置 | 搭接接头宜相互错开,同一区段内,纵向受拉钢筋搭接接头面积百分率应符合设计要求,当设计无具体要求时,应符合下列规定。<br>① 对梁、板及墙类构件,不宜大于25%。<br>② 柱类构件不宜大于50%。<br>③ 当工程中确有必要增大接头面积百分率时,对梁构件不应大于50%,对其他构件,可根据实际情况适当放宽。<br>④ 纵向受力钢筋绑扎搭接接头的最小长度应符合《混凝土结构施工质量验收规范》(GB 50204—2015)附录B的规定 | 观察、钢尺检查 | |
| | 5 | 梁、柱类构件的纵向受力钢筋搭接长度范围内箍筋的设置 | 应按要求配箍筋,当设计无具体要求时,应符合下列要求。<br>① 箍筋直径不应小于搭接钢筋较大直径的0.25倍。<br>② 受拉搭接区段的箍筋间距不宜大于搭接钢筋较小直径的5d,且不应大于100mm。<br>③ 受压搭接区段的箍筋间距不大于搭接钢筋较小直径的10d,且不应大于200mm。<br>④ 当柱中纵向力钢筋直径大于25mm时,应在搭接接头两个端面外100mm,范围内各设两个箍筋,其间距宜为50mm | 钢尺检查 | |

一般机械连接时,应按同一施工条件采用同一批材料的同等级、同形式、同规格的接头,以500个作为一个检验批,不足500个也作为一个检验批,每批随机抽取3个试件,焊接连接时,按同一工作班,同一焊接参数,同一接头形式,同一钢筋级别,以300个焊接接头作为一个检验批,闪光对焊一周内不足300个,焊条电弧焊每一至二层中不足300个,电渣焊、气压焊同一层中不足300个接头仍按一批计算,闪光对焊接头应从每批成品中随机切取6个试件,3个试件做拉伸试验,3个试件做弯曲试验,焊条电弧焊及电渣焊接头应从每批接头成品中随机切取3个试件做拉伸试验,气压焊接头应从每批接头成品中随机切取3个试件做拉伸试验,在梁、板的水平钢筋连接中,另切取3个接头试件做弯曲试验。

3) 钢筋安装质量检验

钢筋安装质量检验标准和检验方法见表4-34。

表4-34 钢筋安装质量检验标准和检查方法

| 项目 | 序号 | 检验项目 | | | 允许偏差 | 检查方法 | 检验数量 |
|---|---|---|---|---|---|---|---|
| 主控项目 | 1 | 受力钢筋的品种、级别规格和数量 | | | 符合设计要求 | 观察、钢尺检查 | 同一检验批内,对梁、柱和独立基础,抽查总数的10%,且不少于3件,对墙和板,按有代表性的自然间抽查10%,且不少于3间,对大空间结构,墙可按相邻轴线(高度5m左右)划分检查面,板可按纵横轴线划分检查面,均抽查总数的10%,且不少于3面 |
| 一般项目 | 1 | 钢筋安装位置(mm) | 绑扎钢筋网 | 长、宽 | ±10 | 钢尺检查 | |
| | | | | 网眼尺寸 | ±20 | 钢尺测量连续三档,并取最大值 | |
| | | | 绑扎钢筋骨架 | 长 | ±10 | 钢尺检查 | |
| | | | | 宽、高 | ±5 | | |
| | | | 受力钢筋 | 间距 | ±10 | 钢尺测量两端、中间各一点,并取最大值 | |
| | | | | 排距 | ±5 | | |
| | | | | 保护层厚度 基础 | ±10 | 钢尺检查 | |
| | | | | 保护层厚度 柱、梁 | ±5 | | |
| | | | | 保护层厚度 板、墙、壳 | ±3 | | |
| | | | 绑扎箍筋、横向钢筋的间距 | | ±20 | 钢尺测量连续三档,并取最大值 | |
| | | | 钢筋弯起点位置 | | 20 | 钢尺检查 | |
| | | | 预埋件 | 中心线位置 | 5 | 钢尺检查 | |
| | | | | 水平高差 | +3 | 钢尺和塞尺检查 | |
| | 2 | 钢筋保护层厚度 | | | 符合设计要求 | 观察、钢尺检查 | 应抽查构件数量的10%,且不少于3件 |
| | 3 | 钢筋绑扎 | | | 牢固、无松动变形现象 | 观察、钢尺检查 | |

4) 竣工验收资料

(1) 钢筋产品合格证,出厂检验报告。

(2) 钢筋进场复验报告。
(3) 钢筋冷拉记录。
(4) 钢筋焊接接头力学性能试验报告。
(5) 焊条(剂)试验报告。
(6) 钢筋隐蔽工程验收记录。
(7) 钢筋锥(直)螺纹加工检验记录及连接套产品合格证。
(8) 钢筋机械连接接头力学性能试验报告。
(9) 钢筋锥(直)螺纹接头质量检查记录。
(10) 施工现场挤压接头质量检查记录。
(11) 设计变更和钢材代用证明。
(12) 见证检测报告。
(13) 检验批质量验收记录。
(14) 钢筋分项工程质量验收记录。

### 4.3.3 混凝土

**1. 材料质量要求**

1) 水泥

建筑工程中常用水泥有硅酸盐水泥(代号 PI、PII)、普通硅酸盐水泥(代号 PO)、矿渣硅酸盐水泥(代号 PS)、火山灰质硅酸盐水泥(代号 PP)、粉煤灰硅酸盐水泥(代号 PF)等五种。

(1) 水泥进场时必须有产品合格证、出厂检验报告,并应对水泥的品种、级别、包装或散装仓号、出厂日期等进行检查验收,还应对其强度、安定性及其他必要的性能指标进行复检,其质量必须符合规范规定。

(2) 当使用中对水泥的质量有怀疑或水泥出厂超过 3 个月(快硬水泥超过 1 个月)时,应进行复检,并按复检结果使用。

(3) 钢筋混凝土结构、预应力混凝土结构中,严禁使用含氯化物的水泥。

(4) 水泥在运输和储存时,应有防潮、防雨措施,以防止水泥受潮凝结结块而使强度降低。不同品种和标号的水泥应分别储存,不得混杂。

2) 骨料

混凝土中用的骨料有细骨料(砂)、粗骨料(碎石、卵石)。

(1) 骨料进场时,必须进行复检,按进场的批次和产品的抽样检验方案,检验其颗粒级配、含泥量及粗细骨料的针片状颗粒含量,必要时还应检验其他质量指标。对海砂还应按批检验其氯盐含量,其检验结果应符合有关标准的规定;对含有活性二氧化硅或其他活性成分的骨料,应进行专门试验,待验证确认其对混凝土质量无有害影响时,方可使用。

(2) 骨料在生产、采集、运输与储存过程中,严禁混入煅烧过的白云石或石灰块等影响混凝土性能的有害物质;骨料应按品种、规格分别堆放,不得混杂。

3）水

拌制混凝土宜采用饮用水；当采用其他水源时，应进行水质化验，水质应符合现行国家标准《混凝土拌合用水标准》（JCJ 63—2016）中的规定。不得使用海水拌制钢筋混凝土和预应力混凝土，且不宜使用海水拌制有饰面要求的素混凝土。

4）外加剂

混凝土常用的外加剂有减水剂、引气剂、缓凝剂、早强剂、防冻剂、膨胀剂等。选用外加剂时，应根据混凝土的性能要求、施工工艺及气候条件，并结合混凝土的原材料性能、配合比以及对水泥的适应性能等因素，通过试验确定其品种和掺量。

(1) 混凝土中掺用的外加剂应有产品合格证、出厂检验报告，并应按进场的批次和产品的抽样检验方案进行复检，其质量及应用技术应符合现行国家标准《混凝土外加剂》（GB 8076—2008）、《混凝土外加剂应用技术规范》（GB 50119—2013）等，以及与环境保护有关的规定。

(2) 预应力混凝土结构中，严禁使用含氯化物的外加剂。钢筋混凝土结构中，当使用含氯化物的外加剂时，混凝土中氯化物的总含量应符合现行国家标准《混凝土质量控制标准》（GB 50164—2021）中的规定。选用的外加剂，必要时还应检验其中的氯化物、硫酸盐等有害物质的含量，经验证确认其对混凝土无有害影响时，方可使用。

(3) 不同品种的外加剂应分别储存，做好标记，在运输和储存时不得混入杂物和遭受污染。

5）掺合料

混凝土中使用的掺合料主要是粉煤灰和矿粉，其掺量应通过试验确定。进场的粉煤灰应有出厂合格证，并应按进场的批次和产品的抽样检验方案进行复检。

**2. 施工过程的质量控制**

(1) 检查混凝土原材料的产品合格证、出厂检验报告及进场复检报告。

(2) 审查混凝土配合比设计是否满足设计和施工要求，并且是否经济合理。

(3) 混凝土现场搅拌时应对原材料的计量进行检查，并应经常检查坍落度，控制水灰比。

(4) 检查混凝土搅拌的时间，每工作班至少检查两次，并在混凝土搅拌后和在浇筑地点分别抽样检测混凝土的坍落度，每工作班至少检查两次。

(5) 检查混凝土的运输设备及道路是否良好畅通，以保证混凝土的连续浇筑和良好的混凝土和易性。运至浇筑地点时的混凝土坍落度应符合规定要求。

(6) 检查控制混凝土浇筑的方法和质量。混凝土浇筑应在混凝土初凝前完成，浇筑高度不宜超过 2m，且竖向结构不宜超过 3m。否则应检查是否采取了相应措施。控制混凝土一次浇筑的厚度，并保证混凝土的连续浇筑。

(7) 检查混凝土振捣的情况，保证混凝土振捣密实。合理使用混凝土振捣机械，掌握正确的振捣方法，控制振捣的时间。

(8) 审查施工缝、后浇带处理的施工技术方案。检查施工缝、后浇带留设的位置是否符合规范和设计要求，若不符合其处理应按施工技术方案执行。

(9) 检查混凝土浇筑后是否按施工技术方案进行养护，并对养护的时间进行检查落实。

(10) 施工过程中应对混凝土的强度进行检查,在混凝土浇筑地点随机留取标准养护试件和同条件养护试件,其留取的数量应符合要求。

**3. 混凝土工程质量检验**

1) 混凝土原材料及配合比质量检验

混凝土原材料及配合比质量检验标准和检验方法见表4-35。

表4-35 混凝土原材料及配合比质量检验标准和检验方法

| 项目 | 序号 | 检验项目 | 质量标准及要求 | 检查方法 | 检验数量 |
|---|---|---|---|---|---|
| 主控项目 | 1 | 进场水泥 | 应检查品种、级别、包装或散装仓号、出厂日期,并应对其强度、安定性及其必要的性能指标进行复检,严禁使用含氯化物水泥 | 检查产品合格证、出厂检验报告和进场复检报告 | 同一厂家、同一等级、同一品种、同一批号且连续进场的水泥,袋装不超过200t为一批,散装不超过500t为一批,每批抽样不少于1次,在有代表性的部位,分别在至少20个取样点上等量抽取试样,经混合拌匀后称取不少于12kg |
| | 2 | 混凝土中掺用的外加剂 | 质量及应用技术应符合相关标准《混凝土外加剂》(GB 8076—2018)、《混凝土外加剂应用技术规范》(GB 50119—2013)等和有关环境保护的规定。预应力混凝土结构中,严禁使用含氯化物的外加剂;氯化物的含量应符合现行标准《混凝土质量控制标准》(GB 50164—2021)中的规定 | 检查产品合格证、出厂检验报告和进场复检报告 | 按进场的批次和产品的抽样方案确定 |
| | 3 | 混凝土中氯化物和碱的总含量 | 应符合设计要求和《混凝土结构设计规范》(GB 50010—2010)的规定 | 检查原材料试验报告的氯化物、碱的总含量计算书 | |
| | 4 | 混凝土配合比设计 | 应符合设计要求和《普通混凝土配合比设计规程》(JCJ 55—2011)的规定,还应满足混凝土强度等级、耐久性和工作性的要求,有特殊要求的混凝土尚应符合专门标准 | 检查产品合格证和进场复检报告 | 按进场的批次和产品的抽样方案确定,粉煤灰以连续供应相同等级200t为一批,不是200t也按一批计,粉煤灰的抽检数量应按干灰(含水率小于1%,质量分数)的质量计算 |
| 一般项目 | 1 | 混凝土中矿物掺合料 | 质量应符合《用于水泥和混凝土中的粉煤灰》(GB 1596—2017)的规定,掺量应通过试验确定 | 检查产品合格证和进场复检报告 | 按进场的批次和产品的抽样方案确定。粉煤灰以连续供应相同等级200t为一批,不是200t也按一批计,粉煤灰的抽检数量应按干灰(含水率小于1%。质量分数)的质量计算 |

续表

| 项目 | 序号 | 检验项目 | 质量标准及要求 | 检查方法 | 检验数量 |
|---|---|---|---|---|---|
| 一般项目 | 2 | 普通混凝土所用粗、细骨料 | 质量应符合相应的规定。粗骨料最大粒径不得超过构件截面最小尺寸的1/4,且不得超过钢筋最小净距的3/4,对于混凝土空心楼板,骨料的最大粒径不宜超过板厚的1/3,且不得超过40mm | 检查进场复检报告 | 按进场的批次和产品的抽样方案确定。骨料进场时,应按同产地、同规格的骨料,用大型工具运输的以400$m^3$或600t,小型工具运输的以200$m^3$或300t作为一个验收批,取样时应从料堆上的不同部位均匀分布抽取,取样前先将表层铲除,砂由各部位抽取大致相等的8份,总质量不小于10kg,并混合均匀,石子在料堆的上、中、下选取5个不同部位抽取大致相等的15份,总质量不小于60kg,并混合均匀 |
| | 3 | 拌制混凝土的水 | 宜采用饮用水,当采用其他水源时,水质应符合《混凝土拌合用水标准》(JGJ 63—2019)的规定 | 检查水质试验报告 | 同一水源检查不应少于1次 |
| | 4 | 首次使用的混凝土配合比 | 应进行开盘鉴定,其工作性能应满足设计配合比的要求,开始生产时,应至少留置一组标准养护试块作为验证配合比的依据 | 检查开盘鉴定资料和试件强度试验报告 | 每工作班检查1次 |
| | 5 | 砂、石含水率 | 混凝土拌制应进行测定,根据测定的结果调整材料用量,提出施工配合比 | 检查含水率测度结果和施工配合比通知单 | |

2)混凝土施工工程质量检验

混凝土施工工程质量检验标准和检查方法见表4-36。

表4-36 混凝土施工工程质量检验标准和检查方法

| 项目 | 序号 | 检验项目 | 质量标准及要求 | 检查方法 | 检验数量 |
|---|---|---|---|---|---|
| 主控项目 | 1 | 结构混凝土强度等级 | 符合设计要求 | 检查施工记录及试件强度检测报告 | 见注 |
| | 2 | 抗渗混凝土等级 | 符合设计要求 | 检查试件抗渗试验报告 | 同一工程、同一配合比的混凝土取样不应少于1次,留置组数可根据实际需要确定 |

续表

| 项目 | 序号 | 检验项目 | | 质量标准及要求 | 检查方法 | 检验数量 |
|---|---|---|---|---|---|---|
| 主控项目 | 3 | 原材料每盘称量允许偏差 | 水泥、掺合料 ±2% | ① 各种量器应定期检验,使用前应进行零校核,以保持计量准确。② 当遇雨天或含水率有变化时,应增加含水率检测次数,并及时调整水和骨料的用量 | 复称 | 每工作班抽查不少于1次,检查后形成记录 |
| | | | 粗、细骨料 ±3% | | | |
| | | | 水、外加剂 ±2% | | | |
| | 4 | 混凝土的运输、浇筑及间歇时间 | | 浇筑时应不超过初凝时间,同一施工段的混凝土应连续浇筑,并在底层混凝土初凝之前将上层混凝土浇筑完毕,否则应按施工技术方案的要求对施工缝进行处理 | 观察检查,并检查施工记录 | 全数检查 |
| 一般项目 | 1 | 施工缝 | | 位置应由设计要求和施工技术方案确定,相应处理应按施工技术方案进行 | 观察检查,并检查施工记录 | 全数检查 |
| | 2 | 后浇带 | | 位置应按设计要求和施工技术方案确定,相应处理应按施工技术方案进行 | 观察检查,并检查施工记录 | |
| | 3 | 混凝土养护措施 | | 混凝土浇筑完毕后,应按施工技术方案及时采取有效养护措施,并应符合以下规定。① 应在浇筑完毕后12h内对混凝土进行覆盖保温保护。② 混凝土浇水养护时间,对采用硅酸盐水泥和矿渣硅酸盐水泥制作的混凝土不得少于7d,对掺用缓凝剂外加剂或有抗渗要求的混凝土不得少于14d,当日平均气温低于5℃时,不得浇水,且大体积混凝土应有控温措施。③ 应保持混凝土处于湿润状态,用水与拌制时相同。④ 采用塑料布覆盖养护的混凝土,其敞露的全部表面应覆盖严密,并应保持塑料布内有凝结水,也可刷养护剂养护。⑤ 在混凝土强度达到1.2MPa前,不得在其上踩踏或安装模板及支架 | 观察检查,并检查施工记录 | 全数检查 |

注:用于检查结构构件混凝土强度的试件,应在混凝土的浇筑地点随机抽取,取样与留置应符合下列规定。
1. 每拌制100盘且不超过100m³的同配合比的混凝土,取样不得少于1次。
2. 每工作班拌制的同一混凝土比混凝土不足100盘时,取样不得少于1次。
3. 当一次连续浇筑超过1000m³时,同一配合比的混凝土每200m³取样不得少于1次。
4. 每一楼层、同一配合比的混凝土,取样不得少于1次。
5. 每次取样至少留置1组标准养护试件,同条件养护试件的留置组数应根据实际需确定。
6. 混凝土为自拌混凝土。

3)现浇混凝土结构外观质量和尺寸偏差检验

现浇混凝土结构外观质量和尺寸偏差检验标准和检查方法见表4-37。

表 4-37 现浇混凝土结构外观质量和尺寸偏差检验标准和检查方法

| 项目 | 序号 | 检验项目 | 质量标准及要求 | | | 检查方法 | 检验数量 |
|---|---|---|---|---|---|---|---|
| 主控项目 | 1 | 现浇结构的外观质量 | 不应有严重缺陷,参照表 4-38;对已出现的严重缺陷,应由施工单位提出技术处理方案,并经监理(建设)单位认可后进行处理,之后重新检查验收 | | | 按表 4-38 进行观察检查并检查技术处理方案 | 全数检查 |
| | 2 | 结构和设备安装尺寸 | 不应影响结构性能和设备安装尺寸偏差,对超过尺寸允许偏差的部位应由施工单位提出技术处理方案,并经监理(建设)单位认可后进行处理,对经处理的部位应重新检查验收 | | | 观察检查和尺量检查,并检查技术处理方案 | |
| 一般项目 | 1 | 现浇结构的外观质量 | 不宜有一般缺陷,对已出现的一般缺陷,应由施工单位按技术处理方案进行处理,并重新检查验收 | | | 观察检查和尺量检查,并检查技术处理方案 | 全数检查 |
| | 2 | 现浇结构尺寸允许偏差(mm) | 轴线位置 | 基础 | 15 | 钢尺检查,应沿纵、横两个方向量测,并取最大值 | 按楼层、结构缝或施工段划分检查批,在同一检验批内,对梁、柱和独立基础,抽查总数的 10%,且不少于 3 件;对墙和板,应按有代表性的自然间抽查 10%,且不少于 3 间,对大空间结构,墙可按相邻轴线(高度 5m)划分检查面,板可按纵、横轴线划分检查面,均抽查数的 10%。且均不少于 3 面,对电梯井,应全数检查 |
| | | | | 独立基础 | 10 | | |
| | | | | 墙、柱、梁 | 8 | | |
| | | | | 剪力墙 | 5 | | |
| | | | 垂直度 | 层高 ≤5m | 8 | 经纬仪吊线、钢尺检查 | |
| | | | | 层高 >5m | 10 | | |
| | | | | 全高(H) | H/1000 且 ≤30 | 经纬仪、钢尺检查 | |
| | | | 标高 | 层高 | ±10 | 水准仪或拉线、钢尺检查 | |
| | | | | 全高 | ±30 | | |
| | | | 截面尺寸 | | +8,-5 | 钢尺检查 | |
| | | | 电梯井 | 井筒长、宽的位中心线 | +25,0 | 钢尺检查、应沿纵、横两个方向量测,并取最大值 | |
| | | | | 井筒全高(H)垂直度 | H/1000 且 ≤30 | 经纬仪、钢尺检查 | |
| | | | 表面平整度 | | 8 | 2m 靠尺和塞尺检查 | |
| | | | 预埋设施中心线位置 | 预埋件 | 10 | 钢尺检查,应从纵、横两个方向量测,并取最大值 | |
| | | | | 预埋螺栓 | 5 | | |
| | | | | 预埋管 | 5 | | |
| | | | 预留洞中心线 | | 15 | 钢尺检查 | |

续表

| 项目 | 序号 | 检验项目 | 质量标准及要求 | | 检查方法 | 检验数量 |
|---|---|---|---|---|---|---|
| 一般项目 | 3 | 设备基础尺寸允许偏差（mm） | 坐标位置 | 20 | 钢尺检查 | |
| | | | 不同平面的标高 | 0，-20 | 水准仪或拉线钢尺检查 | |
| | | | 平面外形尺寸 | ±20 | 钢尺检查 | |
| | | | 凸台上平面外形尺寸 | 0，-20 | 钢尺检查 | |
| | | | 凹穴尺寸 | +20，0 | 钢尺检查 | |
| | | | 平面水平度 每米 | 5 | 水平尺，塞尺检查 | |
| | | | 平面水平度 全长 | 10 | 水准仪或拉线、钢尺检查 | |
| | | | 垂直度 每米 | 5 | 经纬仪或吊线钢尺检查 | |
| | | | 垂直度 全高 | 10 | | |
| | | | 预埋地脚螺栓 标高（顶部） | +20，0 | 水准仪或拉线、钢尺检查 | |
| | | | 预埋地脚螺栓 中心距 | ±2 | 钢尺检查 | |
| | | | 预埋地脚螺栓孔 中心线位置 | 10 | 钢尺检查 | |
| | | | 预埋地脚螺栓孔 深度 | +20，0 | | |
| | | | 预埋地脚螺栓孔 孔垂直度 | 10 | 吊线、钢尺检查 | |
| | | | 预埋活动螺栓锚板 标高 | +20，0 | 水准仪或拉线、钢尺检查 | |
| | | | 预埋活动螺栓锚板 中心线位置 | 5 | 钢尺检查 | |
| | | | 预埋活动螺栓锚板 带槽锚板平整度 | 5 | 钢尺、塞尺检查 | |
| | | | 预埋活动螺栓锚板 带螺纹孔锚板平整度 | 2 | | |

表 4-38 现浇结构外观质量缺陷

| 名 称 | 现 象 | 严重缺陷 | 一般缺陷 |
|---|---|---|---|
| 露筋 | 构件内钢筋未被混凝土包裹而外露 | 纵向受力钢筋有外露 | 其他钢筋有少量外露 |
| 孔洞 | 混凝土中孔穴深度和长度均超过保护层厚度 | 构件主要受力部位有蜂窝 | 其他部位有少量蜂窝 |
| 夹渣 | 混凝土中夹有杂物且深度超过保护层厚度 | 构件主要受力部位有孔洞 | 其他部位有少量孔洞 |
| 疏松 | 混凝土中局部不密实 | 构件主要受力部位有夹渣 | 其他部位有少量疏松 |
| 裂缝 | 缝隙从混凝土表面延伸至混凝土内部 | 构件主要受力部位有疏松 | 其他部位有少量不影响结构性能或使用功能的裂缝 |

续表

| 名　称 | 现　象 | 严 重 缺 陷 | 一 般 缺 陷 |
|---|---|---|---|
| 连接部位缺陷 | 构件连接外混凝土有缺陷及连接钢筋连接件松动 | 构件主要受力部位有影响结构传力性能或使用功能的缺陷 | 连接部位有基本不影响结构传力性能的缺陷 |
| 外形缺陷 | 缺棱掉角、棱角不直、翘曲不平、飞边凸肋等 | 清水混凝土结构有影响使用功能或装饰效果的外形缺陷 | 其他混凝土构件有不影响使用功能的外形缺陷 |
| 外表缺陷 | 构件表面麻面、掉皮、起砂、沾污等 | 具有重要装饰效果的清水混凝构件有外表缺陷 | 其他混凝土构件有不影响使用功能的外表缺陷 |

4）竣工验收资料

（1）水泥产品合格证、出厂检验报告、进场复检报告。

（2）外加剂产品合格证、出厂检验报告、进场复检报告。

（3）混凝土中氯化物、碱的含量计算书。

（4）掺合料出厂合格证、进场复检报告。

（5）粗、细骨料进场复检报告。

（6）水质试验报告。

（7）混凝土配合比设计资料。

（8）砂、石含水率测试结果记录。

（9）混凝土配合比通知单。

（10）混凝土试件强度试验报告和混凝土试件抗渗试验报告。

（11）施工记录。

（12）检验批质量验收记录。

（13）混凝土分项工程质量验收记录。

## 4.3.4　现浇结构

现浇结构分项工程以模板、钢筋、预应力、混凝土四个分项工程为依托，是拆除模板后的混凝土结构实物外观质量、几何尺寸检验等一系列技术工作的总称。现浇结构分项工程可按楼层、结构缝或施工段划分检验批。

**1. 现浇结构外观质量要求的一般规定**

（1）现浇结构外观质量缺陷应由监理（建设）单位、施工单位等各方根据其对结构性能和使用功能影响的严重程度，按表4-39确定。对现浇结构外观质量的验收，采用检查缺陷，并对缺陷的性质和数量加以限制的方法进行。各种缺陷的数量限制可由各地根据实际情况作出具体规定。当外观质量缺陷的严重程度超过本条规定的一般缺陷时，可按严重缺陷处理。在具体实施中，外观质量缺陷对结构性能和使用功能等的影响程度，应由监理（建设）单位、施工单位等各方共同确定。对于具有重要装饰效果的清水混凝土，考虑到其装饰效果属于主要使用功能，故将其表面外形缺陷、外表缺陷确定为严重缺陷。

表 4-39 现浇结构外观质量缺陷

| 名称 | 现象 | 严重缺陷 | 一般缺陷 |
| --- | --- | --- | --- |
| 露筋 | 构件内钢筋未被混凝土包裹而外露 | 纵向受力钢筋有露筋 | 其他钢筋有少量露筋 |
| 蜂窝 | 混凝土表面缺少水泥砂浆而形成石子外露 | 构件主要受力部位有蜂窝 | 其他部位有少量蜂窝 |
| 孔洞 | 混凝土中孔穴深度和长度均超过保护层厚度 | 构件主要受力部位有孔洞 | 其他部位有少量孔洞 |
| 夹渣 | 混凝土中夹有杂物且深度超过保护层厚度 | 构件主要受力部位有夹渣 | 其他部位有少量夹渣 |
| 疏松 | 混凝土中局部不密实 | 构件主要受力部位有疏松 | 其他部位有少量疏松 |
| 裂缝 | 缝隙从混凝土表面延伸至混凝土内部 | 构件主要受力部位有影响结构性能或使用功能的裂缝 | 其他部位有少量不影响结构性能或使用功能的裂缝 |
| 连接部位缺陷 | 构件连接处混凝土缺陷及连接钢筋连接件松动 | 连接部位有影响结构传力性能的缺陷 | 连接部位有基本不影响结构传力性能的缺陷 |
| 外形缺陷 | 缺棱掉角、棱角不直、翘曲不平、飞边凸肋等 | 清水混凝土构件有影响使用功能或装饰效果的外形缺陷 | 其他混凝土构件有不影响使用功能的外形缺陷 |
| 外表缺陷 | 构件表面麻面、掉皮起砂、沾污等 | 具有重要装饰效果的清水混凝土构件有外表缺陷 | 其他混凝土构件有不影响使用功能的外表缺陷 |

(2) 现浇结构拆模后,应由监理(建设)单位、施工单位对外观质量和尺寸偏差进行检查,做好记录,并应及时按施工技术方案对缺陷进行处理。现浇结构拆模后,施工单位应及时会同监理(建设)单位对混凝土外观质量和尺寸偏差进行检查,并做好记录。不论何种缺陷都应及时进行处理,并重新检查验收。

**2. 外观质量**

1) 主控项目

现浇结构的外观质量不应有严重缺陷。对已经出现的严重缺陷,应由施工单位提出技术处理方案,并经监理(建设)单位认可后进行处理。对经处理的部位,应重新检查验收。外观质量的严重缺陷通常会影响到结构性能、使用功能或耐久性。对已经出现的严重缺陷,应由施工单位根据缺陷的具体情况提出技术处理方案,经监理(建设)单位认可后进行处理,并重新检查验收。

(1) 检查数量:全数检查。

(2) 检验方法:观察,检查技术处理方案。

2) 一般项目

现浇结构的外观质量不宜有一般缺陷。

对已经出现的一般缺陷,应由施工单位按技术处理方案进行处理,并重新检查验收。外观质量的一般缺陷通常不会影响到结构性能、使用功能,但有碍观瞻。故对已经出现的缺陷,也应及时处理,并重新检查验收。

(1) 检查数量:全数检查。

(2) 检验方法:观察,检查技术处理方案。

**3. 尺寸偏差**

1) 主控项目

(1) 现浇结构不应有影响结构性能和使用功能的尺寸偏差。混凝土设备基础不应有影响结构性能和设备安装的尺寸偏差。

(2) 对超过尺寸允许偏差且影响结构性能和安装、使用功能的部位,应由施工单位提出技术处理方案,并经监理(建设)单位认可后进行处理。对经处理的部位,应重新检查验收。过大的尺寸偏差可能影响结构构件的受力性能、使用功能,也可能影响设备在基础上的安装、使用。验收时,应根据现浇结构、混凝土设备基础尺寸偏差的具体情况,由监理(建设)单位、施工单位等各方共同确定尺寸偏差对结构性能和安装使用功能的影响程度。对超过尺寸允许偏差且影响结构性能和安装、使用功能的部位,应由施工单位根据尺寸偏差的具体情况提出技术处理方案,经监理(建设)单位认可后进行处理,并重新检查验收。本条为强制性条文,应严格执行。

① 检查数量:全数检查。

② 检验方法:量测,检查技术处理方案。

2) 一般项目

现浇结构和混凝土设备基础拆模后的尺寸偏差和检验方法应符合表 4-40 和表 4-41 的规定。

表 4-40 现浇结构尺寸偏差和检验方法

| 项 目 | | | 允许偏差(mm) | 检 验 方 法 |
|---|---|---|---|---|
| 轴线位置 | 基础 | | 15 | 钢尺检查 |
| | 独立基础 | | 10 | |
| | 墙、柱、梁 | | 8 | |
| | 剪力墙 | | 5 | |
| 垂直度 | 层高 | ≤5m | 8 | 经纬仪或吊线、钢尺检查 |
| | | >5m | 10 | 经纬仪或吊线、钢尺检查 |
| | 全高($H$) | | $H/1000$ 且≤30 | 经纬仪、钢尺检查 |
| 标高 | 层高 | | ±10 | 水准仪或拉线、钢尺检查 |
| | 全高 | | ±30 | |
| 截面尺寸 | | | +8,-5 | 钢尺检查 |
| 电梯井 | 井筒长、宽对定位中心线 | | +25 | 钢尺检查 |
| | 井筒全高($H$)垂直度 | | $H/1000$ 且≤30 | 经纬仪、钢尺检查 |
| 表面平整度 | | | 8 | 2m靠尺和塞尺检查 |
| 预埋设施中心线位置 | 预埋件 | | 10 | 钢尺检查 |
| | 预埋螺栓 | | 5 | |
| | 预埋管 | | 5 | |
| 预留洞中心线位置 | | | 15 | 钢尺检查 |

注:检查轴线、中心线位置时,应沿纵、横两个方向量测,并取其中的较大值。

表 4-41 混凝土设备基础拆模后的尺寸偏差和检验方法

| 项目 | | 允许偏差(mm) | 检验方法 |
|---|---|---|---|
| 坐标位置 | | 20 | 钢尺检查 |
| 不同平面的标高 | | 0,-20 | 水准仪或拉线、钢尺检查 |
| 平面外形尺寸 | | ±20 | 钢尺检查 |
| 凸台上平面外形尺寸 | | 0,-20 | 钢尺检查 |
| 凹穴尺寸 | | +20,0 | 钢尺检查 |
| 平面水平度 | 每米 | 5 | 水平尺、塞尺检查 |
| | 全长 | 10 | 水准仪或拉线、钢尺检查 |
| 垂直度 | 每米 | 5 | 经纬仪或吊线、钢尺检查 |
| | 全高 | 10 | |
| 预埋地脚螺栓 | 标高(顶部) | +20,0 | 水准仪或拉线、钢尺检查 |
| | 中心距 | 10 | 钢尺检查 |
| 预埋地脚螺栓孔 | 中心线位置 | +20,0 | 钢尺检查 |
| | 深度 | 10 | 钢尺检查 |
| | 孔垂直度 | +20,0 | 吊线、钢尺检查 |
| 预埋活动地脚螺栓锚板 | 标高 | 10 | 水准仪或拉线、钢尺检查 |
| | 中心线位置 | 5 | 钢尺检查 |
| | 带槽锚板平整度 | 5 | 钢尺、塞尺检查 |
| | 带螺纹孔锚板平整度 | 2 | 钢尺、塞尺检查 |

注:检查坐标、中心线位置时,应沿纵、横两个方向量测,并取其中的较大值。

检查数量:按楼层、结构缝或施工段划分检验批。在同一检验批内,对梁、柱和独立基础,应抽查构件数的10%,且不少于3件;对墙和板,应按有代表性的自然间抽查10%,且不少于3间;对大空间结构,墙可按相邻轴线高度5m左右划分检查面,板可按纵、横轴线划分检查面,抽查10%,且均不少于3面;对电梯井,应全数检查。对设备基础,应全数检查。表4-39和表4-40给出了现浇结构和设备基础尺寸的允许偏差及检验方法。在实际应用时,尺寸偏差除应符合本条规定外还应满足设计和设备安装提出的要求。

## 4.4 防水工程的质量控制

### 4.4.1 屋面防水

**1. 卷材防水层工程质量检验**

1)材料质量要求
(1)基本要求如下。
①屋面卷材防水层材料包括高聚物改性沥青防水卷材,合成高分子防水卷材和沥青

防水卷材,适用于Ⅰ～Ⅳ防水等级的屋面防水。

② 卷材防水材料应有产品合格证书和性能检测报告,材料的品种、规格、性能等应符合国家现行产品标准和设计要求,材料进场后,应按规定进行抽样复检,并提交试验报告。不合格的材料,不得使用。

③ 所选用的基层处理剂、接缝胶结剂,密封材料等配套材料应与铺贴的卷材材性相容。

(2) 质量要求如下。

① 高聚物改性沥青防水卷材的外观质量和物理性能分别符合表4-42和表4-43的要求。

表4-42 高聚物改性沥青防水卷材的外观质量

| 项 目 | 质量要求 | 项 目 | 质量要求 |
| --- | --- | --- | --- |
| 孔洞、缺边、裂口 | 不允许 | 撒布材料的粒度、颜色 | 均匀 |
| 边缘不整齐 | 不超过10mm | 每卷卷材的接头 | 不超过1处,较短的一段应不小于1000mm,接头处应加长150mm |
| 胎体露白、未浸透 | 不允许 | | |

表4-43 高聚物改性沥青防水卷材的物理性能

| 项 目 | | 性 能 要 求 | | |
| --- | --- | --- | --- | --- |
| | | 矛酯毡胎体 | 玻纤胎体 | 聚乙烯胎体 |
| 强度(N/50mm) | | ≥450 | 纵向,≥350<br>横向,≥250 | ≥100 |
| 延伸率(%) | | 最大拉力时,≥30 | — | 断裂时,≥200 |
| 耐热度(℃,2h) | | SBS卷材90,APP卷材110,且无滑动、流淌、滴落现象 | | PEE卷材90,且无流淌、起泡现象 |
| 低温柔度(℃) | | SBS卷材-18,APP卷材-5,PEE卷材-10;3mm厚 $r=15mm$,4mm厚 $r=25mm$,3S弯180°,无裂纹 | | |
| 不透水性 | 压力(MPa) | ≥0.3 | ≥0.2 | ≥0.3 |
| | 保持时间(min) | ≥30 | | |

注:SBS为弹性体改沥青防水卷材;APP为塑性体改性沥青防水卷材;PEE为改性沥青聚乙烯胎体防水卷材。

② 合成高分子防水卷材的外观质量和物理性能应分别符合表4-44和表4-45的要求。

表4-44 合成高分子防水卷材的外观质量

| 项 目 | 质量要求 |
| --- | --- |
| 折痕 | 每卷不超过2处,总长度不超过20mm |
| 杂质 | 不允许存在粒径大于0.5mm的颗粒,杂质含量每1m²面积不超过9mm² |
| 胶块 | 每卷不超过6处,每处面积不大于4mm² |
| 凹痕 | 每卷不超过6处,深度不超过本身厚度的30%,树脂浓度不超过15% |
| 每卷卷材的接头 | 橡胶类每20m不超过1处,较短的一段不应于3000mm,接头处应加长150mm,树脂20mm长度内不允许有接头 |

表 4-45 合成高分子防水卷材的物理性能

| 项目 | | 性能要求 | | | |
| --- | --- | --- | --- | --- | --- |
| | | 硫化橡胶类 | 非硫化橡胶类 | 树脂类 | 纤维增强类 |
| 断裂拉伸强度(MPa) | | ≥6 | ≥3 | ≥10 | ≥9 |
| 扯断伸长度(%) | | ≥400 | ≥200 | ≥200 | ≥10 |
| 低温弯折(℃) | | −30 | −20 | −20 | −20 |
| 不透水性 | 压力(MPa) | ≥0.3 | ≥0.20 | ≥0.3 | ≥0.3 |
| | 保持时间(min) | ≥30 | | | |
| 热老化保持率<br>(80℃,168h) | 断裂拉伸强度 | ≥80% | | | |
| | 扯断伸长率 | ≥70% | | | |
| 加热收缩率(%) | | <1.2 | <2.0 | <2.0 | <1.0 |

③ 沥青防水卷材的外观质量和物理性能应分别符合表4-46和表4-47的要求。

表 4-46 沥青防水卷材的外观质量

| 项目 | 质量要求 |
| --- | --- |
| 孔洞、硌伤 | 不允许 |
| 露胎、涂盖不匀 | 不允许 |
| 折纹、皱折 | 距卷芯1000mm以外,长度不大于100mm |
| 裂纹 | 距卷芯1000mm以外,长度不大于10mm |
| 裂口、缺边 | 边缘裂口小于20mm,缺边长度小于50mm,深度小于20mm |
| 每卷卷材的接头 | 不超过1处,较短的一段不应少于2500mm,接头处应加长150mm |

表 4-47 沥青防水卷材的物理性能

| 项目 | | 性能要求 | |
| --- | --- | --- | --- |
| | | 350 号 | 500 号 |
| 纵向拉力[(25±2)℃](N) | | ≥340 | ≥440 |
| 耐热度[(85±2)℃,2h] | | 不流淌,无集中性气泡 | |
| 柔度[(18±2)℃] | | 绕φ20mm圆棒无裂纹 | 绕φ25mm圆棒无裂纹 |
| 不透水性 | 压力(MPa) | ≥0.10 | ≥0.15 |
| | 保持时间(min) | ≥30 | ≥30 |

④ 卷材胶粘剂的质量应符合下规定:改性沥青胶粘剂的粘结剥离强度不应小于8N/10mm;合成高分子胶粘剂的粘结剥离强度不应于15N/10mm,浸水168h后的保持率不应小于70%。双面胶粘带的粘结剥离强度不应小于10N/25mm,浸水168h后的保持率不应小于70%。

2)施工过程的质量控制

(1)检查在坡度大于25%的屋面上采用卷材做防水层时是否采取了固定措施,且固定地点要求密封严密。

(2) 检查铺设屋面隔气层和防水层前，基层是否干净，干燥，检查可将 $1m^2$ 卷材平坦地干铺在找平层上，静置 3~4h 后掀开检查，若找平层覆盖部位与卷材上均未见水印即可铺设。

(3) 检查卷材铺贴方向是否符合下列规定：屋面坡度小于 3% 时，卷材宜平行于屋脊铺贴，屋顶坡度为 3%~15% 时，卷材可平行或垂直于屋脊铺贴；屋面坡度大于 15% 或屋面受震动时，沥青防水卷材应垂直于屋脊铺贴，高聚物改性沥青防水卷材和合成高分子防水卷材可平行或垂直于屋脊铺贴，上下层卷材不得相互垂直铺贴。

(4) 检查冷贴法铺贴的卷材是否符合下列规定：胶粘剂涂刷应均匀，不露底，不堆积，根据胶粘剂的性能，应控制胶粘剂涂刷与卷材铺贴的间隔时间，铺贴卷材下面的空气应排尽，并辊压粘结牢固，铺贴卷材应平整顺直，搭接尺寸应准确，不得扭曲、皱折，接缝口应采用密封材料封严，且密封宽度不应小于 10mm。

(5) 检查热熔法铺贴的卷材是否符合下列规定：火焰加热器加热卷材应均匀，不得过分加热或烧穿卷材，而厚度不大于 3mm 的高聚物改性沥青防水卷材严禁采用热熔法施工，卷材表面热熔后应立即滚铺卷材，卷材下面的空气应排尽，并辊压粘结牢固，不得有空鼓，卷材接缝部位必须溢出热熔的改性沥青胶，铺贴卷材应平整顺直，搭接尺寸应准确，不得扭曲、皱折。

**2. 卷材防水工程质量检验**

1) 卷材防水工程质量检验和检验方法

卷材防水工程质量检验标准和检验方法见表 4-48。

表 4-48 卷材防水工程质量检验标准和检验方法

| 项目 | 序号 | 检验项目 | | 允许偏差或允许值 | 检查方法 |
|---|---|---|---|---|---|
| 主控项目 | 1 | 卷材防水层所用材料及其配套材料 | | 必须符合设计要求 | 检查出厂合格证、质量检验报告和现场抽样复检报告 |
| | 2 | 卷材防水层的渗漏或积水 | | 不得有渗漏或积水现象 | 雨后或淋水、蓄水试验检查 |
| | 3 | 卷材防水层在天沟、檐沟、檐口、水落口、泛水、变形缝和伸出屋面和管道的防水构造 | | 必须符合设计要求和规范规定 | 观察检查和检查隐蔽工程验收记录 |
| 一般项目 | 1 | 卷材防水层的搭接缝、收头 | | 搭接缝应粘（焊）结牢固，密封严密，不得有皱折、翘边和鼓泡等缺陷，收头应与基层粘结并固定牢固，缝口应严密，不得翘边 | 观察检查 |
| | 2 | 防水卷材保护层 | 撒布材料和浅色涂料 | 应铺撒或涂刷均匀，粘结牢固 | 观察检查 |
| | | | 水泥砂浆、块材或细石混凝土 | 与卷材防水层之间应设置隔离层 | |
| | | | 刚性材料 | 分割缝留置应符合设计要求 | |

续表

| 项目 | 序号 | 检验项目 | | 允许偏差或允许值 | 检查方法 |
|---|---|---|---|---|---|
| 一般项目 | 3 | 排汽屋面的排汽道 | | 应纵横贯通,不得堵塞,排汽管应安装牢固,位置正确,封闭严密 | 观察检查 |
| | 4 | 卷材铺贴方向 | 屋面坡度小于3%时 | 卷材宜平行于屋脊铺贴 | 观察检查 |
| | | | 屋面坡度为3%~15%时 | 卷材可平行或垂直于屋脊铺贴 | |
| | | | 屋面坡度大于10%或屋面受震动时 | 沥青防水卷材应垂直于屋脊铺贴,高聚物改性沥青防水卷材和合成高分子防水卷材可平行或垂直于屋脊铺贴 | |
| | | | 上下层卷材 | 不得相互垂直铺贴 | |
| | 5 | 卷材搭接宽度的允许偏差 | | −10mm | 观察检查和尺量检查 |

2) 卷材防水工程质量检验数量

按屋面面积,每 $100m^2$ 抽查1处,每处检查 $10m^2$,且不少于3处,接缝密封防水,每50m应抽查1处,每处检查5m,且不得少于3处,细部构造根据分项工程的内容,全数检查。

**3. 细石混凝土防水层工程质量检验**

1) 材料质量要求

(1) 基本要求如下。

① 细石混凝土防水层包括普通细石混凝土防水层和补偿收缩混凝土防水层,适用于Ⅰ~Ⅲ防水等级的屋面防水,不适用于铺设有松散材保温层的屋面以及受较大振动或冲击时和坡度大于15%的建筑屋面。

② 防水材料应有产品合格证书和性能检测报告,材料的品种、规格、性能等应符合国家现行产品标准和设计要求。材料进场后,应按规定进行抽样复检,并提交试验报告,不合格的材料,不得使用。

(2) 质量要求如下。

① 水泥宜采用普通硅酸盐水泥或硅酸盐水泥,不得采用火山灰质水泥,强度等级不低于32.5,石子最大粒径不宜超过15mm,含混量不应大于1%(质量分数),且应有良好的级配,砂子应采用中砂或粗砂,粒径为0.3~0.5mm,含泥量不应大于2%。

② 混凝土掺加膨胀剂、减水剂、防水剂等外加剂时,应按配合比准确计量,且应顺序得当,机械搅拌、机械振捣,其质量指标也应符合设计要求。

2) 施工过程的质量控制

(1) 检查混凝土原材料配合比是否符合设计要求,细石混凝土防水层是否出现渗漏或积水现象,混凝土灰比不应大于0.55,每 $1m^3$ 混凝土的水泥用量不得少于330kg,含砂率宜为35%~40%(质量分数),灰砂比宜为(1∶2)~(1∶2.5),混凝土强度等级不应低于C20。

(2) 检查防水层分格缝的位置设置是否合格,分格缝内是否嵌入密封材料,通常细石混凝土防水层的分格缝,应设在屋面板的支撑端、屋面转折处、防水层与突出屋面结构的交接处,其纵横向间距不宜大于6m,且分格缝内应该嵌填密封材料。

(3)检查分格缝的宽度是否正确,通常分格缝的宽应不大于40mm,且不小于10mm,如分格缝太宽,应进行调整或用聚合物水泥砂浆处理。

(4)检查绑扎的钢筋网片是否合格,钢筋网片可采用$\phi 4\sim \phi 6$冷拔低碳钢丝,间距为$100\sim 200mm$的绑扎或点焊的双向钢筋网片。钢筋网片应放在防水层上部,绑扎钢丝收口应向下弯,不得露出防水层表面。钢筋的保护层厚度不应小于10mm,钢丝必须调直。

3) 细石混凝土防水层工程质量检验

(1)细石混凝土防水层工程质量检验标准和检验方法见表4-49。

表4-49 细石混凝土防水层工程质量检验标准和检验方法

| 项目 | 序号 | 检验项目 | 允许偏差或允许值 | 检查方法 |
|---|---|---|---|---|
| 主控项目 | 1 | 原材料、外加剂、混凝土配合比,防水性能 | 必须符合设计要求和规范的规定 | 检查产品出厂合格证、质量检验报告、计量措施和混凝土现场抽样复验报告 |
| | 2 | 防水层的渗漏和积水 | 严禁渗漏和积水现象 | 雨后或淋水、蓄水试验检查,可蓄水高达$30\sim 100mm$,持续24h观察 |
| | 3 | 天沟、檐沟、檐口、水落口、泛水、变形缝和伸出屋面管道处的防水构造 | 必须符合设计要求和规范的规定 | 检查隐蔽工程验收记录及观察检查 |
| 一般项目 | 1 | 细石混凝土防水层表面 | 表面平整、压实抹光、不得有裂缝、起壳、起砂等缺陷 | 观察检查 |
| | 2 | 混凝土厚度和钢筋位置 | 应符合设计要求 | 观察检查和尺量检查 |
| | 3 | 分格缝的位置和间距 | 应符合设计要求和规范的规定 | 观察检查和尺量检查 |
| | 4 | 表面平整度 | ±5mm | 2m直尺和楔形塞尺检查 |

(2)细石混凝土防水层工程质量检验数量。按屋面面积,每$100m^2$抽查1处,每处检查$10m^2$,且不得少于3年,接缝密封防水每50m应检查1次,每处检查5m,且不得少于3处,细部构造根据分项工程的内容,全数检查。

试块留置组数:每个屋面(检验批)同材料、同配比的混凝土每$1000m^2$做1组试件,小于$1000m^2$按$1000m^2$计算,当改变配合比时,应制作相应的试块组数。

## 4.4.2 地下防水

**1. 防水混凝土**

1) 材料质量要求

(1)防水混凝土适用于抗渗等级不低于P6的地下混凝土结构。不适用于环境温度高于80℃的地下工程。处于侵蚀性介质中,防水混凝土的耐侵蚀性要求应符合现行国家标准《工业建筑防腐蚀设计规范》(GB 50046—2024)和《混凝土结构耐久性设计标准》(GB/T 50476—2019)的相关规定。

(2) 水泥的选择应符合下列规定。
① 宜采用普通硅酸盐水泥或硅酸盐水泥,采用其他品种水泥时应经试验确定。
② 在受侵蚀性介质作用时,应按介质的性质选用相应的水泥品种。
③ 不得使用过期或受潮结块的水泥,并不得将不同品种或强度等级的水泥混合使用。
(3) 砂、石的选择应符合下列规定。
① 砂宜选用中粗砂,含泥量不应大于3.0%,泥块含量不宜大于1.0%。
② 不宜使用海砂;在没有使用河砂的条件时,应对海砂进行处理后才能使用,且控制氯离子含量不得大于0.06%。
③ 碎石或卵石的粒径宜为5~40mm,含泥量不应大于1.0%,泥块含量不应大于0.5%。
④ 对长期处于潮湿环境的重要结构混凝土用砂、石,应进行碱活性检验。
(4) 矿物掺合料的选择应符合下列规定。
① 粉煤灰的级别不应低于二级,烧失量不应大于5%。
② 硅粉的比表面积不应小于15000$m^2$/kg,$SiO_2$含量不应小于85%。
③ 粒化高炉矿渣粉的品质要求应符合现行国家标准《用于水泥和混凝土中的粒化高炉矿渣粉》(GB/T 18046—2017)的有关规定。
(5) 混凝土拌合用水应符合现行行业标准《混凝土用水标准》(JGJ 63—2006)的有关规定。
(6) 外加剂的选择应符合下列规定。
① 外加剂的品种和用量应经试验确定,所用外加剂应符合现行国家标准《混凝土外加剂应用技术规范》(GB 50119—2013)的质量规定。
② 掺加引气剂或引气型减水剂的混凝土,其含气量宜控制在3%~5%。
③ 考虑外加剂对硬化混凝土收缩性能的影响。
(7) 严禁使用对人体产生危害、对环境产生污染的外加剂。
(8) 防水混凝土的配合比应经试验确定,并应符合下列规定。
① 试配要求的抗渗水压值应比设计值提高0.2MPa。
② 混凝土胶凝材料总量不宜小于320kg/$m^3$,其中水泥用量不宜少于260kg/$m^3$;粉煤灰掺量宜为胶凝材料总量的20%~30%,硅粉的掺量宜为胶凝材料总量的2%~5%。
③ 水胶比不得大于0.50,有侵蚀性介质时水胶比不宜大于0.45。
④ 砂率宜为35%~40%,泵送时可增加到45%。
⑤ 灰砂比宜为(1:1.5)~(1:2.5)。
⑥ 混凝土拌合物的氯离子含量不应超过胶凝材料总量的0.1%;混凝土中各类材料的总碱量即$Na_2O$当量不得大于3kg/$m^3$。
(9) 防水混凝土采用预拌混凝土时,入泵坍落度宜控制在120~140mm,坍落度每小时损失不应大于20mm,坍落度总损失值不应大于40mm。
(10) 混凝土拌制和浇筑过程控制应符合下列规定。
① 拌制混凝土所用材料的品种、规格和用量,每工作班检查不应少于两次。每盘混凝土各组成材料计量结果的允许偏差应符合表4-50的规定。

表 4-50　混凝土组成材料计量结果的允许偏差　　　　　　　　　单位：%

| 混凝土组成材料 | 每盘计量 | 累计计量 |
| --- | --- | --- |
| 水泥、掺合料 | ±2 | ±1 |
| 粗、细骨料 | ±3 | ±2 |
| 水、外加剂 | ±2 | ±1 |

注：累计计量仅适用于微机控制计量的搅拌站。混凝土为自拌混凝土。

② 混凝土在浇筑地点的坍落度，每工作班至少检查两次。混凝土的坍落度试验应符合现行国家标准《普通混凝土拌合物性能试验方法标准》(GB/T 50080—2016)的有关规定。混凝土坍落度允许偏差应符合表 4-51 的规定。

表 4-51　混凝土坍落度允许偏差　　　　　　　　　单位：%

| 要求坍落度 | 允许偏差 |
| --- | --- |
| ≤40 | ±10 |
| 50～90 | ±15 |
| ≥100 | ±20 |

③ 泵送混凝土拌合物在运输后出现离析，必须进行二次搅拌。当坍落度损失后不能满足施工要求时，应加入原水胶比的水泥浆或掺加同品种的减水剂进行搅拌，严禁直接加水。

(11) 防水混凝土抗压强度试件，应在混凝土浇筑地点随机取样后制作，并应符合下列规定。

① 同一工程、同一配合比的混凝土，取样频率和试件留置组数应符合现行国家标准《混凝土结构工程施工质量验收规范》(GB 50204—2015)的有关规定。

② 抗压强度试验应符合现行国家标准《普通混凝土力学性能试验方法标准》(GB/T 50081—2019)的有关规定。

③ 结构构件的混凝土强度评定应符合现行国家标准《混凝土强度检验评定标准》(GB/T 50107—2010)的有关规定。

(12) 防水混凝土抗渗性能应采用标准条件下养护混凝土抗渗试件的试验结果评定，试件应在混凝土浇筑地点随机取样后制作，并应符合下列规定。

① 连续浇筑混凝土每 500$m^3$ 应留置一组 6 个抗渗试件，且每项工程不得少于两组；采用预拌混凝土的抗渗试件，留置组数应视结构的规模和要求而定。

② 抗渗性能试验应符合现行国家标准《普通混凝土长期性能和耐久性能试验方法》(GB/T 50082—2024)的有关规定。

(13) 大体积防水混凝土的施工应采取材料选择、温度控制、保温保湿等技术措施。在设计许可的情况下，掺粉煤灰混凝土设计强度的龄期宜为 60d 或 90d。

(14) 防水混凝土分项工程检验批的抽样检验数量，应按混凝土外露面积每 100$m^2$ 抽查 1 处，每处 10$m^2$，且不得少于 3 处。

2) 主控项目

(1) 防水混凝土的原材料、配合比及坍落度必须符合设计要求。

检验方法：检查产品合格证、产品性能检测报告、计量措施和材料进场检验报告。

（2）防水混凝土的抗压强度和抗渗性能必须符合设计要求。

检验方法：检查混凝土抗压强度、抗渗性能检验报告。

（3）防水混凝土结构的变形缝、施工缝、后浇带、穿墙管、埋设件等设置和构造必须符合设计要求。

检验方法：观察检查和检查隐蔽工程验收记录。

3）一般项目

（1）防水混凝土结构表面应坚实、平整，不得有露筋、蜂窝等缺陷；埋设件位置应准确。

检验方法：观察检查。

（2）防水混凝土结构表面的裂缝宽度不应大于0.2mm，且不得贯通。

检验方法：用刻度放大镜检查。

（3）防水混凝土结构厚度不应小于250mm，其允许偏差应为+8mm、−5mm；主体结构迎水面钢筋保护层厚度不应小于50mm，其允许偏差为±5mm。

检验方法：尺量检查和检查隐蔽工程验收记录。

**2. 卷材防水层**

1）材料及施工质量要求

（1）卷材防水层适用于受侵蚀性介质作用或受震动作用的地下工程；卷材防水层应铺设在主体结构的迎水面。

（2）卷材防水层应采用高聚物改性沥青防水卷材和合成高分子防水卷材。所选用的基层处理剂、胶粘剂、密封材料等均应与铺贴的卷材相匹配。

（3）铺贴防水卷材前，清扫应干净、干燥，并应涂刷基层处理剂；当基面潮湿时，应涂刷湿固化型胶粘剂或潮湿界面隔离剂。

（4）基层阴阳角应做成圆弧或45°坡角，其尺寸应根据卷材品种确定；在转角处、变形缝、施工缝、穿墙管等部位应铺贴卷材加强层，加强层宽度不应小于500mm。

（5）防水卷材的搭接宽度应符合表4-52的要求。铺贴双层卷材时，上下两层和相邻两幅卷材的接缝应错开1/3～1/2幅宽，且两层卷材不得相互垂直铺贴。

表4-52 防水卷材的搭接宽度

| 卷材品种 | 搭接宽度(mm) |
| --- | --- |
| 弹性体改性沥青防水卷材 | 100 |
| 改性沥青聚乙烯胎防水卷材 | 100 |
| 自粘聚合物改性沥青防水卷材 | 80 |
| 三元乙丙橡胶防水卷材 | 100/60（胶粘剂/胶结带） |
| 聚氯乙烯防水卷材 | 60/80（单面焊/双面焊）<br>100（胶结剂） |
| 聚乙烯丙纶复合防水卷材 | 100（粘结料） |
| 高分子自粘胶膜防水卷材 | 70/80（自粘胶/胶结带） |

2)冷粘法铺贴卷材应符合下列规定

(1)胶粘剂涂刷应均匀,不得露底,不堆积。

(2)根据胶粘剂的性能,应控制胶结剂涂刷与卷材铺贴的间隔时间。

(3)铺贴时不得用力拉伸卷材,排出卷材下面的空气,辊压粘结牢固。

(4)铺贴卷材应平整、顺直,搭接尺寸准确,不得有扭曲、皱折。

(5)卷材接缝部位应采用专用粘结剂或胶结带满粘,接缝口应用密封材料封严,其宽度不应小于10mm。

3)热熔法铺贴卷材应符合下列规定

(1)火焰加热器加热卷材应均匀,不得加热不足或烧穿卷材。

(2)卷材表面热熔后应立即滚铺,排出卷材下面的空气,并粘结牢固。

(3)铺贴卷材应平整、顺直,搭接尺寸准确,不得有扭曲、皱折。

(4)卷材接缝部位应溢出热熔的改性沥青胶料,并粘结牢固,封闭严密。

## 小结

本章是建筑工程管理中的重要一环。本章详细阐述了地基基础工程、砌体工程、钢筋混凝土工程、防水工程、钢结构工程和装饰装修工程的质量控制方法和实施步骤,这些都是确保建筑工程质量和安全的关键要素。施工质量控制不仅是对施工过程的严格监管,更是对建筑材料、施工技术和人员管理的全面把控。地基基础工程的质量控制要求我们对地质条件进行准确评估,确保地基的稳定性和承载力;砌体工程则要求我们对砌块质量、砂浆配制和砌筑工艺进行严格控制;钢筋混凝土工程则更侧重于钢筋的绑扎、模板的安装和混凝土的浇筑养护等环节。防水工程的质量控制是防止建筑渗漏的重要措施,要求我们选用优质的防水材料,并严格按照施工规范进行操作。钢结构工程的质量控制则涉及钢材的加工、焊接、组装和防腐等多个方面,要求我们具备较高的技术水平和严谨的工作态度。此外,装饰装修工程的质量控制也不容忽视,它关系到建筑的美观性和使用功能。本章还讲解了如何在实际施工中采取相应的质量控制措施,以确保工程质量和安全。

总之,本章内容为我们提供了施工质量控制的理论依据和实践指导,是我们今后从事建筑工程管理工作的重要参考。

## 实训任务

实训任务设计:混凝土强度检测。本次实训任务旨在通过实际操作,使读者加深对混凝土强度检测方法的理解和掌握,提高实际操作技能。实训内容包括回弹法检测混凝土抗压强度和立方体抗压强度试验。混凝土强度检测实践内容通常涉及多个方面,旨在通过一系列实验和测试来评估混凝土的抗压强度及其他相关性能。

**1. 实验准备**

设备准备:准备所需的检测设备,如回弹仪等,并确保设备处于良好的工作状态。

样品准备:根据实验要求,从待检测的混凝土结构或构件中选取具有代表性的样品。

样品的选取应遵循一定的抽样规则,以确保检测结果的准确性和可靠性。

安全准备:制定安全操作规程,确保实验过程中的人身安全和设备安全。

**2. 回弹法检测**

原理:利用回弹仪测量混凝土表面硬度,通过回弹值与混凝土强度之间的经验关系来推算混凝土的抗压强度。

步骤:在待测混凝土表面均匀布置测区,每个测区进行多次回弹测试,并记录回弹值。根据测得的回弹值,结合校准曲线或公式,计算出混凝土的抗压强度。

注意事项:测试时应保持回弹仪的轴线垂直于混凝土表面,避免在裂缝、孔洞等缺陷部位进行测试。

**3. 数据处理与分析**

数据整理:将实验过程中收集到的原始数据进行整理,包括回弹值、超声波传播参数、芯样抗压强度等。

统计分析:运用统计学方法对数据进行处理和分析,计算平均值、标准差等统计量,以评估数据的可靠性和代表性。

结果判定:根据实验数据和相关标准规范,对混凝土的强度等级进行判定。对于不符合要求的混凝土结构或构件,应提出相应的处理建议或措施。

—— **本章教学资源** ——

地基基础工程的质量控制

砌体工程的质量控制

钢筋混凝土工程的质量控制

防水工程的质量控制

# 第5章 建筑工程质量事故的处理

## 学习目标

1. 掌握建筑工程中常见的质量问题（通病）及其预防措施，以及建筑工程质量事故的处理方法和程序。课程将介绍如何预防施工质量事故的发生，包括管理措施、技术措施、材料控制、机械设备的使用等。

2. 学习建筑工程质量事故的处理流程和程序，掌握如何进行应急处理和抢险救援，以保障人员和财产的安全。

## 学习重点与难点

1. 学习重点在于了解建筑工程质量事故的发生原因、特点和分类，掌握常见质量问题（通病）及其对应的预防措施，并学习建筑工程质量事故的处理方法和程序。

2. 学习难点在于如何防范和预防施工质量事故的发生，需要了解多种因素的影响和多种预防措施的实施，如管理措施、技术措施、材料控制、机械设备的使用等。

## 案例引入

某小区住宅楼在建设时，因施工方对建筑质量管理不到位，导致一系列问题（见图5-1）。其中最严重的是，在楼面施工时使用了过期的甲醛胶水，导致室内空气污染。结果，该小区的许多业主因为居住环境恶劣，怀疑自己和孩子患上了呼吸系统相关的疾病。社会上对于这一事件的关注和质疑也逐渐升级，引发了公众极大的恐慌和忧虑。

图5-1 某小区建筑工地构造柱钢筋搭接不规范

该案例是一个典型的建筑工程质量事故,不仅引发了社会的广泛关注,也对施工方的信誉造成了极大的影响。建筑工程质量事故的处理是一项非常重要的工作,可以避免人员伤亡和财产损失,同时也是建筑工程施工单位依法依规落实企业社会责任的标志。

在建筑施工过程中,质量问题层出不穷,钢筋、混凝土、砌体、防水等都有可能出现问题。其中某一环节出现问题,就有可能对整个工程的质量和安全造成不良影响,甚至引发重大事故。因此,建筑工程中必须严格按照质量管理制度执行,确保工程质量和安全的双赢。

针对上述案例,为了做好建筑施工质量管理工作,必须在质量管理模式、质量控制因素、技术标准等方面多方面下功夫。通过贯彻落实 ISO 9001 质量管理体系,加强人员管理和技术培训,加强材料的质量监管和方法的应用控制,严格执行施工安全规定,确保建筑施工全过程的质量可控。同时,在出现质量问题后,负责人应对事故进行及时的处理,并遵循相关法律法规和审批程序,对责任方进行惩罚和追究,从而避免质量问题再次发生。

## 5.1 建筑工程质量事故发生的原因

建立健全施工质量管理体系,加强施工质量控制,就是为了预防施工质量问题和质量事故,在保证工程质量合格的基础上,不断提高工程质量。所以,所有施工质量控制的措施和方法,都是预防施工质量问题和质量事故的手段。具体来说,施工质量事故的预防,要从寻找和分析可能导致施工质量事故发生的原因入手,抓住影响施工质量的各种因素和施工质量形成过程的各个环节,采取针对性的有效预防措施。

施工质量事故发生的原因大致有以下四类。

(1) 技术原因:指引发质量事故是由于在工程项目设计、施工中在技术上的失误。例如,结构设计计算错误,对水文地质情况判断错误,以及采用了不适合的施工方法或施工工艺等。

(2) 管理原因:指引发的质量事故是由于管理上的不完善或失误。例如,施工单位或监理单位的质量管理体系不完善,检验制度不严密,质量控制不严格,质量管理措施落实不力,检测仪器设备管理不善而失准,以及材料检验不严等原因引起质量事故。

(3) 社会、经济原因:指引发的质量事故是由于经济因素及社会上存在的弊端和不正之风,造成建设中的错误行为,而导致出现质量事故。例如,某些施工企业盲目追求利润而不顾工程质量;在投标报价中随意压低标价,中标后则依靠违法的手段或修改方案追加工程款,甚至偷工减料等,这些因素往往会导致出现重大工程质量事故,必须予以重视。

(4) 人为事故和自然灾害原因:指造成质量事故是由于人为的设备事故、安全事故,导致连带发生质量事故,以及严重的自然灾害等不可抗力造成质量事故。

## 5.2 建筑工程质量事故的特点和分类

根据我国《质量管理体系——基础和术语》(GB/T 19000—2016)质量管理体系标准的规定,凡工程产品没有满足某个规定的要求,就称为质量不合格;而未满足某个与预期或规定用途有关的要求,称为质量缺陷。凡是工程质量不合格,影响使用功能或工程结构安全,造成永久质量缺陷或存在重大质量隐患,甚至直接导致工程倒塌或人身伤亡,必须进行返修、加固或报废处理,按照由此造成直接经济损失的大小分为质量问题和质量事故。

工程质量事故具有成因复杂、后果严重、种类繁多、往往与安全事故共生的特点,建设工程质量事故的分类有多种方法,不同专业工程类别对工程质量事故的等级划分也不尽相同。

### 5.2.1 建筑工程质量事故的特点

通过对诸多工程质量事故案例调查、分析表明,其具有复杂性、严重性、可变性和多发性的特点。

**1. 复杂性**

建筑工程质量问题的复杂性,主要表现在引发质量问题的因素复杂,从而增加了对质量问题的性质、危害的分析、判断和处理的复杂性。例如,建筑物的倒塌,可能是未认真进行地质勘察,地基的容许承载力与持力层不符;也可能是未处理好不均匀地基,产生过大的不均匀沉降;或是盲目套用图纸,结构方案不正确,计算简图与实际受力不符;或是荷载取值过小,内力分析有误,结构的刚度、强度、稳定性差;或是施工偷工减料、不按图纸施工、施工质量低劣;或是建筑材料及制品不合格,擅自代用材料等原因所造成。由此可见,即使同一性质的质量问题,原因有时也截然不同。

**2. 严重性**

工程项目一旦出现质量事故,轻者影响施工顺利进行、拖延工期、增加工程费用,重者则会留下隐患成为危险的建筑,影响使用功能或不能使用,更严重的还会引起建筑物的失稳、倒塌,造成人民生命、财产的巨大损失。所以对于建设工程质量问题和质量事故均不能掉以轻心,必须予以高度重视。

**3. 可变性**

许多工程的质量问题出现后,其质量状态并非稳定于发现的初始状态,而是有可能随着时间而不断地发展和变化。例如,桥墩的超量沉降可能随上部荷载的不断增大而继续发展;混凝土结构出现的裂缝可能随环境温度的变化而变化,或随荷载的变化及负担荷载的时间而变化等。因此,有些在初始阶段并不严重的质量问题,如不能及时处理和纠正,有可能发展成一般质量事故,一般质量事故有可能发展成为严重或重大质量事故。例如,开始时微细的裂缝有可能发展导致结构断裂或倒塌事故。所以,在分析、处理工程质量问题时,一定要注意质量问题的可变性,应及时采取可靠的措施,防止其进一步恶化而发生质量事故;或加强观测与试验,取得数据,预测未来发展的趋势。

**4. 多发性**

建筑工程中有些质量问题,就像"常见病""多发病"一样经常发生,而成为质量通病。如屋面、卫生间漏水,抹灰层开裂、脱落,地面起砂、空鼓,排水管道堵塞,预制构件裂缝等。另有一些同类型的质量问题,往往一而再再而三地发生,如雨棚的倾覆,悬挑梁、板的断裂,混凝土强度不足等。因此,总结经验,吸取教训,采取有效措施予以预防是十分必要的。

## 5.2.2 按事故造成损失的程度分级

工程质量问题的分类方法较多,依据住房和城乡建设部《关于做好房屋建筑和市政基础设施工程质量问题报告和调查处理工作的通知》(建质〔2010〕111号),根据工程质量问题造成的人员伤亡或者直接经济损失将工程质量问题分为四个等级:一般事故、较大事故、重大事故、特别重大事故,具体如下。

(1) 特别重大事故是指造成30人以上死亡,或者100人以上重伤,或者1亿元以上直接经济损失的事故。

(2) 重大事故是指造成10人以上30人以下死亡,或者50人以上100人以下重伤,或者5000万元以上1亿元以下直接经济损失的事故。

(3) 较大事故是指造成3人以上10人以下死亡,或者10人以上50人以下重伤,或者1000万元以上5000万元以下直接经济损失的事故。

(4) 一般事故是指造成3人以下死亡,或者10人以下重伤,或者100万元以上1000万元以下直接经济损失的事故。

注:该等级标准中所称的"以上"包括本数,所称的"以下"不包括本数。

## 5.2.3 按事故责任分类

(1) 指导责任事故:指由于工程实施指导或领导失误而造成的质量事故。例如,由于工程负责人片面追求施工进度,放松或不按质量标准进行控制和检验,降低施工质量标准等。

(2) 操作责任事故:指在施工过程中,由于实施操作者不按规程和标准实施操作,而造成的质量事故。例如,浇筑混凝土时随意加水,或振捣疏漏造成混凝土质量事故等。

(3) 自然灾害事故:指由于突发的严重自然灾害等不可抗力造成的质量事故。例如地震、台风、暴雨、雷电、洪水等对工程造成破坏甚至倒塌。这类事故虽然不是人为责任直接造成,但灾害事故造成的损失程度也往往与人们是否在事前采取了有效的预防措施有关,相关责任人员也可能负有一定责任。

## 5.3 建筑工程中常见的质量问题(通病)

建筑工程质量通病是指建筑工程中经常发生的、普遍存在的一些工程质量问题。由于其量大面广,因此对建筑工程质量危害很大,是进一步提高工程质量的主要障碍。本章仅对部分主体工程中经常出现的质量通病进行列举。

### 5.3.1 钢筋工程质量通病

(1) 钢筋制作下料长度不准,抗震箍筋 1350 弯钩弯折角度不准,弯钩长度不均匀。

(2) 洞口钢筋切断后未做弯折处理。

(3) 主筋绑扎不到位,四角主筋不贴箍筋角,中间主筋不贴箍筋。

(4) 钢筋搭接长度不足,钢筋绑扎接头位置不当,未避开受拉力较大处或接头,接头末端距弯点未大于 $10d$。

(5) 箍筋绑扎不垂直于主筋,接头未错开,间距不匀,绑扎不牢固,不贴主筋。

(6) 柱钢筋、平台钢筋弯钩朝向不对。

(7) 钢筋绑扎后未做定位处理,混凝土浇筑后,钢筋发生位移。钢筋纠偏时,1∶6 矫正坡度不准。

(8) 钢筋对焊,焊头不匀。

(9) 混凝土浇筑施工时,悬挑梁板筋被踩下,有效厚度不足。

(10) 钢筋弯折处的弯弧内直径小于规范规定。

### 5.3.2 混凝土工程质量通病

(1) 混凝土蜂窝、麻面、孔洞。

(2) 露筋。

(3) 混凝土强度偏高或偏低。

(4) 混凝土板表面不平整。

(5) 混凝土裂缝。

(6) 混凝土夹芯。

(7) 外形尺寸偏差。

### 5.3.3 模板工程质量通病

(1) 模板的强度、刚度和稳定性保证力度不够。

(2) 模板制作成型后,验收认真程度不足。

(3) 柱模板根部和顶部固定不牢,产生位移偏差,偏差的校正调整不认真造成累计误差。

(4) 安装模板时,未拉水平、竖向通线;浇筑混凝土时通线已撤掉,造成模板的看护人员不易发现模板跑位变形。

(5) 模板与脚手架拉接,产生位移跑模。

(6) 门窗洞口模板支撑系统缺斜撑或十字拉杆,造成门窗洞口容易变形甚至失稳。

(7) 阳角部位模板水平楞支撑悬挑,夹固用钢管过稀造成阳角上模板胀开漏浆。

(8) 竖向模板根部未做找平,造成模板漏浆烂根。
(9) 模板顶部无标高标记或施工中不按标记检查。
(10) 楼梯踏步模板支模时未考虑不同地面做法厚度不同。
(11) 模板接缝处,堵缝措施不当造成漏浆影响混凝土质量。
(12) 拆模后不清理模板即涂刷脱模剂,或模板清理不干净即涂刷脱模剂。
(13) 脱模剂涂刷不均匀或漏涂,涂刷脱模剂时污染钢筋或混凝土面。
(14) 雨季施工涂刷完水性脱模剂无遮盖保护措施,被冲洗。
(15) 柱模板根部或堵头处,梁墙接头的最低点不留清扫口,或清扫口留置不当,无法有效清理。
(16) 支模板用顶撑电焊在受力钢筋上,损伤受力筋。
(17) 施工缝支模仅用钢丝网未立模板使混凝土漏浆。
(18) 模板拆除过早,破坏混凝土棱角;低温下大模板拆除过早与墙体粘连。

## 5.3.4 砌体工程质量通病

(1) 垂直度、平整度不符合规范要求。
(2) 砂浆强度不够。
(3) 砖缝砂浆不饱满。
(4) 与结构连接未设置拉结筋。
(5) 砌体未进行水湿直接进行砌筑施工或砌筑完成不进行养护。
(6) 直接一次性砌筑到顶,未设置斜砌。
(7) 基础清理不够,导致上下不能连为一体。

## 5.3.5 卷材防水工程质量通病

(1) 防水基层强度不足,基层表面起砂、起皮。
(2) 基层表面平整度、光洁度差,表面清扫不彻底。
(3) 外防外贴砌筑保护墙时与防水保护层之间未用砂浆填实。
(4) 铺贴卷材时,立面与平面转角处,卷材接头未留在平面上,或距立面不足600mm。
(5) 卷材到顶收头无有效固定及保护措施。
(6) 卷材铺贴有气泡、裂缝及损伤,修补不按分层搭接,而是一次表面粘贴。
(7) 卷材铺贴时,胶结材料涂刷不均匀或胶结材料的干硬程度未掌握好。

## 5.3.6 涂膜防水工程质量通病

(1) 基层清理不干净,冷底子油漏刷或涂刷不均匀。
(2) 防水层空鼓、起泡,夹杂硬状颗粒。
(3) 玻璃纤维布铺贴不密实。

## 5.4 施工质量事故预防的具体措施

### 5.4.1 严格按照基本建设程序办事

首先要做好可行性论证,不可未经深入的调查分析和严格论证就盲目拍板定案;要彻底搞清工程地质水文条件方可开工;杜绝无证设计、无图施工;禁止任意修改设计和不按图纸施工;工程竣工不进行试车运转、不经验收不得交付使用。

### 5.4.2 认真做好工程地质勘察

地质勘察时要适当布置钻孔位置和设定钻孔深度。钻孔间距过大,不能全面反映地基实际情况;钻孔深度不够,难以查清地下软土层、滑坡、墓穴、孔洞等有害地质构造。地质勘察报告必须详细、准确,防止因根据不符合实际情况的地质资料而采用错误的基础方案,导致地基不均匀沉降、失稳,使上部结构及墙体开裂、破坏、倒塌。

### 5.4.3 科学地加固处理好地基

对软弱土、冲填土、杂填土、湿陷性黄土、膨胀土、岩层出露、岩溶、土洞等不均匀地基要进行科学的加固处理。要根据不同地基的工程特性,按照地基处理与上部结构相结合使其共同工作的原则,从地基处理与设计措施、结构措施、防水措施、施工措施等方面综合考虑治理。

### 5.4.4 进行必要的设计审查复核

要请具有合格专业资质的审图机构对施工图进行审查复核,防止因设计考虑不周、结构构造不合理、设计计算错误、沉降缝及伸缩缝设置不当、悬挑结构未通过抗倾覆验算等原因,导致质量事故的发生。

### 5.4.5 严格把好建筑材料及制品的质量关

要从采购订货、进场验收、质量复验、存储和使用等几个环节,严格控制建筑材料及制品的质量,防止不合格或变质、损坏的材料和制品用到工程上。

### 5.4.6 对施工人员进行必要的技术培训

要通过技术培训使施工人员掌握基本的建筑结构和建筑材料知识,懂得遵守施工验收规范对保证工程质量的重要性,从而在施工中自觉遵守操作规程,不蛮干,不违章操作,不偷工减料。

## 5.4.7 加强施工过程的管理

施工人员首先要熟悉图纸,对工程的难点和关键工序、关键部位应编制专项施工方案并严格执行;施工中必须按照图纸和施工验收规范、操作规程进行;技术组织措施要正确,施工顺序不可弄错,脚手架和楼面不可超载堆放构件和材料;要严格按照制度进行质量检查和验收。

## 5.4.8 做好应对不利施工条件和各种灾害的预案

要根据当地气象资料的分析和预测,事先针对可能出现的风、雨、高温、严寒、雷电等不利施工条件,制订相应的施工技术措施;还要对不可预见的人为事故和严重自然灾害做好应急预案,并有相应的人力、物力储备。

## 5.4.9 加强施工安全与环境管理

许多施工安全和环境事故都会连带发生质量事故,加强施工安全与环境管理,也是预防施工质量事故的必要措施。

# 5.5 建筑工程质量事故处理

## 5.5.1 建筑工程质量事故处理依据

**1. 质量事故的实况资料**

质量事故的实况资料包括质量事故发生的时间、地点;质量事故状况的描述;质量事故发展变化的情况;有关质量事故的观测记录、事故现场状态的照片或录像;事故调查组调查研究所获得的第一手资料。

**2. 有关合同及合同文件**

有关合同及合同文件包括工程承包合同、设计委托合同、设备与器材购销合同、监理合同及分包合同等。

**3. 有关的技术文件和档案**

有关的技术文件和档案主要是有关的设计文件(如施工图纸和技术说明),与施工有关的技术文件、档案和资料(如施工方案、施工计划、施工记录、施工日志、有关建筑材料的质量证明资料、现场制备材料的质量证明资料、质量事故发生后对事故状况的观测记录、试验记录或试验报告)等。

#### 4. 相关的建设法规

相关的建设法规主要包括《建筑法》和与工程质量及质量事故处理有关的法规,以及勘察、设计、施工、监理等单位资质管理方面的法规,从业者资格管理方面的法规,建筑市场方面的法规,建筑施工方面的法规,关于标准化管理方面的法规等。

### 5.5.2 建筑工程质量事故处理程序与方法

#### 1. 建筑工程质量事故处理程序

施工质量事故处理的一般程序见图 5-2。

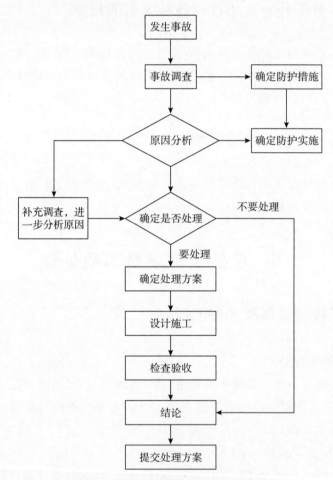

图 5-2 施工质量事故处理的一般程序

1) 事故调查

事故发生后,施工项目负责人应按法定的时间和程序,及时向企业报告事故的状况,积极组织事故调查。事故调查应力求及时、客观、全面,以便为事故的分析与处理提供正确的依据。调查结果要整理撰写成事故调查报告,其主要内容包括工程概况;事故情况;事故发生后所采取的临时防护措施;事故调查中的有关数据、资料;事故原因分析与初步判断;事故处理的建议方案与措施;事故涉及人员与主要责任者的情况等。

2) 事故的原因分析

要建立在事故情况调查的基础上,避免情况不明就主观推断事故的原因。特别是对涉及勘察、设计、施工、材料和管理等方面的质量事故,往往事故的原因错综复杂,因此,必须对调查所得到的数据、资料进行仔细地分析,去伪存真,找出造成事故的主要原因。

3) 制订事故处理的方案

事故的处理要建立在原因分析的基础上,并广泛地听取专家及有关方面的意见,经科学论证,决定事故是否进行处理和怎样处理。在制订事故处理方案时,应做到安全可靠、技术可行、不留隐患、经济合理、具有可操作性、满足建筑功能和使用要求。

4) 事故处理

根据制订的质量事故处理的方案,对质量事故进行认真的处理。处理的内容主要包括:事故的技术处理,以解决施工质量不合格和缺陷问题;事故的责任处罚,根据事故的性质、损失大小、情节轻重对事故的责任单位和责任人做出相应的行政处分直至追究刑事责任。

5) 事故处理的鉴定验收

质量事故的处理是否达到预期的目的,是否依然存在隐患,应当通过检查鉴定和验收作出确认。事故处理的质量检查鉴定,应严格按施工验收规范和相关的质量标准的规定进行,必要时还应通过实际量测、试验和仪器检测等方法获取必要的数据,以便准确地对事故处理的结果作出鉴定。事故处理后,必须尽快提交完整的事故处理报告,其内容包括事故调查的原始资料、测试的数据;事故原因分析、论证;事故处理的依据;事故处理的方案及技术措施;实施质量处理中有关的数据、记录、资料;检查验收记录;事故处理的结论等。

**2. 建筑工程质量事故处理方法**

1) 修补处理

当工程的某部分的质量虽未达到规定的规范、标准或设计的要求,存在一定的缺陷,但经过修补后可以达到要求的质量标准,又不影响使用功能或外观的要求时,可采取修补处理的方法。例如,某些混凝土结构表面出现蜂窝、麻面,经调查分析,该部位经修补处理后,不会影响其使用及外观;对混凝土结构局部出现的损伤,如结构受撞击、局部未振实、冻害、火灾、酸类腐蚀、碱骨料反应等,当这些损伤仅仅在结构的表面或局部,不影响其使用和外观,可进行修补处理。再如,对混凝土结构出现的裂缝,经分析研究后如果不影响结构的安全和使用时,也可采取修补处理。例如,当裂缝宽度不大于 0.2mm 时,可采用表面密封法;当裂缝宽度大于 0.3mm 时,采用嵌缝密闭法;当裂缝较深时,则应采取灌浆修补的方法。

2) 加固处理

加固处理主要是针对危及承载力的质量缺陷的处理。通过对缺陷的加固处理,使建筑结构恢复或提高承载力,重新满足结构安全性与可靠性的要求,使结构能继续使用或改作其他用途。例如,对混凝土结构常用加固的方法主要有增大截面加固法、外包角钢加固法、粘钢加固法、增设支点加固法、增设剪力墙加固法、预应力加固法等。

3) 返工处理

当工程质量缺陷经过修补处理后仍不能满足规定的质量标准要求,或不具备补救可能性,则必须采取返工处理。例如,某防洪堤坝填筑压实后,其压实土的干密度未达到规定值,经核算将影响土体的稳定且不满足抗渗能力的要求,须挖除不合格土,重新填筑,进行返工处理;某公路桥梁工程预应力按规定张拉系数为1.3,而实际仅为0.8,严重的质量缺陷,也无法修补,只能返工处理。再如,某工厂设备基础的混凝土浇筑时掺入木质素磺酸钙减水剂,因施工管理不善,掺量多于规定7倍,导致混凝土坍落度大于180mm,石子下沉,混凝土结构不均匀,浇筑后5d仍然不凝固硬化,28d的混凝土实际强度达不到规定强度,不得不返工重浇。

4）限制使用

当工程质量缺陷按修补方法处理后无法保证达到规定的使用要求和安全要求,而又无法返工处理的情况下,不得已时可做出诸如结构卸荷或减荷以及限制使用的决定。

5）不作处理

某些工程质量问题虽然达不到规定的要求或标准,但其情况不严重,对工程或结构的使用及安全影响很小,经过分析、论证、法定检测单位鉴定和设计单位等认可后可不作专门处理。一般可不作专门处理的情况有以下几种。

（1）不影响结构安全、生产工艺和使用要求的。例如,有的工业建筑物出现放线定位的偏差,且严重超过规范标准规定,若要纠正会造成重大经济损失,但经过分析、论证其偏差不影响生产工艺和正常使用,在外观上也无明显影响,可不作处理。又如,某些部位的混凝土表面的裂缝,经检查分析,属于表面养护不够的干缩微裂,不影响使用和外观,也可不作处理。

（2）后道工序可以弥补的质量缺陷。例如,混凝土结构表面的轻微麻面,可通过后续的抹灰、刮涂、喷涂等弥补,也可不作处理。再如,混凝土现浇楼面的平整度偏差达到10mm,但由于后续垫层和面层的施工可以弥补,所以也可不作处理。

（3）法定检测单位鉴定合格的。例如,某检验批混凝土试块强度值不满足规范要求,强度不足,但经法定检测单位对混凝土实体强度进行实际检测后,其实际强度达到规范允许和设计要求值时,可不作处理。对经检测未达到要求值,但相差不多,经分析论证,只要使用前经再次检测达到设计强度,也可不作处理,但应严格控制施工荷载。

（4）出现的质量缺陷,经检测鉴定达不到设计要求,但经原设计单位核算,仍能满足结构安全和使用功能的。例如,某一结构构件截面尺寸不足,或材料强度不足,影响结构承载力,但按实际情况进行复核验算后仍能满足设计要求的承载力时,可不进行专门处理。这种做法实际上是挖掘设计潜力或降低设计的安全系数,应谨慎处理。

6）报废处理

出现质量事故的工程,通过分析或实践,采取上述处理方法后仍不能满足规定的质量要求或标准,则必须予以报废处理。

### 5.5.3 建筑工程质量事故处理验收与资料

**1. 建筑工程质量事故处理验收**

质量事故的技术处理是否达到了预期目的,消除了工程质量不合格和工程质量问题,是否仍留有隐患。监理工程师应通过组织检查和必要的鉴定,进行验收并予以最终确认。

1) 检查验收

工程质量事故处理完成后,监理工程师在施工单位自检合格报验的基础上,应严格按施工验收标准及有关规范的规定进行,结合监理人员的旁站、巡视和平行检验结果,依据质量事故技术处理方案设计要求,通过实际量测,检查各种资料数据进行验收,并应办理交工验收文件,组织各有关单位会签。

2) 必要的鉴定

为确保工程质量事故的处理效果,凡涉及结构承载力等使用安全和其他重要性能的处理工作,常需做必要的试验和检验鉴定工作。或质量事故处理施工过程中建筑材料及构配件保证资料严重缺乏,或对检查验收结果各参与单位有争议时,常见的检验工作有:混凝土钻芯取样,用于检查密实性和裂缝修补效果,或检测实际强度;结构荷载试验,确定其实际承载力;超声波检测焊接或结构内部质量;池、罐和箱柜工程的渗漏检验等。检测鉴定必须委托政府批准的有资质的法定检测单位进行。

3) 验收结论

对所有质量事故无论是经过技术处理通过检查鉴定验收的还是不需专门处理的,均应有明确的书面结论。若对后续工程施工有特定要求,或对建筑物使用有一定限制条件,应在结论中提出。验收结论通常有以下几种。

(1) 事故已排除,可以继续施工。

(2) 隐患已消除,结构安全有保证。

(3) 经修补处理后,完全能够满足使用要求。

(4) 基本上满足使用要求,但使用时应有附加限制条件,如限制荷载等。

(5) 对耐久性的结论。

(6) 对建筑物外观影响的结论。

(7) 对短期内难以做出结论的,可提出进一步观测检验意见。

(8) 对于处理后符合《建筑工程施工质量验收统一标准》的规定的,监理工程师应予以验收、确认,并应注明责任方主要承担的经济责任。对经加固补强或返工处理仍不能满足安全使用要求的分部工程、单位(子单位)工程,应拒绝验收。

**2. 建筑工程质量事故处理资料**

对于建筑工程质量事故的处理,需要收集和整理一些处理资料,包括但不限于以下五个方面。

(1) **基本资料**:包括事故发生的时间、地点,事故单位和涉事人员的基本情况等。

(2) **现场勘察记录**:包括事故现场的照片、录像、现场勘察报告等,还需要收集施工标准、设计文件以及安全生产手册等,以确定事故原因和责任。

(3) **报告材料**:建筑工程质量事故发生后,相关单位和业主需向监管部门提交一份事故报告。通常包括货车事故调查报告、责任分析报告、修复计划、安全整改方案等。

(4) **处理过程记录**:对于建筑工程质量事故的处理过程,需要详细记录,包括责任人的调查、整改措施的实施、对涉事人员进行教育和培训等。

(5) **处理结果归档**:对于建筑工程质量事故的处理结果,需进行归档保存,以备后续检查和监管使用。

建筑工程质量事故的处理资料是非常重要的，不仅帮助确认事故原因和责任，还能帮助提高整改措施的有效性，并为后续的工程管理和安全监管提供参考。

## 小结

本章主要介绍了建筑工程质量事故的处理，包括了建筑工程质量事故的发生原因、特点和分类，常见的质量问题通病，以及施工质量事故预防的具体措施和建筑工程质量事故的处理程序和方法等。建筑工程质量事故的预防和处理是非常重要的，其影响不仅仅在于建筑工程本身，还可能影响到人民群众的生命财产安全，因此必须高度重视，采取有效措施加以解决。在实践中，需要通过全面的质量管理体系、科学的施工技术和严格的质量监督，不断提高建筑工程施工质量，预防建筑工程质量事故的发生。同时，在建筑工程质量事故处理方面，需要充分考虑各方利益和法律法规，确保责任得到明确、事故得到妥善处理，并留下完整的资料和记录，以便今后的验收和追责。

## 实训任务

通过实际调查建筑工程常见质量问题，总结建筑施工质量事故的原因、特点、分类和处理方法，掌握钢筋工程、混凝土工程、模板工程、砌体工程、卷材防水及涂膜防水工程的质量要求与管理措施，并提出预防建筑工程质量事故的实际应对方案，从而提高建筑工程质量和安全水平。

## 本章教学资源

桩基础工程
常见质量通病
及防治1

桩基础工程
常见质量通病
及防治2

基坑支护开挖工程、
地下室防水工程
常见质量通病及防治

模板工程、钢筋
工程常见质量
通病及防治

混凝土工程
常见质量通病
及防治

砖砌体工程、
脚手架工程
常见质量通病
及防治

防水基层、卷材
防水工程常见
质量通病
及防治

涂膜防水基层、
刚性防水工程、
厨浴间防水工程
常见质量通病
及防治

水泥地面工程常见质量通病及防治

水磨石地面、板块地面、楼地面等工程常见质量通病及防治

屋面保温层、隔热层工程常见质量通病及防治

外墙保温工程常见质量通病及防治

施工质量事故预防的具体措施与事故处理

# 第6章 建筑工程安全生产管理

### 学习目标

1. 掌握从事建筑工程安全生产管理所需的基本知识和技能。
2. 能制订规章制度、安全制度和操作规程,以及落实安全生产责任制,促进建筑工程安全生产管理工作的正规化、制度化和科学化。

### 学习重点与难点

1. 学习重点是建筑工程安全生产管理方针、原则和法规的理解和掌握,学习安全生产管理规章制度的建立和实施,以及落实安全生产责任制的方法和流程。
2. 学习难点在于如何将理论知识转化为实践操作,如何充分运用安全管理规章制度,为建筑工程安全生产提供科学的管理和保障。在学习中需要注重实际操作的训练,通过案例研究和实际模拟,在理论和实践中相互印证,深入理解安全管理规章制度的重要性和作用。

### 案例引入

某酒店所在建筑物发生坍塌事故,造成29人死亡、42人受伤,直接经济损失5794万元。发生原因是,事故单位将该酒店建筑物由原四层违法增加夹层改建成七层,达到极限承载能力并处于坍塌临界状态,加之事发前对底层支承钢柱违规加固焊接作业引发钢柱失稳破坏,导致建筑物整体坍塌。

某地发生特别重大居民自建房倒塌事故,53人遇难。领导对该地居民自建房倒塌事故作出重要指示,提到"近年来多次发生自建房倒塌事故,造成重大人员伤亡,务必引起高度重视。要对全国自建房安全开展专项整治,彻查隐患,及时解决"。

近些年自建房安全事故在多地均有发生。该酒店发生坍塌事故,造成29人死亡;某饭店发生坍塌事故,造成29人死亡、28人受伤;某市某酒店辅房发生坍塌事故,造成17人死亡、5人受伤。

主要教训:一是"生命至上、安全第一"的理念没有牢固树立。二是依法行政意识淡薄。三是监管执法严重不负责任。四是安全隐患排查治理形式主义问题突出。五是相关部门审批把关层层失守。六是企业违法违规肆意妄为。

在企业管理系统中,含有多个具有某种特定功能的子系统,安全管理就是其中的一个。这个子系统是由企业中有关部门的相应人员组成的。该子系统的主要目的就是通过管理的手段,实现控制事故、消除隐患、减少损失的目的,使整个企业达到最佳的安全水平,为劳动者创造一个安全舒适的工作环境。因而安全管理的定义即为:以安全为目的,进行有关决策、计划、组织和控制方面的活动。

所谓建筑安全生产管理,是指为保证建筑生产安全所进行的计划、组织、指挥、协调和控制等一系列管理活动,目的在于保护职工在生产过程中的安全与健康,保证国家和人民的财产不受损失,保证建筑生产任务的顺利完成。建筑工程安全生产管理包括:建设行政主管部门对于建筑活动过程中安全生产的行业管理;安全生产行政主管部门对建筑活动过程中安全生产的综合性监督管理;从事建筑活动的主体(包括建筑施工企业、建筑勘察单位、设计单位和工程监理单位)为保证建筑生产活动的安全生产所进行的自我管理等。

## 6.1 建设工程安全生产管理的方针、原则及相关法规

### 6.1.1 建设工程安全生产管理的方针

党的二十大报告指出,提高公共安全治理水平。坚持安全第一、预防为主,建立大安全大应急框架,完善公共安全体系,推动公共安全治理模式向事前预防转型。推进安全生产风险专项整治,加强重点行业、重点领域安全监管。提高防灾减灾救灾和重大突发公共事件处置保障能力,加强国家区域应急力量建设。安全生产方针是指政府对安全生产工作总的要求,是安全生产工作的方向。我国对安全生产工作总的要求安全生产方针大体可以归纳为三次变化,即"生产必须安全、安全为了生产";"安全第一,预防为主";"安全第一,预防为主,综合治理"。

《中华人民共和国建筑法》规定:"建筑工程安全生产管理必须坚持安全第一,预防为主的方针",《中华人民共和国安全生产法》在总结我国安全生产管理的经验的基础上,再一次将"安全第一,预防为主"规定为我国安全生产的基本方针。

《中华人民共和国安全生产法》(2021年6月修订版)(以下简称《安全生产法》)指出了安全生产的几项基本方针和原则。

(1) 安全生产工作坚持中国共产党的领导。安全生产工作应当以人为本,坚持人民至上、生命至上,把保护人民生命安全摆在首位,树牢安全发展理念,坚持"安全第一、预防为主、综合治理"的方针,从源头上防范化解重大安全风险。安全生产工作实行管行业必须管安全、管业务必须管安全、管生产经营必须管安全,强化和落实生产经营单位主体责任与政府监管责任,建立生产经营单位负责、职工参与、政府监管、行业自律和社会监督的机制。

(2) 生产经营单位必须遵守本法和其他有关安全生产的法律、法规,加强安全生产管理,建立健全全员安全生产责任制和安全生产规章制度,加大对安全生产资金、物资、技术、人员的投入保障力度,改善安全生产条件,加强安全生产标准化、信息化建设,构建安全风险分级管控和隐患排查治理双重预防机制,健全风险防范化解机制,提高安全生产水平,确保安全生产。平台经济等新兴行业、领域的生产经营单位应当根据本行业、领域的特点,建立健全并落实全员安全生产责任制,加强从业人员安全生产教育和培训,履行本法和其他法律、法规规定的有关安全生产义务。

(3) 生产经营单位的主要负责人是本单位安全生产第一责任人,对本单位的安全生产

工作全面负责。其他负责人对职责范围内的安全生产工作负责。生产经营单位的从业人员有依法获得安全生产保障的权利,并应当依法履行安全生产方面的义务。

所谓"方针",是指导一个领域、一个方面各项工作的总的原则,这个领域、这个方面的各项具体制度、措施,都必须体现、符合这个方针的要求。所谓"安全第一",就是在生产经营活动中,在处理保证安全与实现生产经营活动的其他各项目标的关系上,要始终把安全特别是从业人员和其他人员的人身安全放在首要的位置,实行"安全优先"的原则。所谓"预防为主",就是对安全生产的管理,要谋事在先,尊重科学、探索规律,采取有效的事前控制措施,千方百计预防事故的发生,做到防患于未然,强化安全风险分级管控、事故隐患排查治理,打非治违,从源头上控制、预防和减少事故发生。我国《安全生产法》规定的生产经营单位的安全保障义务、从业人员的安全义务以及负有安全生产监督管理部门对生产经营单位的安全监督检查等,都是坚持预防为主的体现,可以说现行《安全生产法》就是一部事故预防法。所谓"综合治理",就是对安全生产工作中存在的问题或者事故隐患,要综合运用法律、经济、行政等手段,从发展规划、行业管理、安全投入、科技进步、经济政策、税收政策、教育培训、安全文化以及责任追究等多个方面入手,齐抓共管,标本兼治,重在治本。《安全生产法》着重对事故预防作出规定,主要体现为"六先"。

(4) 安全意识在先。由于各种原因,我国劳动者和全社会的安全意识还相对淡薄。随着经济发展和社会进步,安全生产已不再是生产经营单位发生事故造成人员伤亡的个别问题,而是事关人民群众生命和财产安全,事关改革开放、经济发展和社会稳定大局,事关党和政府形象和声誉。关爱生命、关注安全是全社会政治、经济和文化生活的主题之一。重视和实现安全生产,必须有强烈的安全意识。从"科学发展"和"安全发展"的高度认识安全生产工作,有高度的安全意识,真正做好安全工作,实现安全生产。《安全生产法》把宣传、普及安全意识作为各级人民政府及其有关部门和生产经营单位的重要任务,规定"各级人民政府及其有关部门应当采取多种形式,加强对有关安全生产法律、法规和安全生产知识的宣传,增强全社会的安全生产意识",要求"生产经营单位应当对从业人员进行安全生产教育和培训,保证从业人员具备必要的安全生产知识,熟悉有关的安全生产规章制度和安全操作规程,掌握本岗位的安全操作技能、了解事故应急处置措施,知悉自身在安全生产方面的权利和义务";"从业人员应当接受安全生产教育和培训,掌握本职工作所需的安全生产知识,提高安全生产技能,增强事故预防和应急处理能力"。只有增强全体公民特别是从业人员的安全意识,才能使安全生产得到普遍的和高度的重视,极大地提高全民的安全素质,使安全生产变为每个公民的自觉行动,从而为实现安全生产的根本好转奠定深厚的思想基础和群众基础。

(5) 安全投入在先。生产经营单位要具备法定的安全生产条件,必须有相应的资金保障,安全投入是生产经营单位的"救命钱"。一些生产经营单位重经济效益轻安全投入,其安全投入较少或者严重"欠账",因而导致安全技术装备陈旧落后,不能及时地得到更新、维护,这就必然使许多不安全因素和事故隐患不能被及时发现和消除,引发事故。要预防事故,必须有足够的、有效的安全投入。《安全生产法》把安全投入作为必备的安全保障条件之一,要求"生产经营单位应当具备的安全生产条件所必需的资金投入,由生产经营单位的决策机构、主要负责人或者个人经营的投资人予以保证,并对由于安全生产所必需的资金投入不足导致的后果承担责任"。同时规定有关生产经营单位应当按照规定提取和使用安全生产费用,专门用于改进安全生产条件。生产经营单位主要负责人不依法保障安全投入的,将承担相应的法律责任。

(6) 安全责任在先。实现安全生产,必须建立健全各级人民政府及其有关部门和生产经营单位的安全生产责任制,各负其责,齐抓共管。针对当前存在的安全责任不明确、权责分离的问题,《中华人民共和国安全生产法》在明确赋予政府、有关部门、生产经营单位及其从业人员各自的职权、权利的同时设定其安全责任,是实现预防为主的必要措施。《安全生产法》突出了安全生产监督管理部门和有关部门主要负责人和监督执法人员的安全责任,突出了生产经营单位主要负责人的安全责任,目的在于通过明确安全责任来促使他们重视安全生产工作,加强领导。《安全生产法》第九条第一款规定:"国务院和县级以上地方各级人民政府应当加强对安全生产工作的领导,建立健全安全生产工作协调机制,支持、督促各有关部门依法履行安全生产监督管理职责,及时协调、解决安全生产监督管理中存在的重大问题。"第十条对各级人民政府安全生产监督管理部门和有关部门的监督管理职权作出规定,并在《安全生产法》第六章法律责任部分对其工作人员违法行政设定了相应的法律责任。《安全生产法》第五条规定"生产经营单位的主要负责人是本单位安全生产第一责任人,对本单位的安全生产工作全面负责"。第二十一条明确了其应当履行的七项职责。《安全生产法》第二十五条规定,生产经营单位的安全生产管理机构以及安全生产管理人员履行组织或者参与拟订本单位安全生产规章制度、操作规程和生产安全事故应急救援预案;组织或者参与本单位安全生产教育和培训,如实记录安全生产教育和培训情况;组织开展危险源辨识和评估,督促落实本单位重大危险源的安全管理措施;组织或者参与本单位应急救援演练;检查本单位的安全生产状况,及时排查生产安全事故隐患,提出改进安全生产管理的建议;制止和纠正违章指挥、强令冒险作业、违反操作规程的行为;督促落实本单位安全生产整改措施等七项职责。针对负有安全生产监督管理职责部门的工作人员和生产经营单位主要负责人的违法行为,规定了严厉的法律责任。

(7) 建章立制在先。预防为主,需要通过生产经营单位制订并落实各种安全措施和规章制度来实现。"没有规矩,不成方圆",生产经营活动涉及安全的工种、工艺、设施设备、材料和环节错综复杂,必须制订相应的安全规章制度、操作规程,并采取严格的管理措施,才能保证安全。安全规章制度不健全,安全管理措施不落实,势必埋下不安全因素和事故隐患,最终导致事故。因此,建章立制是实现预防为主的前提条件。《安全生产法》对生产经营单位建立健全和组织实施安全生产规章制度和安全措施等问题作出的具体规定,包括安全设备管理、重大危险源管理、危险物品安全管理、交叉作业管理、发包出租管理、危险作业管理等规定,是生产经营单位必须遵守的行为规范。

(8) 事故预防在先。预防为主,主要是为了防止和减少生产安全事故。无数案例证明,绝大多数生产安全事故是人为原因造成的,属于责任事故。在一般情况下,只要从事生产经营活动都有风险,风险管控不力就会产生隐患,大部分事故发生前都有隐患,如果风险有效管控、事故防范措施周密,从业人员尽职尽责,管理到位,都能够使隐患得到及时消除,可以避免或者减少事故。即使发生事故,也能够减轻人员伤害和经济损失。所以,从源头着手,管控安全风险、消除事故隐患,实施事故发生双重预防是生产经营单位安全工作的重中之重。《安全生产法》从生产经营的建设项目"三同时"、安全设备安全管理、危险物品安全管理、发包出租安全管理等各个主要方面,对事故预防的制度、措施和管理都作出了明确规定。同时,《安全生产法》第四十一条明确规定:"生产经营单位应当建立安全风险分级管控制度,按照安全风险分级采取相应的管控措施。生产经营单位应当建立健全并落实生产安全事故隐患排查治理制度,采取技术、管理措施,及时发现并消除事故隐患。事故隐患排查治理情况应当如实记录,并通过职工大会或者职工代表大会、信息公示栏等方式向从业人员通报。其中,重大事故隐患排查治理情况应当及时向负有安全生产监督管理职责的部门和职工大会或者职工代表大会报告。县级以上地方各级人民政府负有安全生产监督管理职责的部门应当将重大事故隐患纳入相关信息系统,建立健全重大事故隐患治理督办制度,督促生产经营单位消除重大事故隐患。"生产经营单位要认真贯彻落实安全风险分级管控和隐患排查治理等制度,把生产安全事故大幅度地降下来。

(9) 监督执法在先。各级人民政府及其安全生产监督管理部门和有关部门强化安全生产监督管理,加大行政执法力度,是预防事故、保证安全的重要条件。安全生产监督管理工作的重点、关口必须前移,放在事前、事中监管上。要通过事前、事中监管,依照法定的安全生产条件,把好安全准入"门槛",坚决把不符合安全生产条件或者不安全因素多、事故隐患严重的生产经营单位排除在"安全准入门槛"之外。要加大日常监督检查和重大危险源监控的力度,重点查处在生产经营过程中发生的且未导致事故的安全生产违法行为,发现事故隐患应当依法采取监管措施或者处罚措施,并且严格追究有关人员的安全责任。

## 6.1.2　建设工程安全生产管理的原则

### 1. 管生产的同时管安全

安全寓于生产之中,并对生产发挥促进与保证作用,安全管理是生产管理的重要组成部分,安全与生产在实施过程中,两者存在着密切联系,没有安全就绝不会有高效益的生产。无数事实证明,只抓生产忽视安全管理的观念和做法是极其危险和有害的。因此,各级管理人员必须负责管理安全工作,在管理生产的同时管安全。

### 2. 明确安全生产管理的目标

安全管理的内容是对生产中人、物、环境因素状态的管理,有效的控制人的不安全行为和物的不安全状态,消除或避免事故,达到保护劳动者安全与健康和财物不受损的目标。

有了明确的安全生产目标,安全管理就有了清晰的方向。安全管理的一系列工作才可能朝着这一目标有序展开。没有明确目的安全生产目标,安全管理就成了一种盲目的行为。盲目的安全管理,人的不安全行为和物的不安全状态就不会得到有效的控制,危险因素就会依然存在,事故最终不可避免。

### 3. 必须贯彻预防为主的方针

安全生产的方针是"安全第一、预防为主、综合治理"。"安全第一"是把人身和财产安全放在首位,安全为了生产,生产必须保证人身和财产安全,充分体现"以人为本"的理念。

"预防为主"是实现安全第一的重要手段,采取正确的措施和方法进行安全控制,使安全生产形势向安全生产目标的方向发展。进行安全管理不是处理事故,而是在生产活动中,针对生产的特点,对各生产因素进行管理,有效的控制不安全因素的发生、发展与扩大,把事故隐患消灭在萌芽状态。

**4. 坚持"四全"动态管理**

安全管理涉及生产活动中的方方面面,涉及参与安全生产活动的各个部门和每一个人,涉及从开工到竣工交付的全部生产过程,涉及全部的生产时间,涉及一切变化着的生产因素。因此,生产活动中必须坚持全员、全过程、全方位、全天候的动态安全管理。

**5. 安全管理重在控制**

进行安全管理的目的是预防、消灭事故,防止或消除事故伤害,保护劳动者的安全健康与财产安全,在安全管理的前四项内容中,虽然都是为了达到安全管理的目标,但是对安全生产因素状态的控制,与安全管理的关系更直接,显得更为突出,因此对生产中的人的不安全行为和物的不安全状态的控制,必须看作是动态的安全管理的重点,事故的发生,是由于人的不安全行为运动轨迹与物的不安全状态运动轨迹的交叉。事故发生的原理,也说明了对生产因素状态的控制,应该当作安全管理重点。把约束当作安全管理重点是不正确的,是因为约束缺乏带有强制性的手段。

**6. 在管理中发展、提高**

既然安全管理是在变化着的生产活动中的管理,是一种动态的过程,就意味着其管理是不断发展的、不断变化的,以适应变化的生产活动。然而更为重要的是要不间断的摸索新的规律,总结管理、控制的办法与经验,掌握新的变化后的管理方法,从而使安全管理不断地上升到新的高度。

## 6.1.3 建设工程安全生产管理的相关法规

安全生产法律法规,是指国家关于改善劳动条件,实现安全生产,为保护劳动者在生产过程中的安全和健康的各种法律、法规、规章和规范性文件的总和。在建筑活动中施工管理者必须遵循相关的法律、法规及标准,同时应当了解法律、法规及标准各自的地位及相互关系。

**1. 建筑法律**

建筑法律一般是全国人大及其常务委员会制定,经国家主席签署主席令予以公布,由国家政权保证执行的规范性文件。是对建筑管理活动的宏观规定,侧重于对政府机关、社会团体、企事业单位的组织、职能、权利、义务等,以及建筑产品生产组织管理和生产基本程序进行规定,是建筑法律最高层次,具有最高法律效力,其地位和效力仅次于宪法。安全生产法律是制定安全生产行政法规、标准、地方性法规的依据。典型的建筑法律有《中华人民共和国建筑法》《中华人民共和国安全生产法》《中华人民共和国消防法》。

1)《中华人民共和国建筑法》

《中华人民共和国建筑法》是我国第一部规范建筑活动的部门法律,它的颁布施行强化了建筑工程质量和安全的法律保障。《中华人民共和国建筑法》总计八十五条,通篇贯穿了质量与安全问题,具有很强的针对性。对影响建筑工程质量和安全的各方面因素作了较为全面的规范。

《中华人民共和国建筑法》颁布意义在于。

(1) 规范了我国各类房屋建筑及其附属设施建造和安装活动的重要法律。

(2) 它的基本精神是保证建筑工程质量与安全,规范和保障建筑各方主体的权益。

(3) 对建筑施工许可、建筑工程发包与承包、建筑安全生产管理、建筑工程质量管理等主要方面做出原则规定,对加强建筑质量管理发挥了积极的作用。

(4) 它的颁布对加强建筑活动的监督管理,维护建筑市场秩序,保证建设工程质量和安全,促进建筑业的健康发展,提供了法律保障。

(5) 它实现了"三个规范",即规范市场主体行为,规范市场主体的基本关系,规范市场竞争秩序。

它主要规定了建筑许可、建筑工程发包承包、建筑工程监理、建筑安全生产管理、建筑工程质量管理及相应法律责任等方面的内容。

《中华人民共和国建筑法》确立了施工许可证制度、单位和人员从业资格制度、安全生产责任制度、群防群治制度、项目安全技术管理制度、施工现场环境安全防护制度、安全生产教育培训制度、意外伤害保险制度、伤亡事故处理报告制度等各项制度。

针对安全生产管理制度制订的相关措施如下。

(1) 建筑工程设计应当符合按照国家规定制定的建筑安全规程和技术规范,保证工程的安全措施。

(2) 建筑施工企业在编制施工组织设计时,应当根据建筑工程的特点制订相应的安全技术措施。

(3) 施工现场对毗邻的建筑物、构筑物的特殊作业环境可能造成损害的,建筑施工企业应当采取安全防护措施。

(4) 建筑施工企业的法人代表对本企业的安全生产负责,施工现场安全由建筑施工企业负责,实行施工总承包的,由总承包单位负责。

(5) 建筑施工企业必须为从事危险作业的职工办理意外伤害保险,支付保险费。

(6) 涉及建筑主体和承重结构变动的装修工程,施工前应提出设计方案,没有设计方案的不得施工。

(7) 房屋拆除应当由具备保证安全条件的建筑施工单位承担,由建筑施工单位负责人对安全负责。

2)《安全生产法》

现行的《安全生产法》是2002年制定的,2009年、2014年和2021年进行过三次修改。《安全生产法》是安全生产领域的综合性基本法,是我国第一部全面规范安全生产的专门法律;是我国安全生产法律体系的主体法;是各类生产经营单位及其从业人员实现安全生产所必须遵循的行为准则;是各级人民政府及其有关部门进行监督管理和行政执法的法律依据;是制裁各种安全生产违法犯罪的有力武器。

《安全生产法》的意义在于:它明确了生产经营单位必须做好安全生产的保证工作,既要在安全生产条件上、技术上符合生产经营的要求,也要在组织管理上建立健全安全生产责任制并进行有效落实;明确了从业人员为保证安全生产所应尽的义务,也明确了从业人员进行安全生产所享有的权利;明确规定了生产经营单位负责人的安全生产责任;明确了对违法单位和个人的法律责任追究制度;明确了要建立事故应急救援制度,制订应急救援预案,形成应急救援预案体系。

《安全生产法》中提供了四种监督途径,即工会民主监督、社会舆论监督、公众举报监督和社区服务监督。

《安全生产法》确立了其基本法律制度,如政府的监管制度、行政责任追究制度、从业人员的权利义务制度、安全救援制度、事故处理制度、隐患处置制度、关键岗位培训制度、生产经营单位安全保障制度、安全中介服务制度等。

**2. 其他有关建设工程安全生产的法律**

《中华人民共和国劳动法》《中华人民共和国刑法》《中华人民共和国消防法》《中华人民共和国环境保护法》《中华人民共和国大气污染防治法》《中华人民共和国固体废物污染环境防治法》《中华人民共和国环境噪声污染防治法》等。

1) 建筑行政法规

建筑行政法规是对法律的进一步细化,是国务院根据有关法律中的授权条款和管理全国建筑行政工作的需要制定的,是法律体系的第二层次,以国务院令形式公布。

在建筑行政法规层面上,《安全生产许可证条例》和《建设工程安全生产管理条例》是建设工程安全生产法规体系中主要的行政法规。在《安全生产许可证条例》中,我国第一次以法律形式确立了企业安全生产的准入制度,是强化安全生产源头管理,全面落实"安全第一,预防为主"安全生产方针的重大举措。《建设工程安全生产管理条例》是根据《中华人民共和国建筑法》和《安全生产法》制定的一部关于建筑工程安全生产的专项法规。

2) 工程建设标准

工程建设标准是做好安全生产工作的重要技术依据,对规范建设工程各方责任主体的行为、保障安全生产具有重要意义。根据标准化法的规定,标准包括国家标准、行业标准、地方标准和企业标准。

国家标准是指由国务院标准化行政主管部门或者其他有关主管部门对需要在全国范围内统一的技术要求制定的技术规范。

行业标准是指国务院有关主管部门对没有国家标准而又需要在全国某个行业范围内统一的技术要求所制订的技术规范。

3)《建筑施工安全检查标准》的主要内容

《建筑施工安全检查标准》(JGJ 59—2021)是强制性行业标准,于2021年实施。

该标准适用于我国建设工程的施工现场,是建筑施工从业人员的行为规范,是施工过程建筑职工安全和健康的保障。因此,必须使全体从业人员都了解、熟悉和应用《建筑施工安全检查标准》,使认真贯彻实施《建筑施工安全检查标准》成为建筑职工自觉的行动。为此《建筑施工安全检查标准》中的22项条文、18张检查表中的169项安全检查内容的"保证项目"和"一般项目"逐条逐项地进行图解,使《建筑施工安全检查标准》中的每一项内容既有形象化的图解,又有相关的技术规范;既有生动活泼的画面,又有操作性很强的参数,以增强对标准条文的理解和记忆,从而使《建筑施工安全检查标准》更具有适用性和操作性。本书适合各级管理人员,特别是操作人员使用,也可作为施工企业开展安全教育、培训的教材,用图文并茂地解释标准,对建筑施工安全工作来说,还是一次尝试。

4)《施工企业安全生产评价标准》的主要内容

《施工企业安全生产评价标准》(JGJ/T 77—2010)是一部推荐性行业标准,于2010年正式实施。制定该标准的目的是加强施工企业安全生产的监督管理,科学地评价施工企业安全生产业绩及相应的安全生产能力,实现施工企业安全生产评价工作的规范化和制度化,促进施工企业安全生产管理水平的提高。

5)《施工现场临时用电安全技术规范》的主要内容

该规范明确规定了:施工现场临时用电施工组织设计的编制、专业人员、技术档案管理要求,外电线路与电气设备防护、接地预防类、配电室及自备电源、配电线路、配电箱及开关箱、电动建筑机械及手持电动工具、照明以及实行 TN-S 三相五线制接零保护系统的要求等方面的安全管理及安全技术措施的要求。

6)《建筑施工高处作业安全技术规范》的主要内容

该规范规定了:高处作业的安全技术措施及其所需料具;施工前的安全技术教育及交底;人身防护用品的落实;上岗人员的专业培训考试、持证上岗和体格检查;作业环境和气象条件;临边、洞口、攀登、悬空作业、操作平台与交叉作业的安全防护设施的计算、安全防护设施的验收等。

7)《龙门架及井架物料提升机安全技术规范》的主要内容

该规范规定:安全提升机架全体人员,应按高处作业人员的要求,经过培训持证上岗;使用单位应根据提升机的类型制订操作规程,建立管理制度及检修制度;应配备经正式考试合格持有操作证的专职司机;提升机应具有相应的安全防护装置并满足其要求。

8)《建筑施工扣件式钢管脚手架安全技术规范》的主要内容

该规范对工业与民用建筑施工用落地式单、双排扣件式钢管脚手架的设计与施工,以及水平混凝土结构工程施工中模板支架的设计与施工作了明确规定。

9)《建筑机械使用安全技术规程》的主要内容

该规程主要内容包括:总则、一般规定(明确了操作人员的身体条件要求、上岗作业资格、防护用品的配置以及机械使用的一般条件)和十大类建筑机械使用所必须遵守的安全技术要求。

10)《危险性较大的分部分项工程安全管理规定》的主要内容

为进一步规范和加强对危险性较大的分部分项工程安全管理,积极防范和遏制建筑施工生产安全事故的发生,住房和城乡建设部组织修订了《危险性较大的分部分项工程安全管理规定》(建办质〔2018〕31号),并经2018年2月12日第37次部常务会议审议通过后发布,自2018年6月1日起施行。

危险性较大的分部分项工程安全专项施工方案(以下简称"专项方案"),是指施工单位在编制施工组织(总)设计的基础上,针对危险性较大的分部分项工程单独编制的安全技术措施文件。

建设单位在申请办理安全监督手续时,应当提供危险性较大的分部分项工程清单和安全管理措施。施工单位、监理单位应当建立危险性较大的分部分项工程安全管理制度。建筑工程实行施工总承包的,专项方案应当由施工总承包单位组织编制。其中,起重机械安装拆卸工程、深基坑工程、附着式升降脚手架等专业工程实行分包的,其专项方案可由专业承包单位组织编制。

## 6.2 安全生产管理规章制度

安全生产管理是一个系统性、综合性的管理,其管理的内容涉及建筑生产的各个环节。因此,建筑施工企业在安全管理中必须坚持"安全第一,预防为主,综合治理"的方针,制订安全政策、计划和措施,完善安全生产组织管理体系和检查体系,加强施工安全管理。

安全生产规章制度是生产经营单位贯彻国家有关安全生产法律法规、国家和行业标准,贯彻国家安全生产方针、政策的行动指南。是生产经营单位有效防范生产、经营过程安全风险,保障从业人员安全健康、财产安全、公共安全,加强安全生产管理的重要措施。安全生产规章制度是指生产经营单位依据国家有关法律法规、国家和行业标准,结合生产经营的安全生产实际,以生产经营单位名义颁发的有关安全生产的规范性文件,一般包括规程、标准、规定、措施、办法、制度、指导意见等。

### 6.2.1 建立、健全安全生产规章制度的必要性

**1. 是生产经营单位的法定责任**

生产经营单位是安全生产的责任主体,《安全生产法》第四条规定:生产经营单位必须遵守本法和其他有关安全生产的法律、法规,加强安全生产管理,建立健全全员安全生产责任制和安全生产规章制度,加大对安全生产资金、物资、技术、人员的投入保障力度,改善安全生产条件,加强安全生产标准化、信息化建设,构建安全风险分级管控和隐患排查治理双重预防机制,健全风险防范化解机制,提高安全生产水平,确保安全生产。平台经济等新兴行业、领域的生产经营单位应当根据本行业、领域的特点,建立健全并落实全员安全生产责任制,加强从业人员安全生产教育和培训,履行本法和其他法律、法规规定的有关安全生产义务。《劳动法》第五十二条规定:用人单位必须建立、健全劳动安全卫生制度,严格执行国家劳动安全卫生规程和标准,对劳动者进行劳动安全卫生教育,防止劳动过程中的事故,减少职业危害。《突发事件应对法》第二十二条规定:所有单位应当建立健全安全管理制度,定期检查本单位各项安全防范措施的落实情况,及时消除事故隐患……所以,建立、健全安全生产规章制度是国家有关安全生产法律法规明确的生产经营单位的法定责任。

**2. 是生产经营单位落实主体责任的具体体现**

根据《国务院关于进一步加强企业安全生产工作的通知》的工作要求:"……坚持'安全第一、预防为主、综合治理'的方针,全面加强企业安全管理,健全规章制度,完善安全标准,提高企业技术水平,夯实安全生产基础;坚持依法依规生产经营,切实加强安全监管,强化企业安全生产主体责任落实和责任追究,促进我国安全生产形势实现根本好转。"生产经营单位的安全生产主体责任主要包括以下内容:物质保障责任、资金投入责任、机构设置和人员配备责任、安全生产规章制度制订责任、教育培训责任、安全管理责任、事故报告和应急

救援责任,以及法律法规、规章规定的其他安全生产责任。所以,建立、健全安全生产规章制度是生产经营单位落实主体责任的具体体现。

**3. 是生产经营单位安全生产的重要保障**

安全风险来自生产、经营活动过程之中,只要生产、经营活动在进行,安全风险就客观存在。客观上需要企业对生产工艺过程、机械设备、人员操作进行系统分析、评价,制订出一系列的操作规程和安全控制措施,以保障生产经营单位生产、经营合法、有序、安全地运行,将安全风险降到最低。在长期的生产经营活动过程中积累的大量风险辨识、评价、控制技术,以及生产安全事故教训的积累,是探索和驾驭安全生产客观规律的重要基础,只有形成生产经营单位的规章制度才能够得到不断积累,有效继承和发扬。

**4. 是生产经营单位保护从业人员安全与健康的重要手段**

国家有关保护从业人员安全与健康的法律法规、国家和行业标准在一个生产经营单位的具体实施,只有通过企业的安全生产规章制度体现出来,才能使从业人员明确自己的权利和义务。同时,也为从业人员遵章守纪提供标准和依据。建立健全安全生产规章制度可以防止生产经营单位管理的随意性,有效地保障从业人员的合法权益。

## 6.2.2 安全生产规章制度建设的依据

安全生产规章制度以安全生产法律法规、国家和行业标准,地方政府的法规和标准为依据。生产经营单位安全生产规章制度首先必须符合国家法律法规、国家和行业标准的要求,以及生产经营单位所在地地方政府的相关法规、标准的要求。生产经营单位安全生产规章制度是一系列法律法规在生产经营单位生产、经营过程中具体贯彻落实的体现。

安全生产规章制度建设的核心就是危险、有害因素的辨识和控制。通过对危险、有害因素的辨识,才能提高规章制度建设的目的性和针对性,保障安全生产。同时,生产经营单位要积极借鉴相关事故教训,及时修订和完善规章制度,防范类似事故的重复发生。

随着安全科学、技术的迅猛发展,安全生产风险防范的方法和手段不断完善。尤其是安全系统工程理论研究的不断深化,安全管理的方法和手段也日益丰富,如职业安全健康管理体系、风险评估和安全评价体系的建立,也为生产经营单位安全生产规章制度的建设提供了重要依据。

## 6.2.3 安全生产规章制度建设的原则

**1. "安全第一、预防为主、综合治理"的原则**

"安全第一、预防为主、综合治理"是我国的安全生产方针,是我国经济社会发展现阶段安全生产客观规律的具体要求。安全第一就是要求必须把安全生产放在各项工作的首位,正确处理好安全生产与工程进度、经济效益的关系;预防为主就是要求生产经营单位的安全生产管理工作,要以危险、有害因素的辨识、评价和控制为基础,建立安全生产规章制度。通过制度的实施达到规范人员行为,消除物的不安全状态,实现安全生产的目标;综合治理就是要求在管理上综合采取组织措施、技术措施,落实生产经营单位的各级主要负责人、专业技术人员、管理人员、从业人员等各级人员,以及党政工团有关管理部门的责任,各负其责,齐抓共管。

**2. 主要负责人负责的原则**

我国安全生产法律法规对生产经营单位安全生产规章制度建设有明确的规定。如《安全生产法》第二十一条明确规定:建立健全并落实本单位全员安全生产责任制,加强安全生产标准化建设;组织制订并实施本单位安全生产规章制度和操作规程等,是生产经营单位的主要负责人的职责。安全生产规章制度的建设和实施,涉及生产经营单位的各个环节和全体人员,只有主要负责人负责,才能有效调动和使用生产经营单位的所有资源,才能协调好各方面的关系,规章制度的落实才能够得到保证。

**3. 系统性原则**

安全风险来自生产、经营活动过程之中。因此,生产经营单位安全生产规章制度的建设,应按照安全系统工程的原理,涵盖生产经营的全过程、全员、全方位。主要包括规划设计、建设安装、生产调试、生产运行、技术改造的全过程,生产经营活动的每个环节、每个岗位、每个人,事故预防、应急处置、调查处理全过程。

**4. 规范化和标准化原则**

生产经营单位安全生产规章制度的建设应实现规范化和标准化管理,以确保安全生产规章制度建设的严密、完整、有序。即按照系统性原则的要求,建立完整的安全生产规章制度体系;建立安全生产规章制度起草、审核、发布、教育培训、执行、反馈、持续改进的组织管理程序;每一个安全生产规章制度编制,都要做到目的明确,流程清晰,标准准确,具有可操作性。

## 6.2.4 安全生产规章制度体系的建立

目前我国还没有明确的安全生产规章制度分类标准。从广义上讲,安全生产规章制度应包括安全管理和安全技术两个方面的内容。在长期的安全生产实践过程中,生产经营单位按照自身的习惯和传统,形成了各具特色的安全生产规章制度体系。按照安全系统工程和人机工程原理建立的安全生产规章制度体系,一般把安全生产规章制度分为类,即综合管理、人员管理、设备设施管理、环境管理;按照标准化工作体系建立的安全生产规章制度体系,一般把安全生产规章制度分为技术标准、工作标准和管理标准,通常称为"三大标准体系";按照职业安全健康管理体系建立的安全生产规章制度,一般包括手册、程序文件、作业指导书。

一般生产经营单位安全生产规章制度体系应主要包括以下内容,高危行业的生产经营单位还应根据相关法律法规进行补充和完善。

**1. 综合安全管理制度**

1) 安全生产管理目标、指标和总体原则

应明确:生产经营单位安全生产的具体目标、指标,明确安全生产的管理原则、责任,明确安全生产管理的体制、机制、组织机构、安全生产风险防范和控制的主要措施,日常安全生产监督管理的重点工作等内容。

2）安全生产责任制

应明确：生产经营单位各级领导、各职能部门、管理人员及各生产岗位的安全生产责任、权利和义务等内容。

安全生产责任制属于安全生产规章制度范畴。通常把安全生产责任制与安全生产规章制度并列来提，主要是为了突出安全生产责任制的重要性。安全生产责任制的核心是清晰安全管理的责任界定，解决"谁来管，管什么，怎么管，承担什么责任"的问题，安全生产责任制是生产经营单位安全生产规章制度建立的基础。其他的安全生产规章制度，重点是解决"干什么，怎么干"的问题。

3）安全管理定期例行工作制度

应明确：生产经营单位定期安全分析会议、定期安全学习制度、定期安全活动、定期安全检查等内容。

4）承包与发包工程安全管理制度

应明确：生产经营单位承包与发包工程的条件、相关资质审查、各方的安全责任、安全生产管理协议、施工安全的组织措施和技术措施、现场的安全检查与协调等内容。

5）安全设施和费用管理制度

应明确：生产经营单位安全设施的日常维护、管理；安全生产费用保障；根据国家、行业新的安全生产管理要求或季节特点，以及生产、经营情况等发生变化后，生产经营单位临时采取的安全措施及费用来源等。

6）重大危险源管理制度

应明确：重大危险源登记建档，定期检测、评估、监控，相应的应急预案管理；上报有关地方人民政府负责安全生产监督管理的部门和有关部门备案内容及管理。

7）危险物品使用管理制度

应明确：生产经营单位存在的危险物品名称、种类、危险性；使用和管理的程序、手续；安全操作注意事项；存放的条件及日常监督检查；针对各类危险物品的性质，在相应的区域设置人员紧急救护、处置的设施等。

8）消防安全管理制度

应明确：生产经营单位消防安全管理的原则、组织机构、日常管理、现场应急处置原则和程序，消防设施、器材的配置、维护保养、定期试验，定期防火检查、防火演练等。

9）安全风险分级管控和隐患排查治理双重预防工作制度

应明确：生产经营单位存在的安全风险类别、可能产生的严重后果、分级原则，根据生产经营单位内部组织结构，明确各级管理人员、各级组织应管控的安全风险。

应明确：应排查的设备设施、场所的名称，排查周期、排查人员、排查标准；发现问题的处置程序、跟踪管理等。

10）交通安全管理制度

应明确：车辆调度、检查维护保养、检验标准，驾驶员学习、培训、考核的相关内容。

11）防灾减灾管理制度

应明确：生产经营单位根据地区的地理环境、气候特点以及生产经营性质，针对与防范台风、洪水、泥石流、地质滑坡、地震等自然灾害相关工作的组织管理、技术措施、日常工作等内容和标准。

12) 事故调查报告处理制度

应明确：生产经营单位内部事故标准、报告程序、现场应急处置、现场保护、资料收集、相关当事人调查、技术分析、调查报告编制等。还应明确向上级主管部门报告事故的流程、内容等。

13) 应急管理制度

应明确：生产经营单位的应急管理部门，预案的制订、发布、演练、修订和培训等；总体预案、专项预案、现场处置方案等。

制订应急管理制度及应急预案过程中，除考虑生产经营单位自身可能对环境和公众的影响外，还应重点考虑生产经营单位周边环境的特点，针对周边环境可能给生产经营过程中的安全所带来的影响。如生产经营单位附近存在化工厂，就应调查了解可能会发生何种有毒有害物质泄漏，可能泄漏物质的特性、防范方法，以便与生产经营单位自身的应急预案相衔接。

14) 安全奖惩制度

应明确：生产经营单位安全奖惩的原则，奖励或处分的种类、额度等。

**2. 人员安全管理制度**

1) 安全教育培训制度

应明确：生产经营单位各级管理人员安全管理知识培训、新员工三级安全教育培训、转岗培训，新材料、新工艺、新设备的使用培训，特种作业人员培训，岗位安全操作规程培训，应急培训等。还应明确各项培训的对象、内容、时间及考核标准等。

2) 劳动防护用品发放使用和管理制度

应明确：生产经营单位劳动防护用品的种类、适用范围、领取程序、使用前检查标准和用品寿命周期等内容。

3) 安全工器具的使用管理制度

应明确：生产经营单位安全工器具的种类、使用前检查标准、定期检验和器具寿命周期等内容。

4) 特种作业及特殊危险作业管理制度

应明确：生产经营单位特种作业的岗位、人员，作业的一般安全措施要求等。特殊危险作业是指危险性较大的作业，应明确作业的组织程序，保障安全的组织措施、技术措施的制订及执行等内容。

5) 岗位安全规范

应明确：生产经营单位除特种作业岗位外，其他作业岗位保障人身安全、健康，预防火灾、爆炸等事故的一般安全要求。

6) 职业健康检查制度

应明确：生产经营单位职业禁忌的岗位名称、职业禁忌证、定期健康检查的内容和标准、女工保护，以及按照《职业病防治法》要求的相关内容等。

7) 现场作业安全管理制度

应明确：现场作业的组织管理制度，如工作联系单、工作票、操作票制度，以及作业现场的风险分析与控制制度、违章管理制度等内容。

**3. 设备设施安全管理制度**

1)"三同时"制度

应明确:生产经营单位新建、改建、扩建工程"三同时"的组织审查、验收、上报、备案的执行程序等。

2)定期巡视检查制度

应明确:生产经营单位日常检查的责任人员,检查的周期、标准、线路,发现问题的处置等内容。

3)定期维护检修制度

应明确:生产经营单位所有设备设施的维护周期、维护范围、维护标准等内容。

4)定期检测、检验制度

应明确:生产经营单位须进行定期检测的设备种类、名称、数量,有权进行检测的部门或人员,检测的标准及检测结果管理,安全使用证、检验合格证或者安全标志的管理等。

5)安全操作规程

应明确:为保证国家、企业、员工的生命财产安全,根据物料性质、工艺流程、设备使用要求而制订的符合安全生产法律法规的操作程序。对涉及人身安全健康、生产工艺流程及周围环境有较大影响的设备、装置,如电气、起重设备、锅炉压力容器、内部机动车辆、建筑施工维护、机加工等,生产经营单位应制订安全操作规程。

**4. 环境安全管理制度**

1)安全标志管理制度

应明确:生产经营单位现场安全标志的种类、名称、数量、地点和位置;安全标志的定期检查、维护等。

2)作业环境管理制度

应明确:生产经营单位生产经营场所的通道、照明、通风等管理标准,人员紧急疏散方向、标志的管理等。

3)职业卫生管理制度

应明确:生产经营单位尘、毒、噪声、高低温、辐射等涉及职业健康有害因素的种类、场所,定期检查、检测及控制等管理内容。

## 6.2.5 安全生产规章制度的管理

**1. 起草**

根据生产经营单位安全生产责任制,由负责安全生产管理部门或相关职能部门负责起草。起草前应对目的、适用范围、主管部门、解释部门及实施日期等给予明确,同时还应做好相关资料的准备和收集工作。

规章制度的编制,应做到目的明确、条理清楚、结构严谨、用词准确、文字简明、标点符号正确。

**2. 会签或公开征求意见**

起草的规章制度,应通过正式渠道征得相关职能部门或员工的意见和建议,以利于规章制度颁布后的贯彻落实。当意见不能取得一致时,应由分管领导组织讨论,统一认识,达成一致。

**3. 审核**

制度签发前,应进行审核。一是由生产经营单位负责法律事务的部门进行合规性审查;二是专业技术性较强的规章制度应邀请相关专家进行审核;三是安全奖惩等涉及全员性的制度,应经过职工代表大会或职工代表进行审核。

**4. 签发**

技术规程、安全操作规程等技术性较强的安全生产规章制度,一般由生产经营单位主管生产的领导或总工程师签发,涉及全局性的综合管理制度应由生产经营单位的主要负责人签发。

**5. 发布**

生产经营单位的规章制度,应采用规定的方式进行发布,如红头文件形式、内部办公网络等。发布的范围涵盖应执行的部门、人员。有些特殊的制度还应正式送达相关人员,并由接收人员签字。

**6. 培训**

新颁布的安全生产规章制度、修订的安全生产规章制度,应组织进行培训,安全操作规程类规章制度还应组织相关人员进行考试。

**7. 反馈**

应定期检查安全生产规章制度执行中存在的问题,或建立信息反馈渠道,及时掌握安全生产规章制度的执行效果。

**8. 持续改进**

生产经营单位应每年制订规章制度制订、修订计划,并应公布现行有效的安全生产规章制度清单。对安全操作规程类规章制度,除每年进行审查和修订外,每 3~5 年应进行一次全面修订,并重新发布,确保规章制度的建设和管理有序进行。

## 6.2.6 安全生产规章制度的合规性管理

合规性管理是指安全生产规章制度要符合国家法律法规、规章以及其他规范性文件。

合规性管理是生产经营单位一项重要风险管理活动,生产经营单位要建立获取、识别、更新法律法规和其他要求的渠道,保证生产经营单位的安全生产规章制度符合相关法律法规和其他要求,并定期评价对适用法律法规和其他要求的遵守情况,切实履行生产经营单位遵守法律法规和其他要求的承诺。

**1. 明确职责**

生产经营单位要明确具体部门负责国家相关法律法规和其他要求的识别、获取、更新和保管,收集合规性证据;生产经营单位主要负责人负责组织对安全生产规章制度合规性进行评价和修订;各职能部门负责传达给员工并遵照执行。

**2. 法律法规和其他要求的获取**

生产经营单位定期从国家执法部门和相关网站咨询或认证机构获取相关法律法规、标准和其他要求的最新版本,及时跟踪法律法规和其他要求的最新变化。

**3. 法律法规和其他要求的选择确认**

生产经营单位选择、确认所获取的各类法律法规、标准和其他要求的适用性,经过生产经营单位主要负责人审批后,及时发布。

**4. 安全生产规章制度的修订**

根据获取的各类法律法规、标准和其他要求,生产经营单位主要负责人要组织及时修订安全生产规章制度,确保与法律法规和其他要求相符合。

**5. 安全生产规章制度的培训**

生产经营单位要及时组织员工对新获取的法律法规和其他要求以及根据新获取的法律法规和其他要求而修订的安全生产规章制度的培训,使员工落实在日常的生产经营活动中。

**6. 合规性的评价**

生产经营单位定期组织对适用的法律法规和其他要求遵循的情况进行合规性评价,包括生产经营单位遵循法律法规和其他要求的情况,生产经营单位制订的安全生产规章制度合规性情况,员工执行法律法规、其他要求的情况和安全生产规章制度情况,过程控制和目标、指标完成情况以及违规事件、事故的处置情况。

合规性评价可以采取会议形式集中进行,更适用于随机和各种检查过程相结合起来进行。

## 小结

安全生产是关系人民群众生命财产安全的大事,是经济社会协调健康发展的标志,是党和政府对人民利益高度负责的体现。建设工程安全生产不仅直接关系到建筑企业自身的发展和收益,更是直接关系到人民群众包括生命健康在内的根本利益,关系改革发展稳定的大局。本章主要介绍了安全生产管理的特点和严峻形势,对现代建设项目安全生产管理的主要内容和基本程序进行了说明,介绍了建设工程安全生产管理的相关法规和安全生产管理规章制度。

## 实训任务

根据老师提供的项目名单和相关资料,分别对施工现场的危险源进行辨别,调查施工现场安全文明管理情况。小组讨论,制订调查方案,编写调查报告。

## 本章教学资源

建设工程安全生产管理的
方针、原则及相关法规

安全生产管理规章制度

# 第 7 章 施工项目安全管理

## 学习目标

1. 熟悉安全生产管理概念、建筑施工安全管理中的不安全因素、施工现场安全管理的基本要求和施工现场安全管理的主要内容及主要方式。

2. 了解建设工程安全生产管理体系、施工安全生产责任制和施工安全技术措施。了解施工安全教育内容、安全检查要点和安全事故的预防与处理。

3. 掌握建设工程安全生产管理体系的构建,能够编写施工安全生产责任制和施工安全技术交底,能够组织施工安全教育,掌握安全检查要点,能够进行安全事故的预防与处理。

## 学习重点与难点

1. 学习重点在于掌握施工现场安全管理的基本要求、施工现场安全管理的主要内容及主要方式。

2. 学习难点是建设工程安全生产管理体系的构建,制订施工安全生产责任制,编写施工安全技术措施和交底,施工安全教育的要点,安全检查要点,安全事故的预防与处理。

## 案例引入

某地块商品住宅项目共由 12 栋楼及地下车库等 16 个单位工程组成。7 号楼位于在建车库北侧。平面尺寸为长 46.4m,宽 13.2m,建筑总面积为 $6451m^2$,建筑总高度为 43.9m,上部主体结构高度为 38.2m,共计 13 层,层高 2.9m,结构类型为桩基础钢筋混凝土框架剪力墙结构。抗震设防烈度为 7 度。

某日,该商品房小区工地内,发生一幢楼房向南整体倾倒事故(见图 7-1),一名工人逃生不及被压致死。

图 7-1 某住宅楼倒覆事故

事故的直接原因：紧贴7号楼北侧，在短时间内堆土过高，最高处达10m左右；与此同时，紧邻7号楼南侧的地下车库基坑正在开挖，开挖深度为4.6m，大楼两侧的压力差使土体产生水平位移，过大的水平力超过了桩基的抗侧能力，导致房屋倾倒。

间接原因主要有以下六个方面。

一是土方堆放不当。在未对天然地基进行承载力计算的情况下，建设单位随意指定将开挖土方短时间内集中堆放于7号楼北侧。

二是开挖基坑违反相关规定。土方开挖单位，在未经监理方同意、未进行有效监测，不具备相应资质的情况下，也没有按照相关技术要求开挖基坑。

三是监理不到位。监理方对建设方、施工方的违法、违规行为未进行有效处置，对施工现场的事故隐患未及时报告。

四是管理不到位。建设单位管理混乱，违章指挥，违法指定施工单位，压缩施工工期；总包单位未予以及时制止。

五是安全措施不到位。施工方对基坑开挖及土方处置未采取专项防护措施。

六是围护桩施工不规范。施工方未严格按照相关要求组织施工，施工速度快于规定的技术标准要求。

## 7.1 施工项目安全管理概述

### 7.1.1 安全生产管理

安全即没有危险不出事故，是指人的身体健康不受伤害，财产不受损伤，保持完整无损的状态。安全可分为人身安全和财产安全两种情形。

**1. 安全生产的概念**

《辞海》将"安全生产"解释为：为预防生产过程中发生人身、设备事故，形成良好劳动环境和工作秩序而采取的一系列措施和活动。《中国大百科全书》将"安全生产"解释为：旨在保护劳动者在生产过程中安全的一项方针，也是企业管理必须遵循的一项原则，要求最大限度地减少劳动者的工伤和职业病，保障劳动者在生产过程中的生命安全和身体健康。后者将安全生产解释为企业生产的一项方针、原则和要求，前者则将安全生产解释为企业生产的一系列措施和活动。根据现代系统安全工程的观点，一般意义上讲，安全生产是指在社会生产活动中，通过人、机、物料、环境的和谐运作，使生产过程中潜在的各种事故风险和伤害因素始终处于有效控制状态，切实保护劳动者的生命安全和身体健康。安全生产工作应当以人为本，坚持人民至上、生命至上，把保护人民生命安全摆在首位，树牢安全发展理念。《安全生产法》将"安全第一、预防为主、综合治理"确定为安全生产工作的基本方针。

**2. 管理的概念**

管理，简单地理解是"管辖""处理"的意思，是管理者在特定的环境下，为了实现一定的目标，对其所能支配的各种资源进行有效的计划、组织、领导和控制等一系列活动的过程。

管理的定义应包括以下几层含义。

(1) 管理是什么？管理是一系列活动的过程。
(2) 由谁来管？即管理的主体是管理者。
(3) 管理什么？即管理的客体是各种资源，如人、财、物、信息、时间等。
(4) 为何而管？即管理的目的是实现一定的目标。
(5) 怎样管？即管理的职能是计划、组织、领导和控制。
(6) 在什么情况下管？即在特定环境下进行管理。

**3. 安全生产管理的概念**

在企业管理系统中，含有多个具有某种特定功能的子系统，安全管理就是其中的一个。这个子系统是由企业中有关部门的相应人员组成的。该子系统的主要目的是通过管理的手段，实现控制事故、消除隐患、减少损失的目的，使整个企业达到最佳的安全水平，为劳动者创造一个安全舒适的工作环境。因而为安全管理下定义为：以安全为目的，进行有关决策、计划、组织和控制方面的活动。

控制事故可以说是安全管理工作的核心，而控制事故最好的方式是实施事故预防，即通过管理和技术手段的结合，消除事故隐患，控制不安全行为，保障劳动者的安全，这也是"预防为主"的本质所在。

但根据事故的特性可知，由于受技术水平、经济条件等各方面的限制，有些事故是难以完全避免的。因此，控制事故的第二种手段就是应急措施，即通过抢救、疏散、抑制等手段，在事故发生后控制事故的蔓延，把事故的损失减少到最小。

事故总是带来损失。对于一个企业来说，一个重大事故在经济上的打击是相当沉重的，有时甚至是致命的。因而在实施事故预防和应急措施的基础上，通过购买财产、工伤、责任等保险，以保险补偿的方式，保证企业的经济平衡和在发生事故后恢复生产的基本能力，也是控制事故的手段之一。

所以，也可以说，安全管理就是利用管理的活动，将事故预防、应急措施与保险补偿三种手段有机地结合在一起，以达到保障安全的目的。

在企业安全管理系统中，专业安全工作者起着非常重要的作用。他们既是企业内部上下沟通的纽带，更是企业领导者在安全方面的得力助手。在掌握充分资料的基础上，为企业安全生产实施日常监管工作，并向有关部门或领导提出安全改造、管理方面的建议。归纳起来，专业安全工作者的工作可分为四个部分。

(1) 分析。对事故与损失产生的条件进行判断和估计，并对事故的可能性和严重性进行评价，即进行危险分析与安全评价，这是事故预防的基础。

(2) 决策。确定事故预防和损失控制的方法、程序和规划，在分析的基础上制订出合理可行的事故预防、应急措施及保险补偿的总体方案，并向有关部门或领导提出建议。

(3) 信息管理。收集、管理并交流与事故和损失控制有关的资料、情报信息，并及时反馈给有关部门和领导，保证信息的及时交流和更新，为分析与决策提供依据。

(4) 测定。对事故和损失控制系统的效能进行测定和评价，并为取得最佳效果做出必要的改进。

**4. 事故的概念**

《现代汉语词典》对"事故"的解释是：多指生产、工作上发生的意外损失或灾祸。在国际劳工组织制定的一些指导性文件,如《职业事故和职业病记录与通报实用规程》将"职业事故"定义为:"由工作引起或者在工作过程中发生的事件,并导致致命或非致命的职业伤害。"《生产安全事故报告和调查处理条例》(国务院令第 493 号)将"生产安全事故"定义为:"生产经营活动中发生的造成人身伤亡或者直接经济损失的事件。我国事故的分类方法有多种。"

(1) 综合考虑起因物、引起事故的诱导性原因、致害物、伤害方式等,将企业工伤事故分为 20 类:物体打击、车辆伤害、机械伤害、起重伤害、触电、淹溺、灼烫、火灾、高处坠落、坍塌、冒顶片帮、透水、放炮、火药爆炸、瓦斯爆炸、锅炉爆炸、容器爆炸、其他爆炸、中毒和窒息及其他伤害。

(2) 依据《生产安全事故报告和调查处理条例》(国务院令第 493 号),根据生产安全事故造成的人员伤亡或者直接经济损失,事故一般分为特别重大事故、重大事故、较大事故、一般事故四个等级,具体划分见第 5 章 5.2.2 小节。

## 7.1.2 建筑施工安全管理中的不安全因素

### 1. 人的不安全因素

人的不安全因素是指对安全产生影响的人方面的因素,即能够使系统发生故障或发生性能不良事件的人员、个人的不安全因素及违背设计和安全要求的错误行为。人的不安全因素可分为个人的不安全因素和人的不安全行为两个大类。

1) 个人的不安全因素

个人的不安全因素是指人员的心理、生理、能力中所具有的不能适应工作、作业岗位要求的影响安全的因素。个人的不安全因素主要包括以下几种。

(1) 心理上的不安全因素,是指人在心理上具有影响安全的性格、气质和情绪,如急躁、懒散、粗心等。

(2) 生理上的不安全因素,包括视觉、听觉等感觉器官、体能、年龄、疾病等不适合工作或作业岗位要求的影响因素。

(3) 能力上的不安全因素,包括知识技能、应变能力、资格等不能适应工作和作业岗位要求的影响因素。

2) 人的不安全行为

人的不安全行为是指造成事故的人为错误,是人为地使系统发生故障或发生性能不良事件,是违背设计和操作规程的错误行为。

不安全行为在施工现场的类型,按《企业职工伤亡事故分类》(GB 6441—1986),可分为 13 个大类。

(1) 操作失误、忽视安全,忽视警告。

(2) 造成安全装置失效。

(3) 使用不安全设备。

(4) 手代替工具操作。

(5) 物体存放不当。

(6) 冒险进入危险场所。
(7) 攀坐不安全位置。
(8) 在起吊物下作业、停留。
(9) 在机器运转时进行检查、维修、保养等工作。
(10) 有分散注意力行为。
(11) 没有正确使用个人防护用品、用具。
(12) 不安全装束。
(13) 对易燃易爆等危险物品处理错误。

不安全行为产生的主要原因：系统、组织的原因；思想责任性的原因；工作的原因。诸多事故分析表明，绝大多数事故不是因技术解决不了造成的，多是违规、违章所致。由于安全上降低标准、减少投入；安全组织措施不落实、不建立安全生产责任制；缺乏安全技术措施；没有安全教育、安全检查制度；不做安全技术交底，违章指挥、违章作业、违反劳动纪律等人为的原因造成的，所以必须重视和防止产生人的不安全因素。

**2. 施工现场物的不安全状态**

1) 物的不安全状态

物的不安全状态是指能导致事故发生的物质条件，包括机械设备等物质或环境所存在的不安全因素。物的不安全状态的内容如下。

(1) 物（包括机器、设备、工具、物质等）本身存在的缺陷。
(2) 防护保险方面的缺陷。
(3) 物的放置方法的缺陷。
(4) 作业环境场所的缺陷。
(5) 外部的和自然界的不安全状态。
(6) 作业方法导致的物的不安全状态。
(7) 保护器具信号、标志和个体防护用品的缺陷。

2) 物的不安全状态的类型

(1) 防护等装置缺乏或有缺陷。
(2) 设备、设施、工具、附件有缺陷。
(3) 个人防护用品用具缺少或有缺陷。
(4) 施工生产场地环境不良。

**3. 管理上的不安全因素**

管理上的不安全因素通常也称为管理上的缺陷，也是事故潜在的不安全因素，作为间接的原因一般表现为以下方面。

(1) 技术上的缺陷。
(2) 教育上的缺陷。
(3) 生理上的缺陷。
(4) 心理上的缺陷。
(5) 管理工作上的缺陷。
(6) 教育和社会、历史上的原因造成的缺陷。

### 7.1.3 施工现场安全管理的基本要求

施工现场的安全由施工单位负责,实行施工总承包的工程项目,由总承包单位负责,分包单位向总承包单位负责,服从总承包单位对施工现场的安全管理。总承包单位和分包单位应当在施工合同中明确安全管理范围,承担各自相应的安全管理责任。总承包单位对分包单位造成的安全事故承担连带责任。建设单位分段发包或者指定的专业分包工程,分包单位不服从总包单位的安全管理发生事故的,由分包单位承担主要责任。

施工单位应当建立工程项目安全保障体系。项目经理是本项目安全生产的第一负责人,对本项目的安全生产全面负责。工程项目应当建立以第一责任人为核心的分级负责的安全生产责任制。从事特种作业的人员应当负责本工种的安全生产。项目施工前,施工单位应当进行安全技术交底,被交底人员应当在书面交底上签字,并在施工中接受安全管理人员的监督检查。

施工现场实行封闭管理,施工安全防护措施应当符合建设工程安全标准。施工单位应当根据不同施工阶段和周围环境及天气条件的变化,采取相应的安全防护措施。施工单位应当在施工现场的显著或危险部位设置符合国家标准的安全警示标牌。施工单位应当对施工中可能导致损害的毗邻建筑物、构筑物和特殊设施等做好专项防护。施工现场暂时停工的,责任方应当做好现场安全防护,并承担所需费用。施工单位应当根据《中华人民共和国消防法》的规定,建立健全消防管理制度,在施工现场设置有效的消防措施。在火灾易发生部位作业或者储存、使用易燃易爆物品时,应当采取特殊消防措施。

施工单位应当在施工现场采取措施防止或者减少各种粉尘、废气、废水、固体废物及噪声、振动对人和环境的污染和危害。

施工单位应当将施工现场的工作区与生活区分开设置。施工现场临时搭设的建筑物应当经过设计计算,装配式的活动房屋应当具有产品合格证,项目经理对上述建筑物和活动房屋的安全使用负责。施工现场应当设置必要的医疗和急救设备。作业人员的膳食、饮水等供应,必须符合卫生标准。

作业人员应当遵守建设工程安全标准、操作规程和规章制度,进入施工现场必须正确使用合格的安全防护用具及机械设备等产品。作业人员有权对危害人身安全、健康的作业条件、作业程序和作业方式提出批评、检举和控告,有权拒绝违章指挥。在发生危及人身安全的紧急情况下,有权立即停止作业并撤离危险区域。管理人员不得违章指挥。

施工单位应当建立安全防护用具及机械设备的采购、使用、定期检查、维修和保养责任制度。施工单位必须采购具有生产许可证、产品合格证的安全防护用具及机械设备,该用具和设备进场使用之前必须经过检查,检查不合格的,不得投入使用。施工现场的安全防护用具及机械设备必须由专人管理,按照标准规范定期进行检查、维修和保养,并建立相应的资料档案。

进入施工现场的垂直运输和吊装、提升机械设备,应当经检测检验机构检测检验合格后方可投入使用,检测检验机构对检测检验结果承担相应的责任。

## 7.1.4 施工现场安全管理的主要内容

安全管理的主要内容应符合下列规定。

**1. 安全生产责任制**

(1) 工程项目部应建立以项目经理为第一责任人的各级管理人员安全生产责任制。

(2) 安全生产责任制应经责任人签字确认。

(3) 工程项目部应有各工种安全技术操作规程。

(4) 工程项目部应按规定配备专职安全员。

(5) 对实行经济承包的工程项目,承包合同中应有安全生产考核指标。

(6) 工程项目部应建立安全生产资金保障制度。

(7) 按安全生产资金保障制度,应编制安全资金使用计划,并按计划实施。

(8) 工程项目部应制订以伤亡事故控制、现场安全达标、文明施工为主要内容的安全生产管理目标。

(9) 按安全生产管理目标和项目管理人员的安全生产责任制,应进行安全生产责任目标分解。

(10) 应建立对安全生产责任制和责任目标的考核制度。

(11) 按考核制度,应对项目管理人员定期进行考核。

**2. 施工组织设计及专项施工方案**

(1) 工程项目部在施工前应编制施工组织设计。施工组织设计应针对工程特点、施工工艺制订安全技术措施。

(2) 危险性较大的分部分项工程应按规定编制安全专项施工方案,专项施工方案应有针对性,并按有关规定进行设计计算。

(3) 超过一定规模危险性较大的分部分项工程,施工单位应组织专家对专项施工方案进行论证。

(4) 施工组织设计、安全专项施工方案,应由有关部门审核,施工单位技术负责人、监理单位项目总监批准。

(5) 工程项目部应按施工组织设计、专项施工方案组织实施。

**3. 安全技术交底**

(1) 施工负责人在分派生产任务时,应对相关管理人员、施工作业人员进行书面安全技术交底。

(2) 安全技术交底应按施工工序、施工部位、施工栋号分部分项进行。

(3) 安全技术交底应结合施工作业场所状况、特点、工序,对危险因素、施工方案、规范标准、操作规程和应急措施进行交底。

(4) 安全技术交底应由交底人、被交底人、专职安全员进行签字确认。

**4. 安全检查**

(1) 工程项目部应建立安全检查制度。

(2) 安全检查应由项目负责人组织,专职安全员及相关专业人员参加,定期进行并填写检查记录。

（3）对检查中发现的事故隐患应下达隐患整改通知单，定人、定时、定措施进行整改。重大事故隐患整改后，应由相关部门组织复查。

**5. 安全教育**

（1）工程项目部应建立安全教育培训制度。

（2）当施工人员入场时，工程项目部应组织进行以国家安全法律法规、企业安全制度、施工现场安全管理规定及各工种安全技术操作规程为主要内容的三级安全教育培训和考核。

（3）当施工人员变换工种或采用新技术、新工艺、新设备、新材料施工时，应进行安全教育培训。

（4）施工管理人员、专职安全员每年度应进行安全教育培训和考核。

**6. 应急救援**

（1）工程项目部应针对工程特点，进行重大危险源的辨识。应制订防触电、防坍塌、防高处坠落、防起重及机械伤害、防火灾、防物体打击等主要内容的专项应急救援预案，并对施工现场易发生重大安全事故的部位、环节进行监控。

（2）施工现场应建立应急救援组织，培训、配备应急救援人员，定期组织员工进行应急救援演练。

（3）按应急救援预案要求，应配备应急救援器材和设备。

**7. 分包单位安全管理**

（1）总包单位应对承揽分包工程的分包单位进行资质、安全生产许可证和相关人员安全生产资格的审查。

（2）当总包单位与分包单位签订分包合同时，应签订安全生产协议书，明确双方的安全责任。

（3）分包单位应按规定建立安全机构，配备专职安全员。

**8. 持证上岗**

（1）从事建筑施工的项目经理、专职安全员和特种作业人员，必须经行业主管部门培训考核合格，取得相应资格证书，方可上岗作业。

（2）项目经理、专职安全员和特种作业人员应持证上岗。

**9. 生产安全事故处理**

（1）当施工现场发生生产安全事故时，施工单位应按规定及时报告。

（2）施工单位应按规定对生产安全事故进行调查分析，制订防范措施。

（3）应依法为施工作业人员办理保险。

**10. 安全标志**

（1）施工现场入口处及主要施工区域、危险部位应设置相应的安全警示标志牌。

（2）施工现场应绘制安全标志布置图。

（3）应根据工程部位和现场设施的变化，调整安全标志牌设置。

（4）施工现场应设置重大危险源公示牌。

## 7.1.5 施工现场安全管理的主要方式

建筑施工企业各管理层级职能部门和岗位,按职责分工,对工程项目实施安全管理。

**1. 企业的工程项目部**

应根据企业安全管理制度,实施施工现场安全生产管理主要内容包括以下几方面。

(1) 制订项目安全管理目标,建立安全生产责任体系,实施责任考核。

(2) 配置满足要求的安全生产、文明施工措施资金、从业人员和劳动防护用品。

(3) 选用符合要求的安全技术措施、应急预案、设施与设备。

(4) 有效落实施工过程的安全生产,隐患整改。

(5) 组织施工现场场容场貌、作业环境和生活设施实施安全文明达标。

(6) 组织事故应急救援抢险。

(7) 对施工安全生产管理活动进行必要的记录,保存应有的资料和记录。

**2. 施工现场安全生产责任体系的基本要求**

(1) 项目经理是工程项目施工现场安全生产第一责任人,负责组织落实安全生产责任,实施考核,实现项目安全管理目标。

(2) 工程项目施工实行总承包的,应成立由总承包单位、专业承包单位和劳务分包单位项目经理、技术负责人和专职安全生产管理人员组成的安全管理领导小组。

(3) 按规定配备项目专职安全生产管理人员,负责施工现场安全生产日常监督管理。

(4) 工程项目部其他管理人员应承担本岗位管理范围内与安全生产相关的职责。

(5) 分包单位应服从总包单位管理,落实总包企业的安全生产要求。

(6) 施工作业班组应在作业过程中实施安全生产要求。

(7) 作业人员应严格遵守安全操作规程,做到不伤害自己、不伤害他人和不被他人所伤害。

**3. 项目专职安全生产管理人员**

应由企业委派,并承担以下主要的安全生产职责。

(1) 监督项目安全生产管理要求的实施,建立项目安全生产管理档案。

(2) 对危险性较大分部分项工程实施现场监护并做好记录。

(3) 阻止和处理违章指挥、违章作业和违反劳动纪律等行为。

(4) 定期向企业安全生产管理机构报告项目安全生产管理情况。

(5) 工程项目开工前,工程项目部应根据施工特征,组织编制项目安全技术措施和专项施工方案。项目安全技术措施应包括应急预案,并按规定审批、论证、交底、验收、检查;专项施工方案内容应包括工程概况、编制依据、施工计划、施工工艺、施工安全技术措施、检查验收内容及标准、计算书及附图等。

(6) 加强三级安全教育特别是有针对性的项目级和班组级安全教育。

(7) 工程项目部应接受企业上级各管理层、建设行政主管部门及其他相关部门的业务指导与监督检查,对发现的问题按要求组织整改。

## 7.2 建设工程安全生产管理体系

### 7.2.1 施工项目安全管理体系计划的检查评价

检查评价的目的是要求施工单位定期或及时地发现体系运行过程或体系自身所存在的问题,并确定问题产生的根源或需要持续改进的地方。检查与评价主要包括绩效测量与监测、事故事件与不符合的调查、审核与管理评审。

**1. 绩效测量和监测**

施工单位绩效测量和监测程序的作用如下。

(1) 监测职业安全生产目标的实现情况。

(2) 将绩效测量和监测的结果予以记录。

(3) 能够支持企业的评审活动包括管理评审。

(4) 包括主动测量与被动测量两个方面。

主动测量应作为一种预防机制,根据危害辨识和风险评价的结果、法律及法规要求,制订包括监测对象与监测频次的监测计划,并以此对企业活动的必要基本过程进行监测。内容包括以下几方面。

(1) 监测安全生产管理方案的各项计划及运行控制中各项运行标准的实施与符合情况。

(2) 系统地检查各项作业制度、安全技术措施、施工机具和机电设备、现场安全设施以及个人防护用品的实施与符合情况。

(3) 监测作业环境(包括作业组织)的状况。

(4) 对员工实施健康监护,如通过适当的体检或对员工的早期有害健康的症状进行跟踪,以确定预防和控制措施的有效性。

(5) 对国家法律法规及企业签署的有关职业健康安全集体协议及其他要求的执行情况。

被动测量包括对与工作有关的事故、事件,其他损失(如财产损失),不良的安全绩效和安全生产管理体系的失效情况的确认、报告和调查。

施工单位应列出用于评价安全生产状况的测量设备清单,使用唯一标识并进行控制,设备的精度应是已知的。施工单位应有文件化的程序描述如何进行安全生产测量,用于安全生产测量的设备应按规定维护和保管,使之保持应有的精度。

**2. 事故、事件、不符合及其对安全绩效影响的调查**

目的是建立有效的程序,对施工单位的事故、事件、不符合进行调查、分析和报告,识别和消除此类情况发生的根本原因,防止其再次发生,并通过程序的实施,发现、分析和消除不符合的潜在原因。

施工单位应保存对事故、事件、不符合的调查、分析和报告的记录,按法律、法规的要求,保存一份所有事故的登记簿,并登记可能有重大安全生产后果的事件。

**3. 审核**

目的是建立并保持定期开展安全生产管理体系审核的方案和程序，以评价施工单位安全生产管理体系及其要素的实施能否恰当、充分、有效地保护员工的安全与健康，预防各类事故的发生。

施工单位的安全生产管理体系审核应主要考虑自身的安全生产方针、程序及作业场所的条件和作业规程，以及适用的安全法律、法规及其他要求。

**4. 管理评审**

目的是要求施工单位的最高管理者依据自己预定的时间间隔对安全生产管理体系进行评审，以确保体系的持续适宜性、充分性和有效性。

施工单位的最高管理者在实施管理评审时应主要考虑绩效测量与监测的结果，审核活动的结果，事故、事件、不符合的调查结果和可能影响企业安全生产管理体系的内、外部因素及各种变化，包括企业自身的变化的信息。

### 7.2.2 施工项目安全管理体系计划的持续改进措施

**1. 改进措施的目的**

改进措施的目的是要求施工单位针对组织安全管理体系计划绩效测量与监测、事故事件调查、审核和管理评审活动所提出的纠正与预防措施的要求，制订具体的实施方案并予以保持，确保体系的自我完善功能，并不断寻求方法，持续改进施工单位自身安全生产管理体系及其安全绩效，从而不断消除、降低或控制各类安全危害和风险。

**2. 改进措施的内容与要求**

改进措施主要包括纠正与预防措施和持续改进两个方面。

1）纠正与预防措施

施工单位针对安全生产管理体系计划绩效测量与监测、事故事件调查、审核和管理评审活动所提出的纠正与预防措施的要求，应制订具体的实施方案并予以保持，确保体系的自我完善功能。

2）持续改进

施工单位应不断寻求方法持续改进自身安全生产管理体系计划及其安全绩效，从而不断消除、降低或控制各类安全危害和风险。

## 7.3 施工安全生产责任制

全员安全生产责任制是由企业根据安全生产法律法规和相关标准要求，在生产经营活动中，根据企业岗位的性质、特点和具体工作内容，明确所有层级、各类岗位从业人员的安全生产责任，通过加强教育培训、强化管理考核和严格奖惩等方式，建立起安全生产工作"层层负责、人人有责、各负其责"的工作体系。

安全生产责任制是按照以人为本，坚持"安全第一、预防为主、综合治理"的安全生产方针和安全生产法规建立的生产经营单位各级负责人员、各职能部门及其工作人员、各岗位人员在安全生产方面应做的事情和应负的责任加以明确规定的一种制度。

安全生产责任制是生产经营单位岗位责任制的一个组成部分，是生产经营单位中最基本的一项安全管理制度，也是生产经营单位安全生产管理制度的核心。

建立安全生产责任制的目的：一方面是增强生产经营单位各级负责人员、各职能部门及其工作人员和各岗位人员对安全生产的责任感；另一方面是明确生产经营单位中各级负责人员、各职能部门及其工作人员和各岗位人员在安全生产中应履行的职能和应承担的责任，以充分调动各级人员和各部门在安全生产方面的积极性和主观能动性，确保安全生产。

建立安全生产责任制的重要意义主要体现在两方面。一是落实我国安全生产方针和有关安全生产法规和政策的具体要求。《安全生产法》第二十二条明确规定：生产经营单位的全员安全生产责任制应当明确各岗位的责任人员、责任范围和考核标准等内容。生产经营单位应当建立相应的机制，加强对全员安全生产责任制落实情况的监督考核，保证全员安全生产责任制的落实。二是通过明确责任使各类人员真正重视安全生产工作，对预防事故和减少损失、进行事故调查和处理、建立和谐社会等具有重要作用。

生产经营单位是安全生产的责任主体，生产经营单位必须建立安全生产责任制，把"管行业必须管安全、管业务必须管安全、管生产经营必须管安全"的原则从制度上固化。这样，安全生产工作才能做到事事有人管、层层有专责，使领导干部和广大职工分工协作、共同努力，认真负责地做好安全生产工作，保证安全生产。

### 7.3.1 建立安全生产责任制的要求

建立一个完善的安全生产责任制的总的要求是：坚持"党政同责、一岗双责、失责追责"，横向到边、纵向到底，并由生产经营单位的主要负责人组织建立。建立的安全生产责任制具体应满足以下要求。

(1) 必须符合国家安全生产法律法规和政策、方针的要求。

(2) 与生产经营单位管理体制协调一致。

(3) 要根据本单位、部门、班组、岗位的实际情况制订，既明确、具体，又具有可操作性，防止形式主义。

(4) 由专门的人员与机构制订和落实，并应适时修订。

(5) 应有配套的监督、检查等制度，以保证安全生产责任制得到真正落实。

安全生产责任制的内容主要包括两个方面。一是纵向方面，即从上到下所有类型人员的安全生产职责。在建立责任制时，可首先将本单位从主要负责人一直到岗位从业人员分成相应的层级；然后结合本单位的实际工作，对不同层级的人员在安全生产中应承担的职责作出规定。二是横向方面，即各职能部门（包括党、政、工、团）的安全生产职责。在建立责任制时，可按照本单位职能部门（如安全、设备、计划、技术、生产、基建、人事、财务、设计、档案、培训、党办、宣传、工会、团委等部门）的设置，分别对其在安全生产中应承担的职责作出规定。

生产经营单位在建立安全生产责任制时，在纵向方面应包括下列几类人员。

**1. 生产经营单位主要负责人**

生产经营单位主要负责人是本单位安全生产的第一责任者,对安全生产工作全面负责。《安全生产法》第二十一条明确规定,生产经营单位的主要负责人对本单位安全生产工作负有下列职责。

(1) 建立健全并落实本单位全员安全生产责任制,加强安全生产标准化建设。

(2) 组织制订并实施本单位安全生产规章制度和操作规程。

(3) 组织制订并实施本单位安全生产教育和培训计划。

(4) 保证本单位安全生产投入的有效实施。

(5) 组织建立并落实安全风险分级管控和隐患排查治理双重预防工作机制,督促、检查本单位的安全生产工作,及时消除生产安全事故隐患。

(6) 组织制订并实施本单位的生产安全事故应急救援预案。

(7) 及时、如实报告生产安全事故。

生产经营单位可根据上述七个方面,结合本单位实际情况对主要负责人的职责作出具体规定。

**2. 生产经营单位其他负责人**

生产经营单位其他负责人的职责是协助主要负责人做好安全生产工作。不同的负责人分管的工作不同,应根据其具体分管工作,对其在安全生产方面应承担的具体职责作出规定。

安全生产管理人员的职责如下。

(1) 组织或者参与拟定本单位安全生产规章制度、操作规程和生产安全事故应急救援预案。

(2) 组织或者参与本单位安全生产教育和培训,如实记录安全生产教育和培训情况。

(3) 组织开展危险源辨识和评估,督促落实本单位重大危险源的安全管理措施。

(4) 组织或者参与本单位应急救援演练。

(5) 检查本单位的安全生产状况,及时排查生产安全事故隐患,提出改进安全生产管理的建议。

(6) 制止和纠正违章指挥、强令冒险作业、违反操作规程的行为。

(7) 督促落实本单位安全生产整改措施。

**3. 生产经营单位各职能部门负责人及其工作人员**

各职能部门都会涉及安全生产职责,须根据各部门职责分工做出具体规定。各职能部门负责人的职责是按照本部门的安全生产职责,组织有关人员做好本部门安全生产责任制的落实,并对本部门职责范围内的安全生产工作负责;各职能部门的工作人员则是在本人职责范围内做好有关安全生产工作,并对自己职责范围内的安全生产工作负责。

**4. 班组长**

班组是做好生产经营单位安全生产工作的关键,班组长全面负责本班组的安全生产工作,是安全生产法律法规和规章制度的直接执行者。班组长的主要职责是贯彻执行本单位对安全生产的规定和要求,督促本班组遵守有关安全生产规章制度和安全操作规程,切实做到不违章指挥,不违章作业,遵守劳动纪律。

**5. 岗位从业人员**

岗位从业人员对本岗位的安全生产负直接责任。岗位从业人员的主要职责是接受安全生产教育和培训，遵守有关安全生产规章和安全操作规程，遵守劳动纪律，不违章作业。

### 7.3.2 生产经营单位的安全生产主体责任

生产经营单位的安全生产主体责任是指国家有关安全生产的法律法规要求生产经营单位在安全生产保障方面应当执行的有关规定，应当履行的工作职责，应当具备的安全生产条件，应当执行的行业标准，应当承担的法律责任。主要包括以下内容。

（1）设备设施（或物质）保障责任。包括具备安全生产条件；依法履行建设项目安全设施"三同时"的规定；依法为从业人员提供劳动防护用品，并监督、教育其正确佩戴和使用。

（2）资金投入责任。包括按规定提取和使用安全生产费用，确保资金投入满足安全生产条件需要；按规定建立健全安全生产责任保险制度，依法为从业人员缴纳工伤保险费；保证安全生产教育培训的资金。

（3）机构设置和人员配备责任。包括依法设置安全生产管理机构，配备安全生产管理人员；按规定委托和聘用注册安全工程师或者注册安全助理工程师为其提供安全管理服务。

（4）规章制度制订责任。包括建立、健全安全生产责任制和各项规章制度、操作规程、应急救援预案并督促落实。

（5）安全教育培训责任。包括开展安全生产宣传教育；依法组织从业人员参加安全生产教育培训，取得相关上岗资格证书。

（6）安全生产管理责任。包括主动获取国家有关安全生产法律法规并贯彻落实；依法取得安全生产许可；定期组织开展安全检查；依法对安全生产设施、设备或项目进行安全评估；依法对重大危险源实施监控，确保其处于可控状态；及时消除事故隐患；统一协调管理承包、承租单位的安全生产工作。

（7）事故报告和应急救援责任。包括按规定报告生产安全事故，及时开展事故抢险救援，妥善处理事故善后工作。

（8）法律法规、规章规定的其他安全生产责任。

## 7.4 施工安全技术措施

安全技术措施是生产经营单位为消除生产过程中的不安全因素、防止人身伤害和职业危害、改善劳动条件和保证生产安全所采取的各项技术组织措施。

### 7.4.1 安全技术措施的类别

安全技术措施按照行业的不同，可分为煤矿安全技术措施、非煤矿山安全技术措施、石油化工安全技术措施、冶金安全技术措施、建筑安全技术措施、水利水电安全技术措施、旅游安全技术措施等；按照危险、有害因素的类别,可分为防火防爆安全技术措施、锅炉与压力容器安全技术措施、起重与机械安全技术措施、电气安全技术措施等；按照导致事故的原因,可分为防止事故发生的安全技术措施、减少事故损失的安全技术措施等。

**1. 防止事故发生的安全技术措施**

防止事故发生的安全技术措施是指为了防止事故发生,采取的约束、限制能量或危险物质,防止其意外释放的技术措施。常用的防止事故发生的安全技术措施有消除危险源、限制能量或危险物质、隔离等。

(1) 消除危险源。消除系统中的危险源,可以从根本上防止事故的发生。但是,按照现代安全工程的观点,彻底消除所有危险源是不可能的。因此,人们往往将危险性较大、在现有技术条件下可以消除的危险源,作为优先考虑的对象。可以通过选择合适的工艺技术、设备设施,合理的结构形式,选择无害、无毒或不能致人伤害的物料来彻底消除某种危险源。

(2) 限制能量或危险物质。限制能量或危险物质可以防止事故的发生,如减少能量或危险物质的量,防止能量蓄积,安全地释放能量等。

(3) 隔离。隔离是一种常用的控制能量或危险物质的安全技术措施。采取隔离技术,既可以防止事故的发生,也可以防止事故的扩大,减少事故的损失。

(4) 故障—安全设计。在系统、设备设施的一部分发生故障或破坏的情况下,在一定时间内也能保证安全的技术措施称为故障—安全设计。通过设计,使系统、设备设施在发生故障或事故时处于低能状态,防止能量的意外释放。

(5) 减少故障和失误。通过增加安全系数、增加可靠性或设置安全监控系统等减轻物的不安全状态,减少物的故障或事故的发生。

**2. 减少事故损失的安全技术措施**

防止意外释放的能量引起人的伤害或物的损坏,或减轻其对人的伤害或对物的破坏的技术措施称为减少事故损失的安全技术措施。该类技术措施是在事故发生后,迅速控制局面,防止事故的扩大,避免引起二次事故的发生,从而减少事故造成的损失。常用的减少事故损失的安全技术措施有隔离、设置薄弱环节、个体防护、避难与救援等。

(1) 隔离。隔离是把被保护对象与意外释放的能量或危险物质等隔开。隔离措施按照被保护对象与可能致害对象的关系可分为隔开、封闭和缓冲等。

(2) 设置薄弱环节。设置薄弱环节是利用事先设计好的薄弱环节,使事故能量按照人们的意图释放,防止能量作用于被保护的人或物,如锅炉中的易熔塞、电路中的熔断器等。

(3) 个体防护。个体防护是把人体与意外释放能量或危险物质隔离开,是一种不得已的隔离措施,却是保护人身安全的最后一道防线。

(4) 避难与救援。设置避难场所,当事故发生时,人员暂时躲避,免遭伤害或赢得救援的时间。事先选择撤退路线,当事故发生时,人员按照撤退路线迅速撤离。事故发生后,组织有效的应急救援力量,实施迅速的救护,是减少事故人员伤亡和财产损失的有效措施。

此外,安全监控系统作为防止事故发生和减少事故损失的安全技术措施,是发现系统故障和异常的重要手段。安装安全监控系统,可以及早发现事故,获得事故发生、发展的数据,避免事故的发生或减少事故的损失。

### 7.4.2 安全技术措施计划

安全技术措施计划是生产经营单位生产财务计划的一个组成部分,是改善生产经营单位生产条件,有效防止事故和职业病的重要保证制度。生产经营单位为了保证安全资金的有效投入,应编制安全技术措施计划。

《安全生产法》,1956年原劳动部、全国总工会颁布的《安全技术措施计划的项目总名称表》,1963年国务院颁发的《关于加强企业生产中安全工作的几项规定》,1977年原国家计委、财政部、原国家劳动总局颁布的《关于加强有计划改善劳动条件工作的联合通知》,1979年原国家计委、原国家经委、原国家建委颁布的《关于安排落实劳动保护措施经费的通知》,1979年国务院批转原劳动总局、原卫生部颁布的《关于加强厂矿企业防尘防毒工作的报告》,2006年财政部、原国家安全监管总局颁布的《高危行业企业安全生产费用财务管理暂行办法》(财企〔2006〕478号),《矿山安全法实施条例》等法规和文件中均对编制安全技术措施计划提出了明确具体的要求。

**1. 安全技术措施计划的编制原则**

编制安全技术措施计划应以安全生产方针为指导思想,以《安全生产法》等法律法规、国家和行业标准为依据。结合生产经营单位安全生产管理、设备设施的具体情况,由安全生产管理部门牵头,工会、财务、人力资源等部门参与,共同研究,也可同时发动生产技术管理部门、基层班组共同提出。对提出的项目,按轻重缓急,根据总体费用投入情况进行分类、排序,对涉及人身安全、公共安全和对生产经营有重大影响的事项应优先安排。具体应遵循如下四条原则。

1) 必要性和可行性原则

编制计划时,一方面,要考虑安全生产的实际需要,如针对在安全生产检查中发现的隐患、可能引发伤亡事故和职业病的主要原因、新技术、新工艺、新设备等的应用,安全技术革新项目和职工提出的合理化建议等方面编制安全技术措施。另一方面,还要考虑技术可行性与经济承受能力。

2) 自力更生与勤俭节约的原则

编制计划时,要注意充分利用现有的设备和设施,挖掘潜力,讲求实效。

3) 轻重缓急与统筹安排的原则

对影响最大、危险性最大的项目应优先考虑,逐步有计划地解决。

4) 领导和群众相结合的原则

加强领导,依靠群众,使计划切实可行,以便顺利实施。

**2. 安全技术措施计划的基本内容**

1) 安全技术措施计划的项目范围

安全技术措施计划的项目范围包括改善劳动条件、防止事故、预防职业病、提高职工安全素质等技术措施,大体可分以下四类。

(1) 安全技术措施,指以防止工伤事故和减少事故损失为目的的一切技术措施,如安全防护装置、保险装置、信号装置、防火防爆装置等。

(2) 卫生技术措施,指改善对职工身体健康有害的生产环境条件、防止职业中毒与职业病的技术措施,如防尘、防毒、防噪声与振动、通风、降温、防寒、防辐射等装置或设施。

(3) 辅助措施,指保证工业卫生方面所必需的房屋及一切卫生性保障措施,如尘毒作业人员的淋浴室、更衣室或存衣箱、消毒室、妇女卫生室、急救室等。

(4) 安全宣传教育措施,指提高作业人员安全素质的有关宣传教育设备、仪器、教材和场所等,如安全教育室,安全卫生教材、挂图、宣传画、培训室、展览等。

安全技术措施计划项目应按《安全技术措施计划项目总名称表》执行,以保证安全技术措施费用的合理使用。

2) 安全技术措施计划的编制内容

(1) 措施应用的单位或工作场所。
(2) 措施名称。
(3) 措施目的和内容。
(4) 经费预算及来源。
(5) 实施部门和负责人。
(6) 开工日期和竣工日期。
(7) 措施预期效果及检查验收。

对有些单项投入费用较大的安全技术措施,还应进行可行性论证,从技术的先进性、可靠性,以及经济性方面进行比较,编制单独的可行性研究报告,报上级主管或邀请专家进行评审。

**3. 安全技术措施计划的编制方法**

1) 确定编制时间

年度安全技术措施计划一般应与同年度的生产、技术、财务、物资采购等计划同时编制。

2) 布置

企业领导应根据本单位具体情况向下属单位或职能部门提出编制安全技术措施计划的具体要求,并就有关工作进行布置。

3) 确定项目和内容

下属单位在认真调查和分析本单位存在的问题,并征求群众意见的基础上,确定本单位的安全技术措施计划项目和主体内容,报上级安全生产管理部门。安全生产管理部门对上报的安全技术措施计划进行审查、平衡、汇总后,确定安全技术措施计划项目,并报有关领导审批。

4) 编制

安全技术措施计划项目经审批后,由安全生产管理部门和下属单位组织相关人员,编制具体的安全技术措施计划和方案,经讨论后,送上级安全生产管理部门和有关部门审查。

5) 审批

上级安全、技术、计划管理部门对上报的安全技术措施计划进行联合会审后,报单位有关领导审批。安全技术措施计划一般由生产经营单位主管生产的领导或总工程师审批。

6) 下达

单位主要负责人根据审批意见,召集有关部门和下属单位负责人审查、核定安全技术措施计划。审查、核定安全技术通过后,与生产计划同时下达到有关部门贯彻执行。

7) 实施

安全技术措施计划落实到各执行部门后,各执行部门应按要求实施计划。已完成的安全技术措施计划项目要按规定组织竣工验收。竣工验收时一般应注意:所有材料、成品等必须经检验部门检验;外购设备必须有质量证明书;负责单位应向安全技术部门填报竣工验收单,由安全技术部门组织有关单位验收;验收合格后,由负责单位持竣工验收单向计划部门报完工,并办理财务结算手续;使用单位应建立台账,按《安全设施管理制度》进行维护管理。安全技术措施计划验收后,应及时补充、修订相关管理制度、操作规程,开展对相关人员的培训工作,建立相关的档案和记录。

对不能按期完成的项目,或没有达到预期效果的项目,必须认真分析原因,制订出相应的补救措施。经上级部门审批的项目,还应上报上级相关部门。

8) 监督检查

安全技术措施计划落实到各有关部门和下属单位后,上级安全生产管理部门应定期进行检查。企业领导在检查生产计划的同时,应同时检查安全技术措施计划的完成情况。安全管理与安全技术部门应经常了解安全技术措施计划项目的实施情况,协助解决实施中的问题,及时汇报并督促有关单位按期完成。

## 7.5 施工安全教育

### 7.5.1 对安全生产教育培训的基本要求

从目前我国生产安全事故的特点可以看出,重特大人身伤亡事故主要集中在劳动密集型的生产经营单位,如煤矿、非煤矿山、道路交通、烟花爆竹、建筑施工等。从这些生产经营单位的用工情况看,其从业人员多数以农民工为主,以不签订劳动合同或签订短期劳动合同为主要形式。这些从业人员多数文化水平不高,流动性大,也影响部分生产经营单位在安全教育培训方面不愿意作出更多投入,安全教育培训流于形式的情况较为严重,导致从业人员对违章作业(或根本不知道本人的行为是违章)的危害认识不清,对作业环境中存在的危险、有害因素认识不清。

因此,加强对从业人员的安全教育培训,提高从业人员对作业风险的辨识、控制、应急处置和避险自救能力,提高从业人员安全意识和综合素质,是防止产生不安全行为、减少人为失误的重要途径。《安全生产法》第二十八条规定:生产经营单位应当对从业人员进行安全生产教育和培训,保证从业人员具备必要的安全生产知识,熟悉有关的安全生产规章制度和安全操作规程,掌握本岗位的安全操作技能,了解事故应急处理措施,知悉自身在安全生产方面的权利和义务。未经安全生产教育和培训合格的从业人员,不得上岗作业。生产经营单位使用被派遣劳动者的,应当将被派遣劳动者纳入本单位从业人员统一管理,对被派遣劳动者进行岗位安全操作规程和安全操作技能的教育和培训。劳务派遣单位应当对被派遣劳动者进行必要的安全生产教育和培训。生产经营单位接收中等职业学校、高等学校学生实习的,应当对实习学生进行相应的安全生产教育和培训,提供必要的劳动防护用品。学校应当协助生产经营单位对实习学生进行安全生产教育和培训。生产经营单位应当建立安全生产教育和培训档案,如实记录安全生产教育和培训的时间、内容、参加人员以及考核结果等情况。第二十九条规定:生产经营单位采用新工艺、新技术、新材料或者使用新设备,必须了解、掌握其安全技术特性,采取有效的安全防护措施,并对从业人员进行专门的安全生产教育和培训。第三十条规定:生产经营单位的特种作业人员必须按照国家有关规定经专门的安全作业培训,取得相应资格,方可上岗作业。第四十四条规定:生产经营单位应当教育和督促从业人员严格执行本单位的安全生产规章制度和安全操作规程;并向从业人员如实告知作业场所和工作岗位存在的危险因素、防范措施以及事故应急措施。生产经营单位应当关注从业人员的身体、心理状况和行为习惯,加强对从业人员的心理疏导、精神慰藉,严格落实岗位安全生产责任,防范从业人员行为异常导致事故发生。第五十八条规定:从业人员应当接受安全生产教育和培训,掌握本职工作所需的安全生产知识,提高安全生产技能,增强事故预防和应急处理能力。

为确保国家有关生产经营单位从业人员安全教育培训政策、法规、要求的贯彻实施,必须首先从强化生产经营单位领导人员安全生产法制化教育入手,强化生产经营单位领导人员的安全意识。各级政府安全生产监督管理部门、负有安全生产监督管理责任的有关部门,应结合生产经营单位的用工形式,安全教育培训投入,安全教育培训的内容、方法、时间,以及安全教育培训的效果验证等方面实施综合监管。

### 7.5.2 安全生产教育培训违法行为的处罚

《安全生产法》第九十七条规定,生产经营单位有下列行为之一的,责令限期改正,并处十万元以下的罚款;逾期未改正的,责令停产停业整顿,并处十万元以上二十万元以下的罚款,对其直接负责的主管人员和其他直接责任人员处二万元以上五万元以下的罚款。

(1) 危险物品的生产、经营、储存、装卸单位以及矿山、金属冶炼、建筑施工、运输单位的主要负责人和安全生产管理人员未按照规定经考核合格的。

(2) 未按照规定对从业人员、被派遣劳动者、实习学生进行安全生产教育和培训,或者未按照规定如实告知有关的安全生产事项的。

(3) 未如实记录安全生产教育和培训情况的。

(4) 未将事故隐患排查治理情况如实记录或者未向从业人员通报的。

(5) 未按照规定制订生产安全事故应急救援预案或者未定期组织演练的。

(6) 特种作业人员未按照规定经专门的安全作业培训并取得相应资格,上岗作业的。

### 7.5.3 对各类人员的培训

**1. 对主要负责人的培训内容和时间**

1) 初次培训的主要内容

(1) 国家安全生产方针、政策和有关安全生产的法律法规、规章及标准。

（2）安全生产管理基本知识、安全生产技术、安全生产专业知识。

（3）重大危险源管理、重大事故防范、应急管理和救援组织以及事故调查处理的有关规定。

（4）职业危害及其预防措施。

（5）国内外先进的安全生产管理经验。

（6）典型事故和应急救援案例分析。

（7）其他需要培训的内容。

2）再培训的主要内容

对已经取得上岗资格证书的有关领导，应定期进行再培训，再培训的主要内容是安全生产的新知识、新技术和新颁布的政策、法规，有关安全生产的法律法规、规章、规程、标准和政策，安全生产管理经验，典型事故案例。

3）培训时间

（1）煤矿、非煤矿山、危险化学品、烟花爆竹、金属冶炼等生产经营单位主要负责人初次安全培训时间不得少于48学时，每年再培训时间不得少于16学时。

（2）其他生产经营单位主要负责人初次安全培训时间不得少于32学时，每年再培训时间不得少于12学时。

**2. 对安全生产管理人员的培训内容和时间**

1）初次培训的主要内容

（1）国家安全生产方针、政策和有关安全生产的法律法规、规章及标准。

（2）安全生产管理、安全生产技术、职业卫生等知识。

（3）伤亡事故统计、报告及职业危害的调查处理方法。

（4）应急管理、应急预案编制以及应急处置的内容和要求。

（5）国内外先进的安全生产管理经验。

（6）典型事故和应急救援案例分析。

（7）其他需要培训的内容。

2）再培训的主要内容

对已经取得上岗资格证书的有关领导，应定期进行再培训，再培训的主要内容是安全生产的新知识、新技术和新颁布的政策、法规，有关安全生产的法律法规、规章、规程、标准和政策，安全生产管理经验，典型事故案例。

3）培训时间

（1）煤矿、非煤矿山、危险化学品、烟花爆竹、金属冶炼等生产经营单位安全生产管理人员初次安全培训时间不得少于48学时，每年再培训时间不得少于16学时。

（2）其他生产经营单位安全生产管理人员初次安全培训时间不得少于32学时，每年再培训时间不得少于12学时。

**3. 对特种作业人员的培训内容和时间**

特种作业是指容易发生事故，对操作者本人、他人的安全健康及设备设施的安全可能造成重大危害的作业。直接从事特种作业的从业人员称为特种作业人员。特种作业的范围包括电工作业、焊接与热切割作业、高处作业、制冷与空调作业、煤矿安全作业、金属非金属矿山安全作业、石油天然气安全作业、冶金(有色)生产安全作业、危险化学品安全作业、烟花爆竹安全作业、应急管理部认定的其他作业。

特种作业人员必须经专门的安全技术培训并考核合格,取得中华人民共和国特种作业操作证(以下简称特种作业操作证)后,方可上岗作业。特种作业人员的安全技术培训、考核、发证、复审工作实行统一监管、分级实施、教考分离的原则。特种作业人员应当接受与其所从事的特种作业相应的安全技术理论培训和实际操作培训。跨省、自治区、直辖市从业的特种作业人员,可以在户籍所在地或者从业所在地参加培训。

从事特种作业人员安全技术培训的机构,应当制订相应的培训计划、教学安排,并按照应急管理部、国家煤矿监察局制订的特种作业人员培训大纲和煤矿特种作业人员培训大纲进行特种作业人员的安全技术培训。

特种作业操作证有效期为6年,在全国范围内有效。特种作业操作证由应急管理部统一式样、标准及编号。特种作业操作证每3年复审1次。特种作业人员在特种作业操作证有效期内,连续从事本工种10年以上,严格遵守有关安全生产法律法规的,经原考核发证机关或者从业所在地考核发证机关同意,特种作业操作证的复审时间可以延长至每6年1次。

特种作业操作证申请复审或者延期复审前,特种作业人员应当参加必要的安全培训并考试合格。安全培训时间不少于8学时,主要培训法律法规、标准、事故案例和有关新工艺、新技术、新装备等知识。再复审、延期复审仍不合格,或者未按期复审的,特种作业操作证失效。

**4. 对其他从业人员的教育培训**

生产经营单位其他从业人员是指除主要负责人、安全生产管理人员外,生产经营单位从事生产经营活动的所有人员(包括其他负责人、其他管理人员、技术人员和各岗位的工人以及临时聘用的人员)。由于特种作业人员作业岗位对安全生产影响较大,需要经过特殊培训和考核,所以制订了特殊要求,但对从业人员的其他安全教育培训、考核工作,同样适用于特种作业人员。

1) 三级安全教育培训

三级安全教育是指厂、车间、班组的安全教育。三级安全教育是我国多年积累、总结并形成的一套行之有效的安全教育培训方法。三级安全教育培训的形式、方法以及考核标准各有侧重。

(1) 厂级安全教育培训是入厂教育的一个重要内容,培训重点是生产经营单位安全风险辨识、安全生产管理目标、规章制度、劳动纪律、安全考核奖惩、从业人员的安全生产权利和义务、有关事故案例等。

(2) 车间级安全教育培训是在从业人员工作岗位、工作内容基本确定后进行,由车间一级组织。培训重点是本岗位工作及作业环境范围内的安全风险辨识、评价和控制措施,典型事故案例,岗位安全职责、操作技能及强制性标准,自救互救、急救方法,疏散和现场紧急情况的处理,安全设施、个人防护用品的使用和维护。

(3) 班组级安全教育培训是在从业人员工作岗位确定后,由班组织,班组长、班组技术员、安全员对其进行安全教育培训,除此之外自我学习是重点。我国传统的师傅带徒弟的方式,也是搞好班组安全教育培训的一种重要方法。进入班组的新从业人员,都应有具体的跟班学习、实习期,实习期间不得安排单独上岗作业。由于生产经营单位的性质不同,对于学习、实习期,国家没有统一规定,应按照行业的规定或生产经营单位自行确定。实习期满,通过安全规程、业务技能考试合格方可独立上岗作业。班组安全教育培训重点是岗位安全操作规程、岗位之间工作衔接配合、作业过程的安全风险分析方法和控制对策、事故案例等。

生产经营单位新上岗的从业人员,岗前安全培训时间不得少于24学时。煤矿、非煤矿山、危险化学品、烟花爆竹、金属冶炼等生产经营单位新上岗的从业人员安全培训时间不得少于72学时,每年再培训时间不得少于20学时。

2) 调整工作岗位或离岗后重新上岗安全教育培训

从业人员调整工作岗位后,由于岗位工作特点、要求不同,应重新进行新岗位安全教育培训,并经考试合格后方可上岗作业。

由于工作需要或其他原因离开岗位后,重新上岗作业应重新进行安全教育培训,经考试合格后,方可上岗作业。由于工作性质不同,离开岗位时间可按照行业规定或生产经营单位自行规定,行业规定或生产经营单位自行规定的离开岗位时间应高于国家规定。原则上,作业岗位安全风险较大,技能要求较高的岗位,时间间隔应短一些。例如,电力行业规定为3个月。

调整工作岗位和离岗后重新上岗的安全教育培训工作,原则上应由车间级组织。

3) 岗位安全教育培训

岗位安全教育培训是指连续在岗位工作的安全教育培训工作,主要包括日常安全教育培训、定期安全考试和专题安全教育培训三个方面。

(1) 日常安全教育培训主要以车间、班组为单位组织开展,重点是安全操作规程的学习培训、安全生产规章制度的学习培训、作业岗位安全风险辨识培训、事故案例教育等。日常安全教育培训工作形式多样,内容丰富,根据行业或生产经营单位的特点不同而各具特色。我国电力行业有班前会制度、班后会制度和"安全日活动"制度。在班前会上,在布置当天工作任务的同时,开展作业前安全风险分析,制订预控措施,明确工作的监护人等。工作结束后,对当天作业的安全情况进行总结分析、点评等。"安全日活动"即每周必须安排半天的时间统一由班组或车间组织安全学习培训,企业的领导、职能部门的领导及专职安全监督人员深入班组参加活动。

(2) 定期安全考试是指生产经营单位组织的定期安全工作规程、规章制度、事故案例的学习和培训,学习培训的方式较为灵活,但考试统一组织。定期安全考试不合格者,应下岗接受培训,考试合格后方可上岗作业。

(3) 专题安全教育培训是指针对某一具体问题进行专门的培训工作。专题安全教育培训工作针对性强,效果比较突出。通常开展的内容有"三新"安全教育培训,法律法规及规章制度培训,事故案例培训,安全知识竞赛、技术比武等。

"三新"安全教育培训是生产经营单位实施新工艺、新技术、新设备(新材料)时,组织相关岗位对从业人员进行有针对性的安全生产教育培训。法律法规及规章制度培训是指国家颁布的有关安全生产法律法规,或生产经营单位制订新的有关安全生产规章制度后,组织开展的培训活动。事故案例培训是指在生产经营单位发生生产安全事故或获得与本单位生产经营活动相关的事故案例信息后,开展的安全教育培训活动。有条件的生产经营单位还应该举办经常性的安全生产知识竞赛、技术比武等活动,提高从业人员对安全教育培训的兴趣,推动岗位学习和练兵活动。

在安全生产的具体实践过程中,生产经营单位还采取了其他许多宣传教育培训的方式方法,如班组安全管理制度,警句、格言上墙活动,利用闭路电视、报纸、黑板报、橱窗等进行安全宣传教育,利用漫画等形式解释安全规程制度,在生产现场曾经发生过生产安全事故的地点设置警示牌,组织事故回顾展览等。

生产经营单位还应以国家组织开展的全国"安全生产月"活动为契机,结合生产经营的性质、特点,开展内容丰富、灵活多样、具有针对性的各种安全教育培训活动,提高各级人员的安全意识和综合素质。目前,我国许多生产经营单位都在有计划、有步骤地开展企业安全文化建设,对保持安全生产局面稳定,提高安全生产管理水平发挥了重要作用。

## 7.6 安全检查

### 7.6.1 建筑工程施工安全检查的主要内容

建筑工程施工安全检查主要是以查安全思想、查安全责任、查安全制度、查安全措施、查安全防护、查设备设施、查教育培训、查操作行为、查劳动防护用品使用和查伤亡事故处理等为主要内容。

安全检查要根据施工生产特点,具体确定检查的项目和检查的标准。

(1) 查安全思想主要是检查以项目经理为首的项目全体员工(包括分包作业人员)的安全生产意识和对安全生产工作的重视程度。

(2) 查安全责任主要是检查现场安全生产责任制度的建立;安全生产责任目标的分解与考核情况;安全生产责任制与责任目标是否已落实到了每一个岗位和每一个人员,并得到了确认。

(3) 查安全制度主要是检查现场各项安全生产规章制度和安全技术操作规程的建立和执行情况。

(4) 查安全措施主要是检查现场安全措施计划及各项安全专项施工方案的编制、审核、审批及实施情况;重点检查方案的内容是否全面、措施是否具体并有针对性,现场的实施运行是否与方案规定的内容相符。

(5) 查安全防护主要是检查现场临边、洞口等各项安全防护设施是否到位,有无安全隐患。

(6) 查设备设施主要是检查现场投入使用的设备设施的购置、租赁、安装、验收、使用、过程维护保养等各个环节是否符合要求;设备设施的安全装置是否齐全、灵敏、可靠,有无安全隐患。

(7) 查教育培训主要是检查现场教育培训岗位、教育培训人员、教育培训内容是否明确、具体、有针对性;三级安全教育制度和特种作业人员持证上岗制度的落实情况是否到位;教育培训档案资料是否真实、齐全。

(8) 查操作行为主要是检查现场施工作业过程中有无违章指挥、违章作业、违反劳动纪律的行为发生。

(9) 查劳动防护用品的使用主要是检查现场劳动防护用品、用具的购置、产品质量、配备数量和使用情况是否符合安全与职业卫生的要求。

(10) 查伤亡事故处理主要是检查现场是否发生伤亡事故,对发生的伤亡事故是否已按照"四不放过"的原则进行了调查处理,是否已有针对性地制订了纠正与预防措施;制订的纠正与预防措施是否已得到落实并取得实效。

## 7.6.2 建筑工程施工安全检查的主要形式

建筑工程施工安全检查的主要形式一般可分为日常巡查、专项检查、定期安全检查、经常性安全检查、季节性安全检查、节假日安全检查、开工及复工安全检查、专业性安全检查和设备设施安全验收检查等。

安全检查的组织形式应根据检查的目的、内容而定,因此参加检查的组成人员也就不完全相同。

(1) 定期安全检查。建筑施工企业应建立定期分级安全检查制度,定期安全检查属全面性和考核性的检查,建筑工程施工现场应至少每旬开展一次安全检查工作,施工现场的定期安全检查应由项目经理亲自组织。

(2) 经常性安全检查。建筑工程施工应经常开展预防性的安全检查工作,以便于及时发现并消除事故隐患,保证施工生产正常进行。施工现场经常性的安全检查方式主要有以下三种。

① 现场专(兼)职安全生产管理人员及安全值班人员每天例行开展的安全巡视、巡查。

② 现场项目经理、责任工程师及相关专业技术管理人员在检查生产工作的同时进行的安全检查。

③ 作业班组在班前、班中、班后进行的安全检查。

(3) 季节性安全检查。季节性安全检查主要是针对气候特点(如暑季、雨季、风季、冬季等)可能给安全生产造成的不利影响或带来的危害而组织的安全检查。

(4) 节假日安全检查。在节假日,特别是重大或传统节假日(如五一、十一、元旦、春节等)前后和节日期间,为防止现场管理人员和作业人员思想麻痹、纪律松懈等而进行的安全检查。节假日加班,更要认真检查各项安全防范措施的落实情况。

(5) 开工、复工安全检查。针对工程项目开工、复工之前进行的安全检查,主要是检查现场是否具备保障安全生产的条件。

(6) 专业性安全检查。由有关专业人员对现场某项专业安全问题或在施工生产过程中存在的比较系统性的安全问题进行的单项检查。这类检查专业性强,主要应由专业工程技术人员、专业安全管理人员参加。

(7) 设备设施安全验收检查。针对现场塔吊等起重设备、外用施工电梯、龙门架及井架物料提升机、电气设备、脚手架、现浇混凝土模板支撑系统等设备设施在安装、搭设过程中或完成后进行的安全验收、检查。

## 7.6.3 安全检查的要求

**1. 安全检查的具体要求**

(1) 根据检查内容配备力量,抽调专业人员,确定检查负责人,明确分工。

(2) 应有明确的检查目的和检查项目、内容及检查标准、重点、关键部位。对面积大或数量多的项目可采取系统的观感和一定数量的测点相结合的检查方法。检查时尽量采用检测工具,并做好检查记录。

(3) 对现场管理人员和操作工人不仅要检查是否有违章指挥和违章作业行为,还应进行"应知应会"的抽查,以便了解管理人员及操作工人的安全素质和安全意识。对于违章指挥、违章作业行为,检查人员可以当场指出、进行纠正。

(4) 认真、详细做好检查记录,特别是对隐患的记录必须具体,如隐患的部位、危险性程度及处理意见等。采用安全检查评分表的,应记录每项扣分的原因。

(5) 检查中发现的隐患应发出隐患整改通知书,责令责任单位进行整改,并作为整改后的备查依据。对凡是有即发型事故危险的隐患,检查人员应责令其停工,被查单位必须立即整改。

(6) 尽可能系统、定量地做出检查结论,进行安全评价。以利于受检单位根据安全评价研究对策、进行整改、加强管理。

(7) 检查后应对隐患整改情况进行跟踪复查,查被检单位是否按"三定"原则(定人、定期限、定措施)落实整改,经复查整改合格后,进行销案。

**2. 安全检查的经验方法**

建筑工程安全检查在正确使用安全检查表的基础上,可以采用"听""问""看""量""测""运转试验"等方法进行。

(1) "听"。听取基层管理人员或施工现场安全员汇报安全生产情况,介绍现场安全工作经验、存在的问题、今后的发展方向。

(2) "问"。主要是指通过询问、提问,对以项目经理为首的现场管理人员和操作工人进行的应知应会抽查,以便了解现场管理人员和操作工人的安全意识和安全素质。

(3) "看"。主要是指查看施工现场安全管理资料和对施工现场进行巡视。例如:查看项目负责人、专职安全管理人员、特种作业人员等的持证上岗情况;现场安全标志设置情况;劳动防护用品使用情况;现场安全防护情况;现场安全设施及机械设备安全装置配置情况等。

(4) "量"。主要是指使用测量工具对施工现场的一些设施、装置进行实测实量。例如:对脚手架各种杆件间距的测量;对现场安全防护栏杆高度的测量;对电气开关箱安装高度的测量;对在建工程与外电边线安全距离的测量等。

(5) "测"。主要是指使用专用仪器、仪表等监测器具对特定对象关键特性技术参数的测试。例如:使用漏电保护器测试仪对漏电保护器漏电动作电流、漏电动作时间的测试;使用地阻仪对现场各种接地装置接地电阻的测试；使用兆欧表对电机绝缘电阻的测试；使用经纬仪对塔吊、外用电梯安装垂直度的测试等。

（6）"运转试验"。主要是指由具有专业资格的人员对机械设备进行实际操作、试验，检验其运转的可靠性或安全限位装置的灵敏性。例如：对塔吊力矩限制器、变幅限位器、起重限位器等安全装置的试验；对施工电梯制动器、限速器、上下极限限位器、门连锁装置等安全装置的试验；对龙门架超高限位器、断绳保护器等安全装置的试验等。

### 7.6.4 安全检查标准

《建筑施工安全检查标准》使建筑工程安全检查由传统的定性评价上升到定量评价，使安全检查进一步规范化、标准化。安全检查内容中包括保证项目和一般项目。

**1.《建筑施工安全检查标准》中各检查表检查项目的构成**

（1）"建筑施工安全检查评分汇总表"主要内容包括安全管理、文明施工、脚手架、基坑工程、模板支架、高处作业、施工用电、物料提升机与施工升降机、塔式起重机与起重吊装、施工机具10项，所示得分作为对一个施工现场安全生产情况的综合评价依据。

（2）"安全管理"检查评定保证项目应包括安全生产责任制、施工组织设计及专项施工方案、安全技术交底、安全检查、安全教育、应急救援。一般项目应包括分包单位安全管理、持证上岗、生产安全事故处理、安全标志。

（3）"文明施工"检查评定保证项目应包括现场围挡、封闭管理、施工场地、材料管理、现场办公与住宿、现场防火。一般项目应包括综合治理、公示标牌、生活设施、社区服务。

（4）脚手架检查评分表分为"扣件式钢管脚手架检查评分表""门式钢管脚手架检查评分表""碗扣式钢管脚手架检查评分表""承插型盘扣式钢管脚手架检查评分表""满堂脚手架检查评分表""悬挑式脚手架检查评分表""附着式升降脚手架检查评分表""高处作业吊篮检查评分表"等八种安全检查评分表。

（5）"扣件式钢管脚手架"检查评定保证项目应包括施工方案、立杆基础、架体与建筑结构拉结、杆件间距与剪刀撑、脚手板与防护栏杆、交底与验收。一般项目应包括横向水平杆设置、杆件连接、层间防护、构配件材质、通道。

（6）"门式钢管脚手架"检查评定保证项目应包括施工方案、架体基础、架体稳定、杆件锁臂、脚手板、交底与验收。一般项目应包括架体防护、构配件材质、荷载、通道。

（7）"碗扣式钢管脚手架"检查评定保证项目应包括施工方案、架体基础、架体稳定、杆件锁件、脚手板、交底与验收。一般项目应包括架体防护、构配件材质、荷载、通道。

（8）"承插型盘扣式钢管脚手架"检查评定保证项目包括施工方案、架体基础、架体稳定、杆件设置、脚手板、交底与验收。一般项目包括架体防护、杆件连接、构配件材质、通道。

（9）"满堂脚手架"检查评定保证项目应包括施工方案、架体基础、架体稳定、杆件锁件、脚手板、交底与验收。一般项目应包括架体防护、构配件材质、荷载、通道。

（10）"悬挑式脚手架"检查评定保证项目应包括施工方案、悬挑钢梁、架体稳定、脚手板、荷载、交底与验收。一般项目应包括杆件间距、架体防护、层间防护、构配件材质。

（11）"附着式升降脚手架"检查评定保证项目应包括施工方案、安全装置、架体构造、附着支座、架体安装、架体升降。一般项目包括检查验收、脚手板、架体防护、安全作业。

(12) "高处作业吊篮"检查评定保证项目应包括施工方案、安全装置、悬挂机构、钢丝绳、安装作业、升降作业。一般项目应包括交底与验收、安全防护、吊篮稳定、荷载。

(13) "基坑工程"检查评定保证项目包括施工方案、基坑支护、降排水、基坑开挖、坑边荷载、安全防护。一般项目包括基坑监测、支撑拆除、作业环境、应急预案。

(14) "模板支架"检查评定保证项目包括施工方案、支架基础、支架构造、支架稳定、施工荷载、交底与验收。一般项目包括杆件连接、底座与托撑、构配件材质、支架拆除。

(15) "高处作业"检查评定项目包括安全帽、安全网、安全带、临边防护、洞口防护、通道口防护、攀登作业、悬空作业、移动式操作平台、悬挑式物料钢平台。

(16) "施工用电"检查评定的保证项目应包括外电防护、接地与接零保护系统、配电线路、配电箱与开关箱。一般项目应包括配电室与配电装置、现场照明、用电档案。

(17) "物料提升机"检查评定保证项目应包括安全装置、防护设施、附墙架与缆风绳、钢丝绳、安拆、验收与使用。一般项目应包括基础与导轨架、动力与传动、通信装置、卷扬机操作棚、避雷装置。

(18) "施工升降机"检查评定保证项目应包括安全装置、限位装置、防护设施、附墙架、钢丝绳、滑轮与对重、安拆、验收与使用。一般项目应包括导轨架、基础、电气安全和通信装置。

(19) "塔式起重机"检查评定保证项目应包括载荷限制装置、行程限位装置、保护装置、吊钩、滑轮、卷筒与钢丝绳、多塔作业、安拆、验收与使用。一般项目应包括附着、基础与轨道、结构设施、电气安全。

(20) "起重吊装"检查评定保证项目应包括施工方案、起重机械、钢丝绳与地锚、索具、作业环境、作业人员。一般项目应包括起重吊装、高处作业、构件码放、警戒监护。

(21) "施工机具"检查评定项目应包括平刨、圆盘锯、手持电动工具、钢筋机械、电焊机、搅拌机、气瓶、翻斗车、潜水泵、振捣器、桩工机械。

项目涉及的上述各建筑施工安全检查评定中,所有保证项目均应全数检查。

**2. 检查评分方法**

(1) 分项检查评分表和检查评分汇总表的满分分值均应为 100 分,评分表的实得分值应为各检查项目所得分值之和。

(2) 评分应采用扣减分值的方法,扣减分值总和不得超过该检查项目的应得分值。

(3) 当按分项检查评分表评分时,保证项目中有一项未得分或保证项目小计得分不足 40 分,此分项检查评分表不应得分。

(4) 检查评分汇总表中各分项项目实得分值应按式计算:

$$A_1 = \frac{BC}{100}$$

式中,$A_1$ 为汇总表各分项项目实得分值;$B$ 为汇总表中该项应得满分值;$C$ 为该项检查评分表实得分值。

(5) 当评分遇有缺项时,分项检查评分表或检查评分汇总表的总得分值应按式计算:

$$A_2 = \frac{D}{E} \times 100$$

式中，$A_2$ 为遇有缺项时总得分值；$D$ 为实查项目在该表的实得分值之和；$E$ 为实查项目在该表的应得满分值之和。

(6) 脚手架、物料提升机与施工升降机、塔式起重机与起重吊装项目的实得分值，应为所对应专业的分项检查评分表实得分值的算术平均值。

(7) 等级的划分原则。施工安全检查的评定结论分为优良、合格、不合格三个等级，依据是汇总表的总得分和保证项目的达标情况。

建筑施工安全检查评定的等级划分应符合下列规定。

① 优良。分项检查评分表无零分，汇总表得分值应在80分及以上。

② 合格。分项检查评分表无零分，汇总表得分值应在80分以下，70分及以上。

③ 不合格。当汇总表得分值不足70分时；当有一分项检查评分表为零时。

当建筑施工安全检查评定的等级为不合格时，必须限期整改达到合格。

## 7.7 安全事故的预防与处理

随着现代工业的发展，生产过程中涉及的有害物质和能量不断增大，一旦发生重大事故，很容易导致严重的人员伤亡、财产损失和环境破坏。由于各种原因，当事故的发生难以完全避免时，建立重大事故应急管理体系，组织及时有效的应急救援行动，已成为抵御事故风险或控制灾害蔓延、降低危害后果的关键手段。

安全事故调查处理应当严格按照"四不放过"(事故原因不查清不放过，防范措施不落实不放过，职工群众未受到教育不放过，事故责任者未受到处理不放过)和"科学严谨、依法依规、实事求是、注重实效"的原则，及时、准确地查清事故经过、事故原因和事故损失，查明事故性质，认定事故责任，总结事故教训，提出整改措施，并对事故责任者依法追究责任。

### 7.7.1 安全事故的预防

制订事故应急预案是贯彻落实"安全第一、预防为主、综合治理"方针，提高应对风险和防范事故能力，保证职工安全健康和公众生命安全，最大限度地减少财产损失、环境损害和社会影响的重要措施。事故应急预案在应急系统中起着关键作用，它明确了在突发事故发生之前、发生过程中以及刚刚结束之后，谁负责做什么、何时做，以及相应的策略和资源准备等。它是针对可能发生的重大事故及其影响和后果的严重程度，为应急准备和应急响应的各个方面所预先作出的详细安排，是开展及时、有序和有效事故应急救援工作的行动指南。

应急预案的制订，首先必须与重大环境因素和重大危险源相结合，特别是与这些环境因素和危险源一旦控制失效可能导致的后果相适应，还要考虑在实施应急救援过程中可能产生的新的伤害和损失。

**1. 应急预案体系的构成**

应急预案应形成体系，针对各级各类可能发生的事故和所有危险源制订专项应急预案和现场应急处置方案,并明确事前、事发、事中、事后的各个过程中相关部门和有关人员的职责。生产规模小、危险因素少的生产经营单位,其综合应急预案和专项应急预案可以合并编写。

1) 综合应急预案

综合应急预案是从总体上阐述事故的应急方针、政策,应急组织结构及相关应急职责,应急行动、措施和保障等基本要求和程序,是应对各类事故的综合性文件。

2) 专项应急预案

专项应急预案是针对具体的事故类别(如基坑开挖、脚手架拆除等事故)、危险源和应急保障而制订的计划或方案,是综合应急预案的组成部分,应按照综合应急预案的程序和要求组织制订,并作为综合应急预案的附件。专项应急预案应制订明确的救援程序和具体的应急救援措施。

3) 现场处置方案

现场处置方案是针对具体的装置、场所或设施、岗位所制订的应急处置措施。现场处置方案应具体、简单、针对性强。现场处置方案应根据风险评估及危险性控制措施逐一编制,做到事故相关人员应知应会、熟练掌握,并通过应急演练,做到迅速反应、正确处置。

**2. 生产安全事故应急预案编制的要求和内容**

1) 生产安全事故应急预案编制的要求

(1) 符合有关法律、法规、规章和标准的规定。

(2) 结合本地区、本部门、本单位的安全生产实际情况。

(3) 结合本地区、本部门、本单位的危险性分析情况。

(4) 应急组织和人员的职责分工明确,并有具体的落实措施。

(5) 有明确、具体的事故预防措施和应急程序,并与其应急能力相适应。

(6) 有明确的应急保障措施,并能满足本地区、本部门、本单位的应急工作要求。

(7) 预案基本要素齐全、完整,预案附件提供的信息准确。

(8) 预案内容与相关应急预案相互衔接。

2) 生产安全事故应急预案编制的内容

(1) 综合应急预案编制的主要内容。

(2) 总则。

① 编制目的:简述应急预案编制的目的、作用等。

② 编制依据:简述应急预案编制所依据的法律法规、规章,以及有关行业管理规定、技术规范和标准等。

③ 适用范围:说明应急预案适用的区域范围,以及事故的类型、级别。

④ 应急预案体系:说明本单位应急预案体系的构成情况。

⑤ 应急工作原则:说明本单位应急工作的原则,内容应简明扼要、明确具体。

(3) 施工单位的危险性分析。

① 施工单位概况:主要包括单位总体情况及生产活动特点等内容。

② 危险源与风险分析:主要阐述本单位存在的危险源及风险分析结果。

(4) 组织机构及职责。

① 应急组织体系:明确应急组织形式、构成单位或人员,并尽可能以结构图的形式表示出来。

② 指挥机构及职责:明确应急救援指挥机构总指挥、副总指挥、各成员单位及其相应职责。应急救援指挥机构根据事故类型和应急工作需要,可以设置相应的应急救援工作小组,并明确各小组的工作任务及职责。

(5) 预防与预警。

① 危险源监控:明确本单位对危险源监测监控的方式、方法,以及采取的预防措施。

② 预警行动:明确事故预警的条件、方式、方法和信息的发布程序。

③ 信息报告与处置:按照有关规定,明确事故及未遂伤亡事故信息报告与处置办法。

(6) 应急响应。

① 响应分级:针对事故危害程度、影响范围和单位控制事态的能力,将事故分为不同的等级。按照分级负责的原则,明确应急响应级别。

② 响应程序:根据事故的大小和发展态势,明确应急指挥、应急行动、资源调配、应急避险、扩大应急等响应程序。

③ 应急结束:明确应急终止的条件。事故现场得以控制,环境符合有关标准,导致的次生、衍生事故隐患消除后,经事故现场应急指挥机构批准后,现场应急结束。结束后明确:事故情况上报事项;须向事故调查处理小组移交的相关事项;事故应急救援工作总结报告。

(7) 信息发布。明确事故信息发布的部门,发布原则。事故信息应由事故现场指挥部及时准确地向新闻媒体通报。

(8) 后期处置。主要包括污染物处理、事故后果影响消除、生产秩序恢复、善后赔偿、抢险过程和应急救援能力评估及应急预案的修订等内容。

(9) 保障措施。

① 通信与信息保障:明确与应急工作相关联的单位或人员的通信联系方式和方法,并提供备用方案。建立信息通信系统及维护方案,确保应急期间信息通畅。

② 应急队伍保障:明确各类应急响应的人力资源,包括专业应急队伍、兼职应急队伍的组织与保障方案。

③ 应急物资装备保障:明确应急救援需要使用的应急物资和装备的类型、数量、性能、存放位置、管理责任人及其联系方式等内容。

④ 经费保障:明确应急专项经费来源、使用范围、数量和监督管理措施,保障应急状态时生产经营单位应急经费及时到位。

⑤ 其他保障:根据本单位应急工作需求而确定的其他相关保障措施(如交通运输保障、治安保障、技术保障、医疗保障、后勤保障等)。

(10) 培训与演练。

① 培训:明确对本单位人员开展应急培训的计划、方式和要求。如果预案涉及社区和居民,要做好宣传教育和告知等工作。

② 演练:明确应急演练的规模、方式、频次、范围、内容、组织、评估、总结等内容。

(11) 奖惩。明确事故应急救援工作中奖励和处罚的条件和内容。
(12) 附则。
① 术语和定义：对应急预案涉及的一些术语进行定义。
② 应急预案备案：明确本应急预案的报备部门。
③ 维护和更新：明确应急预案维护和更新的基本要求，定期进行评审，实现可持续改进。
④ 制订与解释：明确应急预案负责制订与解释的部门。
⑤ 应急预案实施：明确应急预案实施的具体时间。

3) 专项应急预案编制的主要内容

(1) 事故类型和危害程度分析。在危险源评估的基础上，对其可能发生的事故类型和可能发生的季节及事故严重程度进行确定。

(2) 应急处置基本原则。明确处置安全生产事故应当遵循的基本原则。

(3) 组织机构及职责。
① 应急组织体系，明确应急组织形式、构成单位或人员，并尽可能以结构图的形式表示出来。
② 指挥机构及职责，根据事故类型，明确应急救援指挥机构总指挥、副总指挥以及各成员单位或人员的具体职责。应急救援指挥机构可以设置相应的应急救援工作小组，明确各小组的工作任务及主要负责人职责。

(4) 预防与预警。
① 危险源监控，明确本单位对危险源监测监控的方式、方法，以及采取的预防措施。
② 预警行动，明确具体事故预警的条件、方式、方法和信息的发布程序。

(5) 信息报告程序如下。
① 确定报警系统及程序。
② 确定现场报警方式，如电话、警报器等。
③ 确定 2 小时与相关部门的通信、联络方式。
④ 明确相互认可的通告、报警形式和内容。
⑤ 明确应急反应人员向外求援的方式。

(6) 应急处置。

(7) 响应分级。针对事故危害程度、影响范围和单位控制事态的能力，将事故分为不同的等级。按照分级负责的原则，明确应急响应级别。

(8) 响应程序。根据事故的大小和发展态势，明确应急指挥、应急行动、资源调配、应急避险、扩大应急等响应程序。

(9) 处置措施。针对本单位事故类别和可能发生的事故特点、危险性，制订应急处置措施（如煤矿瓦斯爆炸、冒顶片帮、火灾、透水等事故应急处置措施，危险化学品火灾、爆炸、中毒等事故应急处置措施）。

(10) 应急物资与装备保障。明确应急处置所需的物资与装备数量，以及相关管理维护和使用方法等。

(11) 现场处置方案的主要内容如下。

① 危险性分析,可能发生的事故类型。
② 事故发生的区域、地点或装置的名称。
③ 事故可能发生的季节和造成的危害程度。
④ 事故前可能出现的征兆。
(12) 应急组织与职责如下。
① 基层单位应急自救组织形式及人员构成情况。
② 应急自救组织机构、人员的具体职责,应同单位或车间、班组人员工作职责紧密结合,明确相关岗位和人员的应急工作职责。
(13) 应急处置主要包括以下几方面。
① 事故应急处置程序。根据可能发生的事故类别及现场情况,明确事故报警、各项应急措施启动、应急救护人员的引导、事故扩大及同企业应急预案衔接的程序。
② 现场应急处置措施。针对可能发生的火灾、爆炸、危险化学品泄漏、坍塌、水患、机动车辆伤害等,从操作措施、工艺流程、现场处置、事故控制、人员救护、消防、现场恢复等方面制订明确的应急处置措施。
③ 报警电话及上级管理部门、相关应急救援单位的联络方式和联系人员,事故报告的基本要求和内容。
(14) 注意事项。
① 佩戴个人防护器具方面的注意事项。
② 使用抢险救援器材方面的注意事项。
③ 采取救援对策或措施方面的注意事项。
④ 现场自救和互救注意事项。
⑤ 现场应急处置能力确认和人员安全防护等事项。
⑥ 应急救援结束后的注意事项。
⑦ 其他需要特别警示的事项。

**3. 生产安全事故应急预案的管理**

建设工程生产安全事故应急预案的管理包括应急预案的评审、备案、实施和奖惩。中华人民共和国应急管理部负责应急预案的综合协调管理工作。国务院其他负有安全生产监督管理职责的部门按照各自的职责负责本行业、本领域内应急预案的管理工作。

县级及以上地方各级人民政府应急管理部门负责本行政区域内应急预案的综合协调管理工作。县级及以上地方各级人民政府其他负有安全生产监督管理职责的部门按照各自的职责负责辖区内本行业、本领域应急预案的管理工作。

1) 应急预案的评审

地方各级人民政府应急管理部门应当组织有关专家对本部门编制的应急预案进行审定,必要时可以召开听证会,听取社会有关方面的意见。涉及相关部门职能或者需要有关部门配合的,应当征得有关部门同意。

参加应急预案评审的人员应当包括应急预案涉及的政府部门工作人员和有关安全生产及应急管理方面的专家。

评审人员与所评审预案的生产经营单位有利害关系的,应当回避。

应急预案的评审或者论证应当注重应急预案的实用性、基本要素的完整性、预防措施的针对性、组织体系的科学性、响应程序的操作性、应急保障措施的可行性、应急预案的衔接性等内容。

2）应急预案的备案

地方各级人民政府应急管理部门的应急预案，应当报同级人民政府备案，同时抄送上一级人民政府应急管理部门，并依法向社会公布。

地方各级人民政府其他负有安全生产监督管理职责的部门的应急预案，应当抄送同级人民政府应急管理部门。

属于中央企业的，其总部（上市公司）的应急预案，报国务院主管的负有安全生产监督管理职责的部门备案，并抄送应急管理部；其所属单位的应急预案报所在地省、自治区、直辖市或者设区的市级人民政府主管的负有安全生产监督管理职责的部门备案，并抄送同级人民政府应急管理部门。

不属于中央企业的，其中非煤矿山、金属冶炼和危险化学品生产、经营、储存、运输企业，以及使用危险化学品达到国家规定数量的化工企业、烟花爆竹生产、批发经营企业的应急预案，按照隶属关系报所在地县级及以上地方人民政府应急管理部门备案；前述单位以外的其他生产经营单位应急预案的备案，由省、自治区、直辖市人民政府负有安全生产监督管理职责的部门确定。

3）应急预案的实施

各级应急管理部门、生产经营单位应当采取多种形式开展应急预案的宣传教育，普及生产安全事故预防、避险、自救和互救知识，提高从业人员和社会公众的安全意识和应急处置技能。

施工单位应当组织开展本单位的应急预案、应急知识、自救互救和避险逃生技能的培训活动，使有关人员了解应急预案内容，熟悉应急职责、应急处置程序和措施。

生产经营单位应当制订本单位的应急预案演练计划，根据本单位的事故预防重点，每年至少组织一次综合应急预案演练或者专项应急预案演练，每半年至少组织一次现场处置方案演练。

有下列情形之一的，应急预案应当及时修订并归档。

（1）依据的法律、法规、规章、标准及上位预案中的有关规定发生重大变化的。

（2）应急指挥机构及其职责发生调整的。

（3）面临的事故风险发生重大变化的。

（4）重要应急资源发生重大变化的。

（5）预案中的其他重要信息发生变化的。

（6）在应急演练和事故应急救援中发现问题需要修订的。

（7）编制单位认为应当修订的其他情况。

施工单位应急预案修订涉及组织指挥体系与职责、应急处置程序、主要处置措施、应急响应分级等内容变更的，修订工作应当参照《生产安全事故应急预案管理办法》规定的应急预案编制程序进行，并按照有关应急预案报备程序重新备案。

### 7.7.2 安全事故处理

**1. 职业伤害事故的分类**

职业健康安全事故分两大类,即职业伤害事故与职业病。职业伤害事故是指因生产过程及工作原因或与其相关的其他原因造成的伤亡事故。

1) 按照事故发生的原因分类

按照我国《企业职工伤亡事故分类》(GB 6441—1986)规定,职业伤害事故分为20类,其中与建筑业有关的有以下12类:物体打击、车辆伤害、机械伤害、起重伤害、触电、灼烫、火灾、高处坠落、坍塌、火药爆炸、中毒和窒息、其他伤害等。

以上12类职业伤害事故中,在建设工程领域中最常见的是高处坠落、物体打击、机械伤害、触电、坍塌、中毒、火灾7类。

2) 按事故严重程度分类

我国《企业职工伤亡事故分类》(GB 6441—1986)规定,按事故严重程度分类,事故分为以下三种。

(1) 轻伤事故,是指造成职工肢体或某些器官功能性或器质性轻度损伤,能引起劳动能力轻度或暂时丧失的伤害的事故,一般每个受伤人员休息1个工作日以上(含1个工作日),105个工作日以下。

(2) 重伤事故,一般指受伤人员肢体残缺或视觉、听觉等器官受到严重损伤,能引起人体长期存在功能障碍或劳动能力有重大损失的伤害,或者造成每个受伤人损失105个工作日以上(含105个工作日)的失能伤害的事故。

(3) 死亡事故,其中,重大伤亡事故是指一次事故中死亡1人或2人的事故;特大伤亡事故是指一次事故死亡3人以上(含3人)的事故。

3) 按事故造成的人员伤亡或者直接经济损失分类

依据2007年6月1日起实施的《生产安全事故报告和调查处理条例》规定,按生产安全事故(以下简称事故)造成的人员伤亡或者直接经济损失,事故分为以下四种。

(1) 特别重大事故,是指造成30人以上死亡,或者100人以上重伤(包括急性工业中毒,下同),或者1亿元以上直接经济损失的事故。

(2) 重大事故,是指造成10人以上30人以下死亡,或者50人以上100人以下重伤,或者5000万元以上1亿元以下直接经济损失的事故。

(3) 较大事故,是指造成3人以上10人以下死亡,或者10人以上50人以下重伤,或者1000万元以上5000万元以下直接经济损失的事故。

(4) 一般事故,是指造成3人以下死亡,或者10人以下重伤,或者1000万元以下直接经济损失的事故。

目前,在建设工程领域中,判别事故等级较多采用的是《生产安全事故报告和调查处理条例》。

**2. 建设工程安全事故的处理**

一旦事故发生,通过应急预案的实施,尽可能防止事态的扩大和减少事故的损失。通过事故处理程序,查明原因,制订相应的纠正和预防措施,避免类似事故的再次发生。

1) 事故处理的原则("四不放过"原则)

国家对发生事故后的"四不放过"处理原则,其具体内容如下。

(1) 事故原因未查清不放过。要求在调查处理伤亡事故时,首先要把事故原因分析清楚,找出导致事故发生的真正原因,未找到真正原因决不轻易放过。直到找到真正原因并搞清各因素之间的因果关系才算达到事故原因分析的目的。

(2) 责任人员未处理不放过。这是安全事故责任追究制的具体表现,对事故责任者要严格按照安全事故责任追究的法律法规的规定进行严肃处理。不仅要追究事故直接责任人的责任,同时要追究有关负责人的领导责任。当然,处理事故责任者必须谨慎,避免事故责任追究的扩大化。

(3) 有关人员未受到教育不放过。使事故责任者和广大群众了解事故发生的原因及所造成的危害,并深刻认识到搞好安全生产的重要性,从事故中吸取教训,提高安全意识,改进安全管理工作。

(4) 整改措施未落实不放过。必须针对事故发生的原因,提出防止相同或类似事故发生的切实可行的预防措施,并督促事故发生单位加以实施。只有这样,才算达到了事故调查和处理的最终目的。

2) 建设工程安全事故处理措施

(1) 按规定向有关部门报告事故情况。事故发生后,事故现场有关人员应当立即向本单位负责人报告;单位负责人接到报告后,应当于1小时内向事故发生地县级以上人民政府应急管理部门和负有安全生产监督管理职责的有关部门报告,并有组织、有指挥地抢救伤员、排除险情;应当防止人为或自然因素的破坏,便于事故原因的调查。

由于建设行政主管部门是建设安全生产的监督管理部门,对建设安全生产实行的是统一的监督管理,因此,各个行业的建设施工中出现了安全事故,都应当向建设行政主管部门报告。对于专业工程的施工中出现生产安全事故的,由于有关的专业主管部门也承担着对建设安全生产的监督管理职能,因此,专业工程出现安全事故,还需要向有关行业主管部门报告。

(2) 情况紧急时,事故现场有关人员可以直接向事故发生地县级以上人民政府应急管理部门和负有安全生产监督管理职责的有关部门报告。

(3) 应急管理部门和负有安全生产监督管理职责的有关部门接到事故报告后,应当依照下列规定上报事故情况,并通知公安机关、劳动保障行政部门、工会和人民检察院。

① 特别重大事故、重大事故逐级上报至国务院应急管理部门和负有安全生产监督管理职责的有关部门。

② 较大事故逐级上报至省、自治区、直辖市人民政府应急管理部门和负有安全生产监督管理职责的有关部门。

③ 一般事故上报至设区的市级人民政府应急管理部门和负有安全生产监督管理职责的有关部门。

应急管理部门和负有安全生产监督管理职责的有关部门依照前款规定上报事故情况,应当同时报告本级人民政府。国务院应急管理部门和负有安全生产监督管理职责的有关部门以及省级人民政府接到发生特别重大事故、重大事故的报告后,应当立即报告国务院。必要时,应急管理部门和负有安全生产监督管理职责的有关部门可以越级上报事故情况。

应急管理部门和负有安全生产监督管理职责的有关部门逐级上报事故情况,每级上报的时间不得超过2小时。事故报告后出现新情况的,应当及时补报。

(4)组织调查组,开展事故调查。特别重大事故由国务院或者国务院授权有关部门组织事故调查组进行调查。重大事故、较大事故、一般事故分别由事故发生地省级人民政府、设区的市级人民政府、县级人民政府负责调查。省级人民政府、设区的市级人民政府、县级人民政府可以直接组织事故调查组进行调查,也可以授权或者委托有关部门组织事故调查组进行调查。未造成人员伤亡的一般事故,县级人民政府也可以委托事故发生单位组织事故调查组进行调查。

事故调查组有权向有关单位和个人了解与事故有关的情况,并要求其提供相关文件、资料,有关单位和个人不得拒绝。事故发生单位的负责人和有关人员在事故调查期间不得擅离职守,并应当随时接受事故调查组的询问,如实提供有关情况。事故调查中发现涉嫌犯罪的,事故调查组应当及时将有关材料或者其复印件移交司法机关处理。

**3. 安全事故统计规定**

原国家安全生产监督管理总局(现已更名为应急管理部)制定的《生产安全事故统计报表制度》(安监总统计〔2016〕116号)有如下规定。

(1)报表的统计范围是在中华人民共和国领域内发生的生产安全事故依据该制度进行统计。

(2)统计内容主要包括事故发生单位的基本情况、事故造成的死亡人数、受伤人数(含急性工业中毒人数)、单位经济类型、事故类别等。

(3)生产安全事故发生地县级以上("以上"包含本级,下同)安全生产监督管理部门除对发生的每起生产安全事故在规定时限内向上级人民政府安全生产监督管理部门和负有安全生产监督管理职责的有关部门报告外,还应通过"安全生产综合统计信息直报系统"填报,并在生产安全事故发生7日内,及时补充完善相关信息,并纳入生产安全事故统计。

(4)县级以上安全生产监督管理部门,在每月7日前报送上月生产安全事故统计数据汇总,生产安全事故发生之日起30日内(火灾、道路运输事故自发生之日起7日内)伤亡人员发生变化的,应及时补报伤亡人员变化情况。个别事故信息因特殊原因无法及时掌握的,应在事故调查结束后予以完善。

(5)经查实的瞒报、漏报的生产安全事故,应在接到生产安全事故信息通报后24小时内,在"安全生产综合统计信息直报系统"中进行填报。

## ——— 小结 ———

本章介绍了安全生产管理概念、建筑施工安全管理中的不安全因素、施工现场安全管理的基本要求、施工现场安全管理的主要内容及主要方式。讲解了建设工程安全生产管理体系的构建,制订施工安全生产责任制,编写施工安全技术措施和交底、施工安全教育的要点、安全检查要点、安全事故的预防与处理等。通过知识的学习能够对班组进行安全技术交底以及日常的安全知识教育、培训、考核；能进行建设工程安全资料的整理、汇编及归档；能进行建筑施工安全监督检查、安全检测与监控、事故隐患整改、事故处理和现场救援。

## 实训任务

安全管理职业活动训练，分组讨论书中所述安全管理制度的目的与意义。阅读工程安全教育资料，注重学习安全教育的资料内容和安全教育的有关要求。模拟组织新工人的入场安全教育，由项目部级安全教育组对工人班组级安全教育组进行项目部级安全教育，由工人班组级安全教育组对项目部级安全教育组进行工人班组级安全教育。按要求填写有关教育登记表和考核表。

## 本章教学资源

施工项目安全管理概述与安全生产管理体系

施工安全生产责任制与施工安全技术措施

施工安全教育与安全检查

安全事故的预防与处理

# 第 8 章 施工过程安全控制

## 学习目标

1. 掌握基坑开挖和支护的施工方案、一般安全要求和技术、防止坠落的安全技术与要求、深基坑支护安全技术要求。
2. 掌握脚手架工程施工方案的编制、搭设和拆除要求。
3. 掌握模板工程的安装和拆除安全要求与技术。
4. 掌握一般高处作业的安全技术要求、临边作业和洞口作业的安全防护。

## 学习重点与难点

1. 学习重点是掌握基坑、脚手架、模板和高处作业的施工安全技术和要求。
2. 学习难点在于要求学生具备一定的理论基础和实践经验,需要针对不同施工现场的安全状况提出有效的控制方案,避免安全隐患和出现重大安全事故。

## 案例引入

1. 某县工程项目三期工程较大塔式起重机坍塌事故

某日,某工程项目三期在建工程 10 号楼塔式起重机在进行拆卸作业时发生一起坍塌事故,造成 5 人死亡,直接经济损失 580 余万元。发生原因是,塔式起重机安拆人员严重违规作业,引起横梁销轴从西北侧端踏步圆弧槽内滑脱,造成塔式起重机上部荷载由顶升横梁一端承重而失稳,导致塔式起重机上部结构墩落,引发坍塌事故。

主要教训:一是企业安全生产主体责任不落实,对施工项目监管不到位。二是地方属地管理责任落实不到位。三是行业监管部门监督检查不到位。

追责情况:给予事故责任单位吊销营业执照、企业严重不良行为记录、纳入联合惩戒黑名单、罚款、降低资质、暂扣安全生产许可证等处理。对 26 名有关责任人依法依规追究责任。

2. 某城基坑坍塌事故

某城市广场基坑周长约 340m,原设计地下室 4 层,基坑开挖深度为 17m。基坑东侧、基坑南侧东部 34m、北侧东部 30m 范围,上部 5.2m 采用喷锚支护方案,下部采用挖孔桩结合钢管内支撑的方案,挖孔桩底标高为 −20.0m。基坑西侧上部采用挖孔桩结合预应力锚索方案,下部采用喷锚支护方案。基坑南侧、北侧的剩余部分,采用喷锚支护方案。后由于 ±0.00 标高调整,后实际基坑开挖深度调整为 15.3m。

该城市广场基坑在 2005 年 7 月 21 日中午 12:20 左右倒塌。5 人受伤,6 人被埋,其中 3 人被消防人员救出,另 3 人不幸遇难。基坑倒塌前 1 个小时,施工单位测量的挡土桩加钢管支撑部分最大位移为 4cm。监测单位在倒塌前两天测出的基坑南侧喷锚支护部分的最大位移接近15cm。

事故原因分析如下：

(1) 超挖：原设计4层基坑17m,后开挖成5层基坑(20.3m),挖孔桩成吊脚桩。

(2) 超时：基坑支护结构服务年限一年,实际从开挖到出事已有近三年。

(3) 超载：坡顶泥头车、吊车、钩机超载。

(4) 地质原因：岩面埋深较浅,但岩层倾斜。设计单位仍采用理正软件对元基坑设计方案进行复核、设计,而忽视现场开挖过程中岩面从南向北倾斜,倾斜角约为25°的实际情况。

(5) 施工过程中发现岩面倾斜,南部位移较大后,曾对部分区域进行预应力锚索加固,加固范围只是南部西侧的20～30m,加固范围太小。

任何时刻,人的生命价值高于一切物质价值。做好建设工程施工现场的安全防护工作就是保护劳动者在生产中的安全和健康,促进经济建设健康发展,促进社会的和谐稳定,体现施工企业以人为本的管理理念。本任务的具体要求是：掌握基坑工程安全技术基本要求,脚手架工程施工安全技术基本要求,模板工程安全技术基本要求,高处作业安全技术基本要求。

## 8.1 基坑工程安全技术

土方开挖必须制订能够保证周边建筑物、构筑物安全的措施,并经技术部门审批后方可施工,危险处、通道处及行人过路处开挖的槽(坑、沟)必须采取有效的防护措施,防止人员坠落,且夜间应设红色标志灯。雨期施工期间基坑周边应有良好的排水系统和设施。

建设单位必须在基础施工前及开挖槽(坑、沟)土方前以书面形式向施工企业提供与施工现场相关的详细地下管线资料,施工企业应据此采取措施保护地下各类管线。基础施工前,应具备完整的岩土工程勘察报告及设计文件。

开挖基槽(坑、沟)时,槽(坑、沟)边1m以内不得堆土、堆料、停置机具。当开挖基槽(坑、沟)深度超过1.5m时应根据土质和深度情况按规范放坡或加设可靠支撑,并应设置人员上下坡道(或爬梯,爬梯两侧应用密目网封闭);当开挖深度超过2m时必须在边沿处设立两道防护栏杆并用密目网封闭;当基坑深度超过5m时必须编制专项施工安全技术方案并经企业技术部门负责人审批后由企业安全部门监督实施。基础施工时的降排水(井点)工程的井口必须设牢固防护盖板或警示标志,完工后必须将井回填埋实。深井或地下管道施工及防水作业区应采取有效的通风措施并进行有毒、有害气体检测,特殊情况必须采取特殊防护措施以防止中毒事故发生。

挖大孔径桩及扩底桩必须制订防坠入、落物、坍塌、人员窒息等安全措施。挖大孔径桩时必须采用混凝土护壁,混凝土强度达到规定的强度和养护时间后方可进行下层土方开挖。挖大孔径桩时,在下孔作业前应进行有毒、有害气体检测,确认安全后方可下孔作业。孔下作业人员连续作业不得超过2h,并应设专人监护,施工作业时应保证作业区域通风良好。大孔径桩及扩底桩施工必须严格执行相关规范的规定,人工挖大孔径桩的施工企业必须具备总承包一级以上资质或地基与基础工程专业承包一级资质,编制人工挖大孔径桩及扩底桩施工方案必须经企业负责人、技术负责人签字批准。

### 8.1.1 土方开挖基坑支护工程施工方案

(1) 土方工程施工方案或安全措施:在施工组织设计中,要有单项土方施工方案,如果土方工程具有大、特、新或特别复杂的特点,则必须单独编制土石方工程施工方案,并按规定程序履行审批程序。土方工程施工,必须严格按批准的土方工程施工方案或安全措施进行施工,因特殊情况需要变更的,要履行相应的变更手续。

(2) 土方的放坡与支护:土方工程施工前必要时应进行工程施工地质勘探,根据土质条件、地下水位、开挖深度、周边环境及基础施工方案等制订基坑(槽)设置安全边坡或固壁施工支护方案。

(3) 土方开挖机械和开挖顺序的选择:应根据工程实际,选择适合的土方开挖机械,并确定合理的开挖顺序,要兼顾土方开挖效益与安全。

(4) 施工道路的规划:运土的道路应平整、坚实,其坡度和转弯半径应符合有关安全的规定。

(5) 基坑周边防护措施:基坑防护措施,如基坑四周的防护栏杆,基坑防止坠落的警示标志,以及人员上下的专用爬梯等。

(6) 人工、机械挖土的安全措施:土方工程施工中防止塌方、高处坠落、触电和机械伤害的安全防范措施。

(7) 雨期施工时的防洪排涝措施:土方工程在雨期施工时,土方工程施工方案或安全措施应具有相应的防洪和排涝的安全措施,以防止塌方等灾害的发生。

(8) 基坑降水:土方工程施工需要人工降低地下水位时,土方工程施工方案或安全措施应制订与降水方案相对应的安全措施,如防止塌方、管涌、喷砂冒水等措施以及对周边环境(如建筑物、构筑物、道路、各种管线等)的监测措施等。

### 8.1.2 土方开挖基坑支护的一般安全要求与技术

施工前,应对施工区域内影响施工的各种障碍物,如建筑物、道路、管线、旧基础、坟墓、树木等,进行拆除、清理或迁移,确保安全施工。

施工时必须按施工方案(或安全措施)的要求,设置基坑(槽)安全边坡或固壁施工支护措施,因特殊情况需要变更的,必须履行相应的变更手续。

当地质情况良好、土质均匀、地下水位低于基坑(槽)底面标高时,挖方深度在5m以内可不加支撑,这时的边坡最陡坡度应按表8-1规定确定(应在施工方案中予以确定)。

当天然冻结的速度和深度,能确保挖土时的安全操作,对于4m以内深度的基坑(槽),开挖时可以采用天然冻结法垂直开挖而不加设支撑。但对干燥的砂土应严禁采用冻结法施工。

表 8-1 深度在 5m 以内(包括 5m)的基坑(槽)边的最大坡度(不加支撑)

| 土的类别 | 边坡坡度(高:宽) | | |
|---|---|---|---|
| | 坡顶无荷载 | 坡顶有荷载 | 坡顶有动载 |
| 中密的砂土 | 1:1.00 | 1:1.25 | 1:1.50 |
| 中密的碎石土 | 1:0.75 | 1:1.00 | 1:1.25 |
| 硬塑的粉土 | 1:0.67 | 1:0.75 | 1:1.00 |
| 中密的碎石土(充填物为黏土) | 1:0.50 | 1:0.67 | 1:0.75 |
| 硬塑的粉质黏土、黏土 | 1:0.33 | 1:0.50 | 1:0.67 |
| 老黄土 | 1:0.10 | 1:0.25 | 1:0.33 |

注:1. 静载指堆土或材料等,动载指机械挖土或汽车运输作业等,静载或动载距挖方边缘的距离应在 1m 以外,堆土或材料堆积高度不应超过 1.5m。
2. 若有成熟的经验或科学的理论计算并经试验证明者可不受本表限制。
3. 土质均匀且无地下水或地下水位低于基坑(槽)底面且土质均匀时,土壁不加支撑的垂直挖深不宜超过表 8-2 规定。

表 8-2 不加支撑基坑(槽)土壁垂直挖深规定

| 土的类别 | 深度(m) |
|---|---|
| 密实、中密的砂土和碎石类土(充填物为砂土) | 1.00 |
| 硬塑、可塑的粉土及粉质黏土 | 1.25 |
| 硬塑、可塑的黏土和碎石类土(充填物为黏性土) | 1.50 |
| 坚硬的黏土 | 2.00 |

黏性土不加支撑的基坑(槽)最大垂直挖深可根据坑壁的质量、内摩擦角、坑顶部的均布荷载及安全系数等进行计算。

挖土前护。作业中应避开各种管线和构筑物,在现场的电力、通信电缆 2m 范围内和燃气、热力、给排水等管线应根据安全技术交底了解地下管线、人防及其他构筑物的情况和具体位置,地下构筑物外露时必须进行加固保护,在 1m 范围内施工时,必须在其业主单位人员的监护下采取人工开挖。

人工开挖槽、沟、坑深度超过 1.5m 的,必须根据开挖深度和土质情况,按安全技术措施或安全技术交底的要求放坡或支护。如遇边坡不稳或有坍塌征兆时,应立即撤离现场,并及时报告项目负责人,险情排除后,方可继续施工。

人工开挖时,两个人横向操作间距应保持为 2~3m,纵向间距不得小于 3m,并应自上而下逐层挖掘,严禁采用掏洞的挖掘操作方法。

上下槽、坑、沟应先挖好阶梯或设木梯,不应踩踏土壁及其支撑上下,施工间歇时不得在槽、沟、坑、坡脚下休息。

挖土过程中遇有古墓、地下管道、电缆或不能辨认的异物和液体、气体时,应立即停止施工,并报告现场负责人,待查明原因并采取措施处理后,方可继续施工。

深基坑施工中,必须注意排除地面雨水,防止倒流入基坑,同时注意雨水的渗入,土体强度降低，土压力加大造成基坑边坡坍塌事故。

钢钎破冻土、坚硬土时，扶钎人应站在打锤人侧面用长把夹具扶钎，打锤范围内不得有其他人停留。锤顶应平整，锤头应安装牢固。钎子应直且不得有飞刺，打锤人不得戴手套。

从槽、坑、沟中吊运送土至地面时，绳索、滑轮、钩子、箩筐等垂直运输设备、工具应完好牢固。起吊、垂直运送时下方不得站人。

配合机械挖土清理槽底作业时严禁进入铲斗回转半径范围。必须待挖掘机停止作业后，方准进入铲斗回转半径范围内清土。

夜间施工时，应合理安排施工项目，防止挖方超挖或铺填超厚。施工现场应根据需要安装照明设施，在危险地段应设置红灯警示。

每日或雨后必须检查土壁及支撑的稳定情况，在确保安全的情况下方可施工，并且不得将土和其他物件堆放在支撑上，不得在支撑上行走或站立。

深基坑内光线不足，不论白天还是夜间施工，均应设置足够的电器照明，电器照明应符合《施工现场临时用电安全技术规范》(JGJ 46—2005)的有关规定。

用挖土机施工时，施工机械进场前必须经过验收，验收合格方准使用。

机械挖土，启动前应检查离合器、液压系统及各铰接部分等，经空车试运转正常后再开始作业。机械操作中进铲不应过深，提升不应过猛，作业中不得碰撞基坑支撑。

机械不得在输电线路下和线路一侧工作。不论在任何情况下，机械的任何部位与架空输电线路的最近距离应符合安全操作规程要求(根据现场输电线路的电压等级确定)。

机械应停在坚实的地基上，如基础过差，应采取走道板等加固措施，不得在挖土机履带与挖空的基坑平行的 2m 内停、驶。运土汽车不宜靠近基坑平行行驶，载重汽车与坑、沟边沿距离不得小于 3m；马车与坑、沟边沿距离不得小于 2m；塔式起重机等振动较大的机械与坑、沟边沿距离不得小于 6m；防止塌方翻车。

向汽车上卸土应在汽车停稳定后进行，禁止铲斗从汽车驾驶室上越过。

使用土石方施工机械施工时，应遵守土石方机械安全使用的要求。

场内道路应及时整修，确保车辆安全畅通，各种车辆应有专人负责指挥引导。

车辆进出门口的人行道下，如有地下管线(道)必须铺设厚钢板，或浇筑混凝土加固。车辆出大门口前，应将轮胎冲洗干净，不污染道路。

用挖土机施工时，应严格控制开挖面坡度和分层厚度，防止边坡和挖土机下的土体活动，挖土机的作业半径范围内，不得站人，不得进行其他作业。

用挖土机施工时，应至少保留 0.3m 厚不挖，最后由人工修挖至设计标高。

基坑深度超过 5m 必须进行专项支护设计，专项支护设计必须经上级审批，签署审批意见。

挖土时要随时注意土壁的变异情况，如发现有裂纹或部分塌落现象，要及时进行支撑或改缓放坡，并注意支撑的稳固和边坡的变化。

在坑边堆放弃土、材料和移动施工机械，应与坑边保持一定距离；当土质良好时，要距坑边 1m 以外，堆放高度不能超过 1.5m。

在靠近建筑物旁挖掘基槽或深坑，其深度超过原有建筑物基础深度时，应分段进行，每段不得超过 2m。

## 8.1.3 基坑(槽)及管沟工程防止坠落的安全技术与要求

深度超过2m的基坑施工,其临边应设置人及物体滚落基坑的安全防护措施。必要时应设置警示标志,配备监护人员。

基坑周边应搭设防护栏杆,栏杆的规格、杆件连接、搭设方式等必须符合《建筑施工高处作业安全技术规范》(JGJ 80—2016)的规定。

人员上下基坑、基坑作业应根据施工设计设置专用通道,不得攀登固壁支撑上下。人员上下基坑作业,应配备梯子,作为上下的安全通道;在坑内作业,可根据坑的大小设置专用通道。

夜间施工时,施工现场应根据需要安设照明设施,在危险地段应设置红灯警示。

在基坑内无论是在坑底作业,还是攀登作业或是悬空作业,均应有安全的立足点和防护措施。

基坑较深,需要上下垂直同时作业的,应根据垂直作业层搭设作业架,各层用钢、木、竹板隔开。或采用其他有效的隔离防护措施,防止上层作业人员、土块或其他工具坠落伤害下层作业人员。

## 8.1.4 深基坑支护安全技术要求

深基坑支护的设计与施工技术尤为重要。国家规定深基坑支护要进行结构设计,深度大于5m的基坑安全度要通过专家论证。

**1. 深基坑支护的一般安全要求**

(1) 支护结构的选型应考虑结构的空间效应和基坑特点,选择有利支护的结构形式或采用几种形式相结合。

(2) 当采用悬臂式结构支护时,基坑深度不宜大于6m。基坑深度超过6m时,可选用单支点和多支点的支护结构。地下水位较低的地区和能保证降水施工时,也可采用土钉支护。

(3) 寒冷地区基坑设计应考虑土体冻胀力的影响。

(4) 支撑安装必须按设计位置进行,施工过程严禁随意变更,并应切实使围檩与挡土桩墙结合紧密。挡土板或板桩与坑壁间的回填土应分层回填夯实。

(5) 支撑的安装和拆除顺序必须与设计工况相符合,并与土方开挖和主体工程的施工顺序相配合。分层开挖时,应先支撑后开挖;同层开挖时,应边开挖边支撑。支撑拆除前,应采取换撑措施,防止边坡卸载过快。

(6) 钢筋混凝土支撑的强度必须达到设计要求(或达75%)后,方可开挖支撑面以下土方;钢结构支撑必须严格材料检验和保证节点的施工质量,严禁在负荷状态下进行焊接。

(7) 应合理布置锚杆的间距与倾角,锚杆上下间距不宜小于2.0m,水平间距不宜小于1.5m;锚杆倾角宜为15°~25°,且不应大于45°。最上一道锚杆覆土厚度不得小于4m。

(8)锚杆的实际抗拔力除经计算外,还应按规定方法进行现场试验后确定。可采取提高锚杆抗力的二次压力灌浆工艺。

(9)采用逆做法施工时,要求其外围结构必须有自防水功能。基坑上部机械挖土的深度,应按地下墙悬臂结构的应力值确定;基坑下部封闭施工,应采取通风措施;当采用电梯间作为垂直运输的井道时,对洞口楼板的加固方法应由工程设计确定。

(10)逆做法施工时,应合理地解决支撑上部结构的单柱单桩与工程结构的梁柱交叉及节点构造,并在方案中预先设计。当采用坑内排水时必须保证封井质量。

**2. 深基坑支护的施工监测**

1)监测内容

(1)挡土结构顶部的水平位移和沉降。

(2)挡土结构墙体变形的观测。

(3)支撑立柱的沉降观测。

(4)周围建(构)筑物的沉降观测。

(5)周围道路的沉降观测。

(6)周围地下管线的变形观测。

(7)坑外地下水位的变化观测。

2)监测要求

(1)基坑开挖前应作出系统的开挖监控方案。监控方案应包括监控目的、监控项目、监控报警值、监控方法及精度要求、检测周期、工序管理和记录制度,以及信息反馈系统等。

(2)监控点的布置应满足监控要求。从基坑边线以外1~2倍开挖深度范围内的需要保护物体应作为保护对象。

(3)监测项目在基坑开挖前应测得始值,且不应少于2次。基坑监测项目的监控报警值应根据监测对象的有关规范及结构设计要求确定。

(4)各项监测的时间可根据工程施工进度确定。当变形超过允许值,变化速率较大时,应加密观测次数。当有事故征兆时应连续监测。

(5)基坑开挖监测过程中应根据设计要求提供阶段性监测结果报告。工程结束时应提交完整的监测报告,报告内容应包括工程概况、监测项目和各监测点的平面和立面布置图采用的仪器设备和监测方法,监测数据的处理方法和监测结果过程曲线,监测结果评价等。

## 8.2 脚手架工程施工安全技术

### 8.2.1 施工方案

脚手架搭设之前,应根据工程特点和施工工艺确定脚手架搭设方案,脚手架必须经过企业技术负责人审批。脚手架施工方案的内容应包括基础处理、搭设要求、杆件间距、连墙杆设置位置及连接方法,并绘制施工详图和大样图,同时还应包括脚手架搭设的时间、拆除时间及其顺序等。

落地扣件式钢管脚手架的搭设尺寸应符合《建筑施工扣件式脚手架安全技术规范》的有关设计计算的规定。

落地扣件式钢管脚手架的搭设高度在25m以下应有搭设方案,绘制架体与建筑物拉结详图。

搭设高度超过25m时,应采用双立杆及缩小间距等加强措施,绘制搭设详图及基础做法要求。

搭设高度超过50m时,应有设计计算书及卸荷方法详图,设计计算书连同方案一起经企业技术负责人审批。

施工现场的脚手架必须按施工方案进行搭设,因故需要改变脚手架的类型时,必须重新修改脚手架的施工方案并经审批后,方可施工。

## 8.2.2 脚手架的搭设要求

(1)落地式脚手架的基础应坚实、平整,并应定期检查。立杆不埋设时,每根立杆底部应设置垫板或底座,并应设置纵、横向扫地杆。

(2)架体稳定与连墙件。

① 架体高度在7m以下时,可设抛撑来保证架体的稳定。

② 架体高度在7m以上时,无法设抛撑来保证架体的稳定时,架体必设连墙件。

连墙件的间距应符合下列要求:扣件式钢管脚手架双排架高在50m以下或单排架高在24m以下,按不大于40$m^2$设置1处;双排架高在50m以上,按不大于27$m^2$设置1处,连墙件布置最大间距见表8-3。

表8-3 连墙件布置最大间距

| 脚手架高度(mm) | | 竖向间距 $h$ | 水平间距 $l_a$ | 每根连墙件覆盖面积($m^2$) |
|---|---|---|---|---|
| 双排 | ≤50 | $3h$ | $3l_a$ | ≤40 |
| | >50 | $2h$ | $3l_a$ | ≤27 |
| 单排 | ≤24 | $3h$ | $3l_a$ | ≤40 |

门式钢管脚手架架高在45m以下,基本风压小于或等于0.55kN/$m^2$,按不大于48$m^2$设置1处;架高在45m以下,基本风压大于0.55kN/$m^2$,或架高在45m以上,按不大于24$m^2$设置1处。

一字形、开口形脚手架的两端,必须设置连墙件。连墙件必须采用可承受拉力和压力的构造,并与建筑结构连接。

连墙件的设置方法、设置位置应在施工方案中确定,并绘制连接详图。连墙件应与脚手架同步搭设,严禁在脚手架使用期间拆除连墙件。

(3)杆件间距与剪刀撑:立杆、大横杆、小横杆等杆件间距应符合《扣件式钢管脚手架安全技术规范》(JGJ 130—2019)的有关规定,并应在施工方案中予以确定,当遇到洞口等处需要加大间距时,应按规范进行加固。

立杆是脚手架的主要受力杆件,其间距应按施工规范均匀设置,不得随意加大。

剪刀撑及横向斜撑的设置应符合下列要求。

① 扣件式钢管脚手架应沿全高设置剪刀撑。架高在24m以下时,可沿脚手架长度间隔不大于15m设置;架高在24m以上时应沿脚手架全长连续设置剪刀撑,并应设置横向斜撑,横向斜撑由架底至架顶呈之字形连续布置,沿脚手架长度间隔6跨设置1道。

② 碗扣式钢管脚手架,架高在24m以下时,于外侧框格总数的1/5设置斜杆;架高在24m以上时,按框格总数的1/3设置斜杆。

③ 门式钢管脚手架的内外两个侧面除应满设交叉支撑杆外,当架高超过20m时,还应在脚手架外侧沿长度和高度连续设置剪刀撑,剪刀撑钢管规格应与门架钢管规格一致。当剪刀撑钢管直径与门架钢管直径不一致时,应采用异型扣件连接。

④ 满堂扣件式钢管脚手架除沿脚手架外侧四周和中间设置竖向剪刀撑外,当脚手架高于4m时,还应沿脚手架每两步高度设置一道水平剪刀撑。

⑤ 每道剪刀撑跨越立杆的根数宜按表8-4的规定确定。每道剪刀撑宽度不应小于4跨,且不应小于6m,斜杆与地面的倾角宜在45°～60°之间。

表8-4 剪刀撑跨越立杆的最多根数

| 剪刀撑斜杆与地面的倾角 $\alpha$(°) | 45 | 50 | 60 |
|---|---|---|---|
| 剪刀撑跨越立杆的最多根数 $n$ | 7 | 6 | 5 |

(4) 扣件式钢管脚手架的主节点处必须设置横向水平杆,在脚手架使用期间严禁拆除。单排脚手架横向水平杆插入墙内长度不应小于180mm。

(5) 扣件式钢管脚手架除顶层外立杆杆件接长时,相邻杆件的对接接头不应设在同步内。相邻纵向水平杆对接接头不宜设置在同步或同跨内。扣件式钢管脚手架立杆接长除顶层外应采用对接。木脚手架立杆接头搭接长度应跨两根纵向水平杆,且不得小于1.5m。竹脚手架立杆接头的搭接长度应超过一个步距,并不得小于1.5m。

(6) 小横杆设置。

① 小横杆的设置位置,应在立杆与大横杆的交接点处。

② 施工层应根据铺设脚手板的需要增设小横杆。增设的位置视脚手板的长度与设置要求和小横杆的间距综合考虑。转入其他层施工时,增设的小横杆可同脚手板一起拆除。

③ 双排脚手架的小横杆必须两端固定,使里外两片脚手架连成整体。

④ 单排脚手架,不适用于半砖墙或180mm墙。

⑤ 小横杆在墙上的支撑长度不应小于240mm。

(7) 脚手架材质:脚手架材质应满足有关规范、标准及脚手架搭设的材料要求。

(8) 脚手板与护栏。

① 脚手板必须按照脚手架的宽度铺满,板与板之间要靠紧,不得留有空隙,离墙面不得大于200mm。

② 脚手板可采用竹、木或钢脚手板,材质应符合规范要求,每块质量不宜大于30kg。

③ 钢制脚手板应采用2～3mm的A3钢,长度为1.5～3.6m,宽度为230～250mm,肋高50mm为宜,两端应有连接装置,板面应钻有防滑孔。如有裂纹、扭曲不得使用。

④ 脚手木板应用厚度不小于50mm的杉木或松木板,不得使用脆性木材。脚手木板宽度以200~300mm为宜,凡是腐朽、扭曲、斜纹、破裂和大横节的不得使用。板的两端80mm处应用镀锌铁丝箍2~3圈或用铁皮钉牢。

⑤ 竹脚手板应采用由毛竹或楠竹制作的竹串片板、竹笆板。竹板必须穿钉牢固,无残缺竹片。

⑥ 脚手板搭接时不得小于200mm;对头接时应架设双排小横杆,间距不大于200mm。

⑦ 脚手板伸出小横杆以外大于200mm的称为探头板,因其易造成坠落事故,故脚手架上不得有探头板出现。

⑧ 在架子拐弯处脚手板应交叉搭接。垫平脚手板应用木块,并且要钉牢,不得用砖垫。

⑨ 脚手架外侧随着脚手架的升高,应按规定设置密目式安全网,必须扎牢、密实。形成全封闭的护立网,主要防止砖块等物坠落伤人。

⑩ 作业层脚手架外侧以及斜道和平台均要设置1.2m高的防护栏杆和180mm高的挡脚板,防止作业人员坠落和脚手板上物料滚落。

(9) 杆件搭接。

① 钢管脚手架的立杆需要接长时,应采用对接扣件连接,严禁采用绑扎搭接。

② 钢管脚手架的大横杆需要接长时,可采用对接扣件连接,也可采用搭接,但搭接长度不应小于1m,并应等间距设置3个旋转扣件固定。

③ 剪刀撑需要接长时,应采用搭接方法,搭接长度不小于500mm,搭接扣件不少于2个。

④ 脚手架的各杆件接头处传力性能差,接头应错开,不得设置在一个平面内。

(10) 架体内封闭。

① 施工层之下层应铺满脚手板,对施工层的坠落可起到一定的防护作用。

② 当施工层之下层无法铺设脚手板时,应在施工层下挂设安全平网,用于挡住坠落的人或物。平网应与水平面平行或外高里低,一般以15°为宜,网与网之间要拼接严密。

③ 除施工层之下层要挂设安全平网外,施工层以下每4层楼或每隔10m应设一道固定安全平网。

(11) 交底与验收。

① 脚手架搭设前,工地施工员或安全员应根据施工方案要求以及外脚手架检查评分表检查项目及其扣分标准,并结合《建筑安全工人安全操作规程》相关的要求,写成书面交底材料,向持证上岗的架子工进行交底。

② 脚手架通常是在主体工程基本完工时才搭设完毕,即分段搭设,分段使用。脚手架分段搭设完毕,必须经施工负责人组织有关人员,按照施工方案及《扣件式钢管脚手架安全技术规范》(JGJ 130—2019)的要求进行检查验收。

③ 经验收合格,办理验收手续,填写"脚手架底层验收表""脚手架中段验收表""脚手架顶层验收表",经有关人员签字后,方准使用。

④ 经检查不合格的应立即进行整改。对检查结果及整改情况,应按实测数据进行记录,并由检测人员签字。

(12) 通道：架体应设置上下通道，供操作工人和有关人员上下，禁止攀爬脚手架。通道也可作为少量的轻便材料、构件的运输通道。专供施工人员上下的通道，坡度为1∶3为宜，宽度不得小于1m；作为运输用的通道，坡度以1∶6为宜，宽度不小于1.5m。休息平台设在通道两端转弯处。架体上的通道和平台必须设置防护栏杆、挡脚板及防滑条。

(13) 卸料平台。

① 卸料平台是高处作业安全设施，应按有关规范、标准进行单独设计、计算，并绘制搭设施工详图。卸料平台的架杆材料必须满足有关规范、标准的要求。

② 卸料平台必须按照设计施工图搭设，并应制作成定型化、工具化的结构。平台上脚手板要铺满，临边要设置防护栏杆和挡脚板，并用密目式安全网封严。

③ 卸料平台的支撑系统经过承载力、刚度和稳定性验算，并应自成结构体系，禁止与脚手架连接。

④ 卸料平台上应用标牌显著地标明平台允许荷载值、平台上允许的施工人员和物料的总重量，严禁超过设计的允许荷载。

## 8.2.3 脚手架的拆除要求

脚手架拆除作业前，应制订详细的拆除施工方案和安全技术措施，并对参加作业的全体人员进行技术安全交底，在统一指挥下，按照确定的方案进行拆除作业。

脚手架拆除时，应划分作业区，周围设围护或设立警戒标志，地面设专人指挥，禁止非作业人入内。

一定要按照先上后下、先外后里、先架面材料后构架材料、先辅件后结构件和先结构件后附墙件的顺序，一件一件地松开联结，取出并随即吊下(或集中到毗邻的未拆的架面上，扎捆后吊下)。拆卸脚手板、杆件、门架及其他较长、较重、有两端联结的部件时，必须要两人或多人一组进行。禁止单人进行拆卸作业，防止把持杆件不稳、失衡而发生事故。拆除水平杆件时，松开结后，水平托取下。拆除立杆时，在把稳上端后，再松开下端联结取下。

架子工作业时，必须戴安全帽，系安全带，穿胶鞋或软底鞋。所用材料要堆放平稳，工具应随手放入工具袋，上下传递物件不能抛扔。多人或多组进行拆卸作业时，应加强指挥，并相互询问和协调作业步骤，严禁不按程序进行的任意拆卸。因拆除上部或一侧的附墙拉结而使架子不稳时，应加设临时撑拉措施，以防因架子晃动影响作业安全。严禁将拆卸下的杆部件和材料向地面抛掷。已吊至地面的架设材料应随时运出拆卸区域，保持现场文明。连墙杆应随拆除进度逐层拆除，拆抛撑前，应设立临时支柱。拆除时严禁碰撞附近电源线，以防事故发生。拆下的材料应用绳索拴柱，利用滑轮放下，严禁抛扔。在拆架过程中，不能中途换人。如需要中途换人时，应将拆除情况交接清楚后方可离开。脚手架具的外侧边缘与外电架空线路的边线之间的最小安全操作距离见表8-5。拆除的脚手架或配件，应分类堆放并保存进行保养。

表 8-5　脚手架具的外侧边缘与外电架空线路的边线之间的最小安全操作距离

| 外电线路电压(kV) | 小于1 | 1~10 | 35~110 | 150~220 | 330~500 |
| --- | --- | --- | --- | --- | --- |
| 最小安全操作距离(m) | 4 | 6 | 8 | 10 | 15 |

## 8.3　模板工程安全技术

模板及其支撑系统的安装、拆卸过程中必须有临时固定措施并应严防倾覆,大模板施工中操作平台、上下梯道、防护栏杆、支撑等作业系统必须配置完整、齐全、有效。模板拆除应按区域逐块进行,并应设警戒区,应严禁非操作人员进入作业区。模板工程施工前应编制施工方案(包括模板及支撑的设计、制作、安装和拆除的施工工序以及运输、存放的要求),并经技术部门负责人审批后方可实施。

### 8.3.1　模板工程施工方案的编制

(1) 模板及其支撑系统选型。

(2) 根据施工条件(如混凝土输送方法不同等)确定荷载,并按所有可能产生的荷载中最不利组合验算模板整体结构和支撑系统的强度、刚度和稳定性,并有相应的计算书。

(3) 绘制模板设计图,包括细部构造大样图和节点大样,注明所选材料的规格、尺寸和连接方法;绘制支撑系统的平面图和立面图,并注明间距及剪力撑的设置。

(4) 制订模板的制作、安装和拆除等施工程序、方法和安全措施。

施工方案应经上一级技术负责人批准并报监理工程师审批;安装前要审查设计审批手续是否齐全,模板结构设计与施工说明中的荷载、计算方法、节点构造是否符合实际情况,是否有安装拆除方案;模板安装时其方法、程序必须按模板的施工设计进行,严禁任意变动。

### 8.3.2　模板安装的要求与技术

(1) 楼层高度超过4m或2层及2层以上的建筑物,安装和拆除模板时,周围应设安全网或搭设脚手架和加设防护栏杆。在临街及交通要道地区,尚应设警示牌,并设专人维持安全,防止伤及行人。

(2) 现浇多层房屋和构筑物,应采取分层分段支模方法,并应符合下列要求。

① 下层楼板混凝土强度达到1.2MPa以后,才能上料具。料具要分散堆放,不得过分集中。

② 下层楼板结构的强度达到能承受上层模板、支撑系统和新浇筑混凝土的重量时,方可进行上层模板支撑、浇筑混凝土。否则下层楼板结构的支撑系统不能拆除,同时上层支架的立柱应对准下层支架的立柱,并铺设木垫板。

③ 如采用悬吊模板、桁架支模方法,其支撑结构必须要有足够的强度和刚度(需经计算并附计算书)。

(3) 混凝土输送方法有泵送混凝土、人力挑送混凝土、在浇灌运输道上用手推车翻斗车运送混凝土等方法,应根据输送混凝土的方法制订模板工程的有针对性的安全设施。

(4) 支撑模板立柱宜采用钢材,材料的材质应符合有关的专门规定。采用木材时,其树种可根据各地实际情况选用,立杆的有效直径不得小于 80mm,立杆要顺直,接头数量不得超过 30%,且不应集中。

(5) 竖向模板和支架的立柱部分,当安装在基土上时应加设垫板,且基土必须坚实并有排水设施。对湿陷性黄土,还应有防水措施;对冻胀性土,必须有防冻融措施。

(6) 当极少数立柱长度不足时,应采用相同材料加固接长,不得采用垫砖增高的方法。

(7) 当支柱高度小于 4m 时,应设上下两道水平撑和垂直剪刀撑。以后支柱每增高 2m 再增加一道水平撑,水平撑之间还需要增加剪刀撑一道。

(8) 当楼层高度超过 10m 时,模板的支柱应选用长料,同一支柱的连接接头不宜超过 2 个。

(9) 模板及其支撑系统在安装过程中,必须设置临时固定设施,严防倾覆。

(10) 主梁及大跨度梁的立杆应由底到顶整体设置剪刀撑,与地面成 45°~60°角。设置间距不大于 5m,若跨度大于 5m 的应连续设置。

(11) 各排立柱应用水平杆纵横拉接,每高 2m 拉接一次,使各排立杆柱形成一个整体,剪刀撑、水平杆的设置应符合设计要求。

(12) 立柱间距应经设计计算,支撑立柱时,其间距应符合设计规定。

(13) 模板上的施工荷载应进行设计计算,设计计算时应考虑以下各种荷载效应组合:新浇混凝土自重、钢筋自重、施工人员及施工设备荷载,新浇筑的混凝土对模板的侧压力,倾倒混凝土时产生的荷载,综合以上荷载值设计模板上施工荷载值。

(14) 堆放在模板上的建筑材料要均匀,如集中堆放、荷载集中,则会导致模板变形,影响构件质量。

(15) 大模板立放易倾倒,应采取支撑、围系、绑箍等防倾倒措施,视具体情况而定。长期存放的大模板,应用拉杆连接绑牢。存放在楼层时,须在大模板横梁上挂钢丝绳或花篮螺栓钩在楼板吊钩或墙体钢筋上。没有支撑或自稳角不足的大模板,要存放在专门的堆放架上或卧倒平放,不应靠在其他模板或构件上。

(16) 各种模板若露天存放,其下应垫高 30cm 以上,防止受潮。无论存放在室内或室外,应按不同的规格堆码整齐,用麻绳或镀锌铁丝系稳。模板堆放不得过高,以免倾倒。堆放地点应选择平稳之处,钢模板部件拆除后,临时堆放处离楼层边缘不应小于 1m,堆放高度不得超过 1m。楼梯边口、通道口、脚手架边缘等处,不得堆放模板。

(17) 2m 以上高处支模或拆模要搭设脚手架,满铺架板,使操作人员有可靠的立足点,并应按高处作业、悬空和临边作业的要求采取防护措施。不准站在拉杆、支撑杆上操作,也不准在梁底模上行走操作。

(18) 模板工程应按楼层,用模板分项工程质量检验评定表和施工组织设计有关内容检查验收,班、组长和项目经理部施工负责人均应签字,手续齐全。验收内容包括模板分项工程质量检验评定表的保证项目、一般项目和允许偏差项目以及施工组织设计的有关内容。

(19) 浇灌楼层梁、柱混凝土,一般应设浇灌运输道。整体现浇楼面支底模后,浇捣楼面混凝土,不得在底模上用手推车或人力运输混凝土,应在底模上设置运输混凝土的走道垫板,防止底模松动。

(20) 走道垫板应铺设平稳,垫板两端应用镀锌铁丝扎紧,牢固不松动。

(21) 作业面孔洞及临边必须设置牢固的盖板、防护栏杆、安全网或其他防坠落的防护设施,具体要求应符合《建筑施工高处作业安全技术规范》(JGJ 80—2016)的有关规定。

(22) 各工种进行上下立体交叉作业时,不得在同一垂直方向上操作。下层作业的位置,必须处于上层高度确定的可能坠落范围半径外。不符合以上条件时,应设置安全防护隔离层。

(23) 支设悬挑形式的模板时,应有稳定的立足点。支设临空构筑物模板时,应搭设支架。模板上有预留洞时,应在安装后将洞遮盖。

(24) 操作人员上下通行时,不许攀登模板或脚手架,不许在墙顶、独立梁及其他狭窄且无防护栏的模板面上行走。

(25) 模板支撑不能固定在脚手架或门窗上,避免发生倒塌或模板位移。

(26) 冬期施工,应对操作地点和人行通道的冰雪事先清除;雨期施工,对高耸结构的模板作业应安装避雷设施。

(27) 模板安装时,应先内后外,单面模板就位后,用工具将其支撑牢固。双面板就位后,用拉杆和螺栓固定,未就位和未固定前不得摘钩。

(28) 里外角模和临时悬挂的面板与大模板必须连接牢固,防止脱开和断裂坠落。

(29) 在架空输电线路下面安装和拆除组合钢模板时,吊机起重臂、吊物、钢丝绳、外脚手架和操作人员等与架空线路的最小安全距离应符合有关规范的要求。当不能满足最小安全距离要求时,要停电作业;不能停电时,应有隔离防护措施。

(30) 遇六级以上大风时,应暂停室外的高空作业。

### 8.3.3 模板拆除的安全要求与技术

(1) 现浇或预制梁、板、柱混凝土模板拆除前,应有 7d 和 28d 龄期强度报告,达到强度要求后,再拆除模板。

(2) 现浇结构的模板及其支架拆除时的混凝土强度,应符合设计要求;当设计无具体要求时,应符合规范规定,现浇结构拆模时所需混凝土强度见表 8-6。

表 8-6 现浇结构拆模时所需混凝土强度

| 项次 | 构造类型 | 结构跨度(m) | 按达到设计混凝土强度标注值的百分率计(%) |
|---|---|---|---|
| 1 | 板 | ≤2 | 50 |
| | | >2,≤8 | 75 |

续表

| 项次 | 构造类型 | 结构跨度(m) | 按达到设计混凝土强度标注值的百分率计(%) |
|---|---|---|---|
| 2 | 梁、拱、壳 | ≤8 | 75 |
| | | <8 | 100 |
| 3 | 悬臂构件 | ≤2 | 75 |
| | | >2 | 100 |

（3）后张预应力混凝土结构或构件模板的拆除，侧模应在预应力张拉前拆除，其混凝土强度达到侧模拆除条件即可，进行预应力张拉必须待混凝土强度达到设计规定值方可进行，底模必须在预应力张拉完毕时方能拆除。

（4）模板拆除前，现浇梁柱侧模的拆除，拆模时要确保梁、柱边角的完整，施工班组长应向项目经理部施工负责人口头报告，经同意后再拆除。

（5）现浇梁、板，尤其是挑梁、板底模的拆除，施工班、组长应书面报告项目经理部施工负责人，梁、板的混凝土强度达到规定的要求时，报专业监理工程师批准后才能拆除。

（6）模板及其支撑系统拆除时，在拆除区域应设置警戒线，且应派专人监护，以防止落物伤人。

（7）模板及其支撑系统拆除时，应一次全部拆完，不得留有悬空模板，避免坠落伤人。

（8）拆除模板应按方案规定的程序进行，先支的后拆，先拆非承重部分。拆除大跨度梁支撑柱时，先从跨中开始向两端对称进行。

（9）大模板拆除前，要用起重机垂直吊牢，然后再进行拆除。

（10）拆除薄壳模板从结构中心向四周围均匀放松，向周边对称进行。

（11）当立柱水平拉杆超过两层时，应先拆两层以上的水平拉杆，最下一道水平杆与立柱模同时拆，以确保柱模稳定。

（12）模板拆除应按区域逐块进行，定型钢模拆除不得大面积撬落。

（13）模板、支撑要随拆随运，严禁随意抛掷，拆除后分类码放。

（14）模板拆除前要进行安全技术交底，确保施工过程的安全。

（15）工作前，应检查所使用的工具是否牢固，扳手等工具必须用绳链系挂在身上，工作时思想要集中，防止钉子扎脚和从空中滑落。

（16）拆除模板一般采用长撬杠，严禁操作人员站在正拆除的模板下。在拆除楼板模板时，要注意防止整块模板掉下，尤其是用定型模板做平台模板时，更要注意，防止模板突然全部掉下伤人。

（17）在混凝土墙体、平板上有预留洞时，应在模板拆除后，随即在墙洞上做好安全护栏，或将板的洞盖严。

（18）严禁站在悬臂结构上面敲拆底模。严禁在同一垂直平面上操作。

（19）木模板堆放、安装场地附近严禁烟火，须在附近进行电、气焊时，应有可靠的防火措施。

## 8.4 高处作业安全技术

### 8.4.1 一般高处作业安全技术要求

**1. 高处作业的概念**

按照国标规定:"凡在坠落高度基准面2m以上(含2m)有可能坠落的高处进行的作业称为高处作业。"

其内涵有两个方面:一是相对概念,可能坠落的底面高度大于或等于2m;也就是不论在单层、多层或高层建筑物作业,即使是在平地,只要作业处的侧面有可能导致人员坠落的坑、井、洞或空间,其高度达到2m及以上,就属于高处作业。二是高低差距标准定为2m。因为一般情况下,当人在2m以上的高度坠落时,就很可能会造成重伤、残废甚至死亡。

**2. 高处作业的级别分类**

高处作业的级别按作业高度可分为4级,即高处作业在2~5m时,为一级高处作业;5~15m时,为二级高处作业;15~30m时,为三级高处作业;在大于30m时,为特级高处作业。高处作业又分为一般高处作业和特殊高处作业,其中特殊高处作业又分为8类。

特殊作业分类:在阵风风力六级以上的情况下进行的高处作业,称为强风高处作业。在高温或低温环境下进行的高处作业,称为异温高处作业。降雪时进行的高处作业,称为雪天高处作业。降雨时进行的高处作业,称为雨天高处作业。室外完全采用人工照明时的高处作业,称为夜间高处作业。在接近或接触带电体条件下进行的高处作业,称为带电高处作业。在无立足点或无牢靠立足点的条件下进行的高处作业,称为悬空高处作业。对突然发生的各种灾害事故进行抢救的高处作业,称为抢救高处作业。

一般高处作业指的是除特殊高处作业以外的高处作业。

**3. 高处作业安全防护技术要求**

悬空作业处应有牢靠的立足处,凡是进行高处作业施工的,应使用脚手架、平台、梯子、防护围栏、挡脚板、安全带和安全网等安全设施。

凡从事高处作业人员应接受高处作业安全知识的教育;特殊高处作业人员应持证上岗,上岗前应依据有关规定进行专门的安全技术交底。采用新工艺、新技术、新材料和新设备的,应按规定对作业人员进行相关安全技术教育。

悬空作业所用的索具、脚手板、吊篮、吊笼、平台等设备,均需经过技术鉴定或检验合格后方可使用。

高处作业人员应经过体检,合格后方可上岗。施工单位应为作业人员提供合格的安全帽、安全带等必备的个人安全防护用具,作业人员应按规定正确佩戴和使用。

施工单位应按高处作业类别,有针对性地将各类安全警示标志悬挂于施工现场各相应部位,夜间应设红灯示警。

安全防护设施应由单位工程负责人验收,并组织有关人员参加。

安全防护设施的验收,应具备下列资料:施工组织设计及有关验算数据,安全防护设施验收记录,安全防护设施变更记录及签证。

安全防护设施的验收,主要包括以下内容。

(1) 所有临边、洞口等各类技术措施的设置情况。技术措施所用的配件、材料和工具的规格和材质。技术措施的节点构造及其与建筑物的固定情况。扣件和连接件的紧固程序。

(2) 安全防护设施的用品及设备的性能与质量是否合格的验证。高处作业前,工程项目部应组织有关部门对安全防护设施进行验收,并做出验收记录,经验收合格签字后方可作业。需要临时拆除或变动安全设施的,应经项目技术负责人审批签字,并组织有关部门验收,经验收合格签字后方可实施。高处作业所用工具、材料严禁投掷,上下立体交叉作业确有需要时,中间须设隔离设施。高处作业应设置可靠扶梯,作业人员应沿着扶梯上下,不得沿着立杆与栏杆攀登。在雨雪天应采取防滑措施,当风速在 10.8m/s 以上和雷电、暴雨、大雾等气候条件下,不得进行露天高处作业。高处作业上下应设置联系信号或通信装置,并指定专人负责。

## 8.4.2 临边作业安全防护

**1. 临边作业的概念**

在建筑工程施工中,当作业工作面的边缘没有维护设施或维护设施的高度低于 80cm 时,这类作业称为临边作业。临边与洞口处在施工过程中是极易发生坠落事故的场合,在施工现场,这些地方不得缺少安全防护设施。

**2. 临边防护栏杆的架设位置**

基坑周边、尚未装栏板的阳台、料台与各种平台周边、雨篷与挑檐边、无外脚手架的屋面和楼层边,以及水箱周边。分层施工的楼梯口和楼段边,必须设防护栏杆;顶层楼梯口应随工程结构的进度安装正式栏杆或临时栏杆;楼梯休息平台上尚未堵砌的洞口边也应设防护栏杆。井架与施工用的电梯和脚手架与建筑物通道的两边,各种垂直运输接料平台等,除两侧设防护栏杆外,平台口还应设安全门或活动防护栏杆;地面通道上部应装设安全防护棚。双笼井架通道中间,应予分隔封闭。

**3. 临边防护栏杆的设置要求**

临边防护用的栏杆是由栏杆立柱和上下两道横杆组成,上横杆称为扶手。栏杆的材料应按规范标准的要求选择,选材时除需满足力学条件外,其规格尺寸和联结方式还应符合构造上的要求,应紧固而不动摇,能够承受突然冲击,阻挡人员在可能状态下的下跌和防止物料的坠落,还要有一定的耐久性。

搭设临边防护栏杆时,上杆离地高度为 1.0~1.2m,下杆离地高度为 0.5~0.6m,坡度大于 1:2.2 的屋面,防护栏杆应高于 1.5m,并加挂安全立网;除经设计计算外,横杆长度大于 2m,必须加设栏杆立柱;防护栏杆的横杆不应有悬臂,以免坠落时横杆头撞击伤人;栏杆的下部必须加设挡脚板;栏杆柱的固定及其与横杆的连接,其整体构造应使防护栏杆在上杆任何处,能经受任何方向的 1000N 外力。当栏杆所处位置有发生人群拥挤、车辆冲击或物件碰撞等可能时,应加大横杆截面或加密柱距。防护栏杆必须自上而下用安全立网封闭。

栏杆柱的固定应符合下列要求：当在基坑四周固定时，可采用钢管并打入地面50～70cm深。钢管离边口的距离，不应小于50cm。当基坑周边采用板桩时，钢管可打在板桩外侧。当在混凝土楼面、屋面或墙面固定时，可用预埋件与钢管或钢筋焊牢。采用竹、木栏杆时，可在预埋件上焊接30cm长的∟50×5角钢，其上下各钻一孔，然后用10mm螺栓与竹、木杆件拴牢。当在砖或砌块等砌体上固定时，可预先砌入规格相适应的80×6弯转扁钢作为预埋铁的混凝土块，然后用焊接固定。

### 8.4.3 洞口作业安全防护

**1. 洞口作业的概念**

施工现场，在建筑工程上往往存在着各式各样的洞口，在洞口旁的作业称为洞口作业。在水平方向的楼面、屋面、平台等上面短边小于25cm（大于2.5cm）的称为孔，但也必须覆盖（应设坚实盖板并能防止挪动移位）；短边尺寸等于或大于25cm的称为洞。在垂直于楼面、地面的垂直面上，则高度小于75cm的称为孔；高度等于或大于75cm，宽度大于45cm的均称为洞。凡深度在2m及2m以上的桩孔、人孔、沟槽与管道等孔洞边沿上的高处作业都属于洞口作业范围。

**2. 洞口防护设施的安装位置**

各种板与墙的洞口，按其大小和性质分别设置牢固的盖板、防护栏杆、安全网或其他防坠落的防护设施。

电梯井口，根据具体情况设高度不低于1.2m防护栏或固定栅门与工具式栅门，电梯井内每隔两层或最多10m设一道安全平网（安全平网上的建筑垃圾应及时清除），也可以按当地习惯，在井口设固定的格栅或采取砌筑坚实的矮墙等措施。

钢管桩、钻孔桩等桩孔口，柱基、条基等上口，未填土的坑、槽口，以及天窗和化粪池等处，都要作为洞口采取符合规范的防护措施。

施工现场与场地通道附近的各类洞口与深度在2m以上的敞口等处除设置防护设施与安全标志外，夜间还应设红灯示警。物料提升机上料口，应装设有联锁装置的安全门，同时采用断绳保护装置或安全停靠装置；通道口走道板应平行于建筑物满铺并固定牢靠，两侧边应设置符合要求的防护栏杆和挡脚板，并用密目式安全网封闭两侧。墙面等处的竖向洞口，凡落地的洞口应设置防护门或绑防护栏杆，下设挡脚板。低于80cm的竖向洞口，应加设1.2m高的临时护栏。

**3. 洞口安全防护的措施要求**

洞口作业时根据具体情况采取设置防护栏杆，加盖件，张挂安全网与装栅门等措施。楼板面的洞口，可用竹、木等作盖板，盖住洞口。盖板须能保持四周搁置均衡，并有固定其位置的措施。短边小于25cm（大于2.5cm）孔，应设坚实盖板并能防止挪动移位。（25cm×25cm）～（50cm×50cm）的洞口，应设置固定盖板，保持四周搁置均衡，并有固定其位置的措施。短边边长为50～150cm的洞口，必须设置以扣件扣接钢管而成的网络，并在其上满铺竹笆或脚手板。也可采用贯穿于混凝土板内的钢筋构成防护网，钢筋网络间距不得大于

20cm。1.5m×1.5m 以上的洞口，四周必须搭设围护架，并设双道防护栏杆，洞口中间支挂水平安全网，网的四周拴挂牢固、严密。墙面等处的竖向洞口，凡落地的洞口应加装开关式、工具式或固定式的防护门，门栅网络的间距不应大于15cm，也可采用防护栏杆，下设挡脚板(笆)。下边缘至楼板或底面低于80cm的窗台等竖向的洞口，如侧边落差大于2m应加设1.2m高的临时护栏。洞口应按规定设置照明装置的安全标识。

## —— 小结 ——

理论与实践相结合，突出"实用"和"适用"，掌握施工现场中文明施工、基坑支护、脚手架工程、模板工程、高处作业等项目的安全管理措施，使大家具备从事建筑施工安全监督与检查、安全检测与监控等安全管理工作的能力。同时将工匠精神、劳动精神、创新精神的"三精神"和安全意识、规范意识、合作意识的"三意识"教育理念贯穿于教学实施全过程。

## —— 实训任务 ——

学生在教师指导下阅读模板工程施工方案，了解模板工程施工方案应包括的内容，以小组为单位写出学习总结或提出自己的见解。学生在教师指导下阅读和观看相关验收资料及模板检查项目、检查内容及检查方法等。根据《建筑施工安全检查标准》的模板支设安全检查评分表进行检查和评分，以小组为单位填写安全检查评分汇总表，并分析扣分原因。学生在老师的指导下阅读脚手架施工方案，熟悉各类脚手架检查项目、检查内容及检查方法，并根据《建筑施工安全检查标准》的脚手架安全检查评分表和验收资料进行检查和评分。以小组为单位填写安全检查评分汇总表，并分析扣分原因。

## —— 本章教学资源 ——

基坑与脚手架
工程安全技术

模板与高处作业
工程安全技术

# 第 9 章　施工机械安全管理

## 学习目标

1. 掌握建筑施工机械和临时用电的安全管理技术和规定。
2. 掌握机械设备的操作技能和维修知识，了解机械设备的安全技术要求和预防控制措施，理解临时用电的安全规定和检查验收方法，并能在实践中合理运用建筑机械和临时用电的安全管理技术和规定，确保施工现场的安全生产和人身安全。

## 学习重点与难点

1. 学习重点主要集中在建筑施工机械的安全管理和建筑机械设备使用安全技术，以及临时用电的管理。学生需要掌握建筑起重机械的安全要求。
2. 学习难点在于建筑机械和设备种类繁多，安全措施和管理要求复杂，需要学生具备专业技能和实践经验。因此，学生需要注重理论和实践相结合，加强实践操作和完善安全管理体系，提高安全管理水平，做到知行合一，确保施工现场的生产安全和人身安全。

## 案例引入

在建筑施工中，施工机械的安全管理和临时用电的安全管理是非常重要的环节。不合理的使用和管理，容易导致安全事故的发生。在某地建筑施工中，施工方使用了塔式起重机进行物料运输，但是由于没有按照安全要求进行操作，导致起重机臂断裂，掉落物料砸中正在施工的工人，造成了严重的人身伤害和财产损失（见图 9-1）。

图 9-1　某建筑工地塔吊事故

此事故的原因主要有两个方面：一方面是施工机械的操作人员没有接受足够的安全培训，缺乏安全操作意识和技能；另一方面是施工方没有将施工机械的安全管理落实到位，缺乏必要的安全控制措施和验收管理。

除此之外，在施工机械设备使用安全技术方面，也有许多需要重视的问题。如使用钢筋加工机械时未能戴好安全帽和防护眼镜，发生了钢筋抛飞的事故；土方机械设备在操作时因没有进行好规范的安全距离控制和防护措施，发生了碾压事故等。

在临时用电的管理方面，某施工现场的电缆敷设不符合规定，导致电缆电线损坏、电气线路短路、漏电现象增多等问题，给施工带来严重的安全隐患。

从以上案例可以看出，建筑施工机械和临时用电的管理非常重要，必须加强施工人员的安全意识和安全技能培训，落实好安全管理制度和安全防护措施，严格按照相关法律法规进行验收和检查，保障施工现场的安全生产和人身安全。

## 9.1 建筑起重机械安全技术要求

随着我国建筑业的猛进发展，随之而来的安全问题也不可忽视。对于施工来说，由于工程项目本身的复杂性和大型作业活动，常常需要借助起重机械进行工作。而在国内外工业生产中，起重机械作业引起的伤害事故均占有较大的比例，为进一步提高从业人员的素质，减少和防止起重作业的伤害事故，必须加强对建筑起重机械的安全技术管理，保障施工作业人员的人身安全。

### 9.1.1 塔式起重机的安全管理

**1. 塔式起重机**

塔式起重机（tower crane）简称塔机或塔吊，是一种动臂装在高耸塔身上部的旋转起重机，主要用于多层和高层建筑施工中材料的垂直运输和构件安装。由金属结构、工作机构和电气系统三部分组成。金属结构包括塔身、动臂、底座、附着杆等。工作机构有起升、变幅、回转和行走四部分。电气系统包括电动机、控制器、配电框、连接线路、信号及照明装置等。塔式起重机旋转方式有下旋式和上旋式两种，动臂形式又分为水平式和压杆式。塔机分为上回转塔机和下回转塔机两大类。按能否移动又分为固定式和行走式。固定式塔机塔身固定不转，安装在整块混凝土基础上，或装设在条形或 X 形混凝土基础上；行走式可分为履带式、汽车式、轮胎式和轨道式四种。应用最广的是下回转、快速拆装、轨道式塔式起重机和能够一机四用（轨道式、固定式、附着式和内爬式）的自升塔式起重机。

塔式起重机（见图 9-2）作为在施工现场得到广泛应用的特种设备，起重高度大，负载较大，受力情况复杂，安拆频率较高，技术要求也较高，这就要求从业人员必须全面掌握塔式起重机的作业性能，保证塔式起重机的正常运行，确保生产安全。

图 9-2　塔式起重机

**2. 塔式起重机的安全技术要求**

1) 塔式起重机的主要安全装置

（1）起重力矩限制器。主要作用是防止塔机超载的安全装置，避免塔机由于严重超载而引起塔机的倾覆或折臂等恶性事故。

（2）起重量限制器。用以防止塔机的吊物质量超过最大额定荷载，避免发生机械损坏事故。

（3）起升高度限制器。用来限制吊钩接触到起重臂头部或载重小车之前，或是下降到最低点（地面或地面以下若干米）以前，使起升机构自动断电并停止工作。

（4）幅度限位器。动臂式塔机的幅度限制器是用以防止臂架在变幅时，变幅到仰角极限位置时切断变幅机构的电源，使其停止工作，同时还设有机械止挡，以防臂架因变幅中的惯性而后翻。

小车运行变幅式塔机的幅度限制器用来防止运行小车超过最大或最小幅度的两个极限位置。一般小车变幅限位器是安装在臂架小车运行轨道的前后两端，用行程开关达到控制。

（5）塔机行走限制器。行走式塔机的轨道两端尽头所设的止挡缓冲装置，利用安装在台车架上或底架上的行程开关碰撞到轨道两端前的挡块切断电源来达到塔机停止行走，防止脱轨造成塔机倾覆事故。

（6）钢丝绳防脱槽装置。主要防止当传动机构发生故障时，造成钢丝绳不能够在卷筒上顺排，以致越过卷筒端部凸缘，发生咬绳等事故。

（7）回转限制器。部分上回转的塔机安装了回转不能超过 270°和 360°的限制器，防止电源线扭断，造成事故。

（8）风速仪。自动记录风速，当超过 6 级风速以上时自动报警，使操作司机及时采取必要的防范措施，如停止作业、放下吊物等。

电器控制中的零位保护和紧急安全开关，零位保护是指塔机操纵开关与主令控制器联锁,只有在全部操纵杆处于零位时,开关才能接通,从而防止无意操作。紧急安全开关则是一种能及时切断全部电源的安全装置。

(9)夹轨钳。装设在台车金属结构上,用以夹紧钢轨,防止塔机在大风情况下被风吹动而行走造成塔机出轨倾翻事故。

(10)吊钩保险。安装在吊钩挂绳处的一种防止起重千斤绳由于角度过大或挂钩不妥时,造成起吊千斤绳脱钩、吊物坠落事故的装置。吊钩保险一般采用机械卡环式,用弹簧来控制挡板,阻止千斤绳的滑钩。

2)塔式起重机使用的安全要求

起重机的路基和轨道的铺设,必须严格按照原厂使用规定或符合以下要求:路基土壤承载能力中型塔为 $80\sim120kN/m^2$,重型塔为 $120\sim160kN/m^2$。轨距偏差不得超过其名义值的 1/1000;在纵横方向上钢轨顶面的倾斜度不大于 1/1000。两条轨道的接头必须错开。钢轨接头间隙在 3~6mm 之间,接头处应架在轨枕上,两端高低差不大于 2mm。轨道终端 1m 必须设置极限位置阻挡器,其高度应不小于行走轮半径。起重机在施工期内,每周或雨后应对轨道基础检查 1 次,发现不符合规定时,应及时调整。起重机的安装、顶升、拆卸必须按照原厂规定进行,并制订安全作业措施,由专业队(组)在队(组)长负责统一指挥下进行,并要有技术和安全人员在场监护。起重机安装后,在无荷载情况下,塔身与地面的垂直度偏差值不得超过 3/1000。

起重机专用的临时配电箱,宜设置在轨道中部附近,电源开关应合乎规定要求。电缆卷筒必须运转灵活、安全可靠,不得拖缆。

起重机轨道应进行接地、接零。塔吊的重复接地应在轨道的两端各设一组,对较长的轨道,每隔 30m 再加一组接地装置。其中两条轨道之间应用钢筋或扁铁等作环形电气连接,轨与轨的接头处应用导线跨接形成电气连接。塔吊的保护接零和接地线必须分开。

起重机必须安装行走、变幅、吊钩高度等限位器和力矩限制器等安全装置,并保证灵敏可靠。对有升降式驾驶室的起重机,断绳保护装置必须可靠。起重机的塔身上,不得悬挂标语牌。轨道应平直、无沉陷,轨道螺栓无松动,排除轨道上的障碍物,松开夹轨器并向上固定好。

作业前重点检查:机械结构的外观情况,各传动机构正常;各齿轮箱、液压油箱的油位应符合标准。主要部位连接螺栓应无松动;钢丝绳磨损情况及穿绕滑轮应符合规定。供电电缆应无破损。

在中波无线电广播发射天线附近施工时,与起重机接触的人员,应穿戴绝缘手套和绝缘鞋。

检查电源电压达到 380V,其变动范围不得超过±20V,送电前启动控制开关应在零位。接通电源,检查金属结构部分无漏电方可上机。空载运转,检查行走、回转、起重、变幅等各机构的制动器、安全限位、防护装置等确认正常后,方可作业。操纵各控制器时应依次逐级操作,严禁越挡操作。在变换运转方向时,应将控制器转到零位,待电动机停止转动后,再转向另一方向。操作时力求平稳。严禁急开急停。吊钩提升接近臂杆顶部、小车行至端点或起重机行走接近轨道端部时,应减速缓行至停止位置。吊钩距臂杆顶部不得小于 1m,起重机距轨道端部不得小于 2m。动臂式起重机的起重、回转、行走三种动作可以同时进行，但变幅只能单独进行。每次变幅后应对变幅部位进行检查。允许带载变幅的小车变幅式起重机在满载荷或接近满载荷时，只能朝幅度变小的方向变幅。提升重物后，严禁自由下降。重物就位时，可用微动机构或使用制动器使之缓慢下降。提升的重物平移时，应高出其跨越的障碍物 0.5m 以上。两台或两台以上塔吊靠近作业时，应保证两机之间的最小防碰安全距离。

移动塔吊：任何部位（包括起吊的重物）之间的距离不得小于 5m。两台同是水平臂架的塔吊，臂架与臂架的高差至少应不小于 6m。处于高位的起重机（吊钩升至最高点）与低位的起重机之间，在任何情况下，其垂直方向的间距不得小于 2m。当施工因场地作业条件的限制，不能满足要求时，应同时采取两种措施：组织措施对塔吊作业及行走路线进行规定，由专设的监护人员进行监督执行；技术措施，应设置限位装置缩短臂杆、升高（下降）塔身等措施。防止塔吊因误操作而造成的超越规定的作业范围，发生碰撞事故。

旋转臂架式起重机的任何部位或被吊物边缘于 10kV 以下的架空线路边线最小水平距离不得小于 2m。塔式起重机活动范围应避开高压供电线路，相距应不小于 6m，当塔吊与架空线路之间小于安全距离时，必须采取防护措施，并悬挂醒目的警告标志牌。夜间施工应有 36V 彩泡（或红色灯泡），当起重机作业半径在架空线路上方经过时，其线路的上方也应有防护措施。主卷扬机不安装在平衡臂上的上旋式起重机作业时，不得顺一个方向连续回转。装有机械式力矩限制器的起重机，在每次变幅后，必须根据回转半径和该半径时的允许载荷，对超载荷限位装置的吨位指示盘进行调整。弯轨路基必须符合规定要求，起重机转弯时应在外轨轨面上撒上砂子，内轨轨面及两翼涂上润滑脂，配重箱转至转弯外轮的方向；严禁在弯道上进行吊装作业或吊重物转弯。作业后，起重机应停放在轨道中间位置，臂杆应转到顺风方向，并放松回转制动器。小车及平衡重应移到非工作状态位置。吊钩提升到离臂杆顶端 2~3m 处。将每个控制开关拨至零位，依次断开各路开关，关闭操作室门窗，下机后切断电源总开关。打开高空指示灯。锁紧夹轨器，使起重机与轨道固定，如遇 8 级大风时，应另拉缆风绳与地锚或建筑物固定。任何人员上塔帽、吊臂、平衡臂的高空部位检查或修理时，必须佩戴安全带。

附着式、内爬式塔式起重机还应遵守以下事项：附着式或内爬式塔式起重机的基础和附着的建筑物其受力强度必须满足起重机设计要求。附着式应用经纬仪检查塔身的垂直情况并用撑杆调整垂直度。每道附着装置的撑杆布置方式、相互间隔和附墙距离应按原厂规定。附着装置在塔身和建筑物上的框架，必须固定可靠，不得有任何松动。

轨道式起重机作附着式使用时，必须提高轨道基础的承载能力和切断行走机构的电源。

起重机载人专用电梯断绳保护装置必须可靠，并严禁超重乘人。当臂杆回转或起重作业时严禁开动电梯。电梯停用时，应降至塔身底部位置，不得长期悬在空中。如风力达到 4 级以上时不得进行顶升、安装、拆卸作业。作业时突然遇到风力加大，必须立即停止作业，并将塔身固定。顶升前必须检查液压顶升系统各部件的连接情况，并调整好爬升架滚轮与塔身的间隙，然后放松电缆，使其长度略大于顶升高度，并紧固好电缆卷筒。顶升作业，必须在专人指挥下操作，非作业人员不得登上顶升机套架的操作台，操作室内只准一人操作，严格听从信号指挥。顶升时，必须使吊臂和平衡臂处于平衡状态，并将回转部分制动住。严禁回转臂杆及其他作业。顶升中发现故障，必须立即停止顶升进行检查，待故障排除后方可继续顶升。顶升到规定高度后必须先将塔身附着在建筑物上后方可继续顶升。塔身高出固定装置的自由端高度应符合原厂规定。顶升完毕后,各连接螺栓应按规定的力矩紧固,爬升套架滚轮与塔身应吻合良好,左右操纵杆应在中间位置,并切断液压顶升机构电源。塔吊司机属特种作业人员,必须经过专门培训,取得操作证。司机学习塔型与实际操纵的塔型应一致。严禁未取得操作证的人员操作塔吊。指挥人员必须经过专门培训,取得指挥证。严禁无证人员指挥。高塔作业应结合现场实际改用旗语或对讲机进行指挥。塔式起重机司机必须严格按照操作规程的要求和规定执行,上班前例行保养、检查,一旦发现安全装置不灵敏或失效必须进行整改。符合安全使用要求后方可作业。

3) 塔式起重机的安装要求

(1) 施工方案与资质管理。特种设备(塔机、井架、龙门架、施工电梯等)的安拆必须编制具有针对性的施工方案,内容应包括工程概况、施工现场情况、安装前的准备工作及注意事项、安装与拆卸的具体顺序和方法、安装和指挥人员组织、安全技术要求及安全措施等。

装拆塔式起重机的企业,必须具备装拆作业的资质,作业人员必须经过专门培训并取得上岗证。安装调试完毕,还必须进行自检、试车及验收,按照检验项目和要求注明检验结果。

(2) 塔式起重机的基础。基础所在地基的承载力是否能达到设计要求,是否需要进行地基处理。

塔基基础的自重、配筋、混凝土强度等级是否满足相应型号塔机的技术指标。

基础有钢筋混凝土和锚桩基础两种,前者主要用于地基为砂土、黏性土和人工填土的条件。后者主要用于岩石地基条件。

基础分整体式和分块式(锚桩)两种。仅在坚岩石地基,才允许使用分块地基,土质地基必须采用整体式基础。基础的表面平整度应小于 1/750。混凝土基础整体浇注前,要先把塔机的底盘安装在基础上表面,即基础钢筋网片绑扎完成后,在网片上找好基础中心线,按基础要求位置摆放底盘并预埋 M36 地脚螺栓。螺栓强度等级为 8.8 级,其预紧力矩必须达到 $1.8kN \cdot m$。预埋螺栓固定好后,丝头部分应用软塑料包扎,以免浇注混凝土时污染。浇注混凝土时,随时检查地脚螺栓位置情况(由于地脚螺栓为特殊材质,禁止用焊接方法固定)。螺栓底部圆环内穿 $\phi22mm$、长 1000mm 的圆钢加强。底盘上表面水平度误差 ≤ 1mm,同时设置可靠的接地装置,接地电阻不大于 $4\Omega$。

4) 塔式起重机的拆卸要求

(1) 对装拆人员的要求:参加塔式起重机装拆人员,必须经过专业培训考核,持有效的操作证上岗。装拆人员严格按照塔式起重机的装拆方案和操作规程中的有关规定、程序进行装拆。装拆作业人员严格遵守施工现场安全生产的有关制度,正确使用劳动保护用品。

(2) 对塔式起重机装拆的管理要求:装拆塔式起重机的施工企业,必须具备装拆作业的资质并按装拆塔式起重机资质的等级进行装拆相对应的塔式起重机。

施工企业必须建立塔式起重机的装拆专业班组并且配有起重工(装拆工)、电工、起重指挥、塔式起重机操纵司机和维修钳工等组成,进行塔式起重机装拆,施工企业必须编制专项的装拆安全施工组织设计和装拆工艺要求,并经过企业技术主管领导的审批。塔式起重机装拆前,必须向全体作业人员进行装拆方案和安全操作技术的书面与口头交底,并履行签字手续。

**3. 塔式起重机的使用、安装和拆卸**

1) 塔式起重机的使用

塔式起重机司机、信号工、司索工等操作人员应取得特种作业人员资格证书,严禁无证上岗。塔式起重机使用前,应对司机、信号工、司索工等作业人员进行安全技术交底。塔式起重机的力矩限制器、质量限制器、变幅限位器、行走限位器、高度限位器等安全保护装置不得随意调整和拆除,严禁用限位装置代替操纵机构。塔式起重机回转、变幅、行走、起吊动作前应有警示动作。起吊时应统一指挥,明确指挥信号;当指挥信号不清楚时,不得起吊。塔式起重机起吊前,当吊物与地面或其他物件之间存在吸附力或摩擦力而未采取处理措施时,不得起吊。塔式起重机起吊前,应对安全装置进行检查,确认合格后方可起吊;安全装置失灵时,不得起吊。塔式起重机起吊前,应按要求对吊具与索具进行检查,确认合格后方可起吊;吊具与索具不符合相关规定的,不得用于起吊作业。作业中遇突发故障,应采取措施将吊物降落到安全地点,严禁吊物长时间悬挂在空中。遇有风速在 12m/s 及以上的大风或大雨、大雪、大雾等恶劣天气时,应停止作业。雨雪过后,应先经过试吊,确认制动器灵敏可靠后方可进行作业。夜间施工应有足够照明,照明的安装应符合现行国家标准《施工现场临时用电安全技术规范》(JGJ/T 46—2024)的要求。

塔式起重机不得起吊质量超过额定载荷的吊物,并不得起吊质量不明的吊物。在吊物荷载达到额定载荷的 90% 时,应先将吊物吊离地面 200~500mm 后,检查机械状况、制动性能、物件绑扎情况等,确认无误后方可起吊。对晃动的物件,必须拴拉溜绳使之稳固。物件起吊时应绑扎牢固,不得在吊物上堆放或悬挂其他物件;零星材料起吊时,必须用吊笼或钢丝绳绑扎牢固。当吊物上站人时不得起吊。标有绑扎位置或记号的物件,应按标明位置绑扎。钢丝绳与物件的夹角宜为 45°~60°,且不得小于 30°。吊索与吊物棱角之间应有防护措施;未采取防护措施的,不得起吊。起吊作业完毕后,应松开回转制动器,各部件置于非工作状态,控制开关应置于零位,并应切断总电源。行走式塔式起重机停止作业时,应锁紧夹轨器。塔式起重机使用高度超过 30m 时应配置障碍灯,起重臂根部铰点高度超过 50m 时应配备风速仪。严禁在塔式起重机塔身上附加广告牌或其他标语牌。每班作业应做好例行保养,并应做好记录。记录的主要内容应包括结构件外观、安全装置、传动机构、连接件、制动器、索具、夹具、吊钩、滑轮、钢丝绳、液位、油位、油压、电源、电压等。实行多班作业的设备,应执行交接班制度,认真填写交接班记录,接班司机经检查确认无误后,方可开机作业。塔式起重机应实施各级保养。转场时,应做转场保养,并有记录。塔式起重机的主要部件和安全装置等应进行经常性检查,每月不得少于一次,并应留有记录,发现有安全隐患时应及时进行整改。

当塔式起重机使用周期超过一年时,应进行一次全面检查,合格后方可继续使用。使用过程中塔式起重机发生故障时,应及时维修,维修期间应停止作业。

2) 塔式起重机的安装

塔式起重机安装、拆卸单位必须在资质许可范围内从事塔式起重机的安装、拆卸业务。塔式起重机安装、拆卸单位应具备安全管理保证体系,有健全的安全管理制度。起重设备安装工程专业承包企业资质分为一级、二级、三级。一级企业:可承担各类起重设备的安装与拆卸。二级企业:可承担单项合同额不超过企业注册资本金 5 倍的 1000kN·m 及以下塔式起重机等起重设备、120t及以下起重机和龙门吊的安装与拆卸。三级企业：可承担单项合同额不超过企业注册资本金5倍的800kN·m及以下塔式起重机等起重设备、60t及以下起重机和龙门吊的安装与拆卸。顶升、加节、降节等工作均属于安装、拆卸范畴。塔式起重机安装、拆卸作业应配备下列人员：持有安全生产考核合格证书的项目和安全负责人、机械管理人员；具有建筑施工特种作业操作资格证书的建筑起重机械安装拆卸工、起重信号工、起重司机、司索工等特种作业操作人员。塔式起重机应具有特种设备制造许可证、产品合格证、制造监督检验证明，并已在建设主管部门备案登记。塔式起重机启用前应检查其备案登记证明等文件、建筑施工特种作业人员的操作资格证书、专项施工方案、辅助起重机械的合格证及操作人员资格证。

有下列情况的塔式起重机严禁使用。
(1) 国家明令淘汰的产品。
(2) 超过规定使用年限经评估不合格的产品。
(3) 不符合国家或行业标准的产品。
(4) 没有完整安全技术档案的产品。

塔式起重机安装、拆卸前，应编制专项施工方案，指导作业人员实施安装、拆卸作业。专项施工方案应根据塔式起重机产品说明书和作业场地的实际情况编制，并应符合相关法规、规程、标准的要求。专项施工方案应由本单位技术、安全、设备等部门审核，技术负责人审批后，经监理单位批准实施。塔式起重机安装前应编制专项施工方案，内容包括工程概况，安装位置平面和立面图，所选用的塔式起重机型号及性能技术参数，基础和附着装置的设置，爬升工况及附着节点详图，安装顺序和安全质量要求，主要安装部件的重量和吊点位置，安装辅助设备的型号、性能及布置位置，电源的设置，施工人员配置，吊索具和专用工具的配备，安装工艺程序，安全装置的调试，重大危险源和安全技术措施，应急预案等。塔式起重机拆卸专项方案应包括工程概况，塔式起重机位置的平面和立面图，拆卸顺序，部件的质量和吊点位置，拆卸辅助设备的型号、性能及布置位置，电源的设置，施工人员配置，吊索具和专用工具的配备，重大危险源和安全技术措施，应急预案等。当多台塔式起重机在同一施工现场交叉作业时，应编制专项方案，并应采取防碰撞的安全措施。任意两台塔式起重机之间的最小架设距离应符合下列规定：低位塔式起重机的起重臂端部与另一台塔式起重机的塔身之间的距离不得小于2m；高位塔式起重机的最低位置的部件(吊钩升至最高点或平衡重的最低部位)与低位塔式起重机中处于最高位置部件之间的垂直距离不得小于2m。

塔式起重机与架空输电线的安全距离应符合现行国家标准《塔式起重机安全规程》(GB 5144—2006)的规定。塔式起重机在安装前和使用过程中，应按相关规定进行检查，发现有下列情况之一的，不得安装和使用：结构件上有可见裂纹和严重锈蚀的；主要受力构件存在塑性变形的；连接件存在严重磨损和塑性变形的；钢丝绳达到报废标准的；安全装置不齐全或失效的。

在塔式起重机的安装、使用及拆卸阶段，进入现场的作业人员必须佩戴安全帽、穿防滑鞋、系安全带等防护用品，无关人员严禁进入作业区域。在安装、拆卸作业期间，应设立警戒区。塔式起重机在使用时，起重臂和吊物下方严禁有人员停留；物件吊运时，严禁从人员上方通过。严禁用塔式起重机载运人员。安装前应根据专项施工方案，对塔式起重机基础的下列项目进行检查,确认合格后方可实施:基础的位置、标高、尺寸;基础的隐蔽工程验收记录和混凝土强度报告等相关资料;安装辅助设备的基础、地基承载力、预埋件等;基础的排水措施。安装作业应根据专项施工方案要求实施。安装作业人员应分工明确、职责清楚。安装前应对安装作业人员进行安全技术交底,交底人和被交底人双方应在交底书上签字,专职安全员应监督整个交底过程。安装辅助设备就位后,应对其机械和安全性能进行检验,合格后方可作业。安装所使用的钢丝绳、卡环、吊钩和辅助支架等起重机具均应符合规定,并应经检查合格后方可使用。安装作业中应统一指挥,明确指挥信号。当视线受阻、距离过远时,应采用对讲机或多级指挥。自升式塔式起重机的顶升加节,应符合下列要求:顶升系统必须完好;结构件必须完好;顶升前,塔式起重机下支座与顶升套架应可靠连接;顶升前,应确保顶升横梁搁置正确;顶升前,应将塔式起重机配平;顶升过程中,应确保塔式起重机的平衡;顶升加节的顺序,应符合产品说明书的规定;顶升过程中,不应进行起升、回转、变幅等操作;顶升结束后,应将标准节与回转下支座可靠连接;塔式起重机加节后须进行附着的,应按照先装附着装置、后顶升加节的顺序进行,附着装置的位置和支撑点的强度应符合要求。塔式起重机的独立高度、悬臂高度应符合产品说明书的要求。

雨雪、浓雾天严禁进行安装作业。安装时塔式起重机最大高度处的风速应符合产品说明书的要求,且风速不得超过 12m/s。塔式起重机不宜在夜间进行安装作业;特殊情况下,必须在夜间进行塔式起重机安装和拆卸作业时,应保证提供足够的照明。在特殊情况下,当安装作业不能连续进行时,必须将已安装的部位固定牢靠并达到安全状态,经检查确认无隐患后,方可停止作业。电气设备应按产品说明书的要求进行安装,安装所用的电源线路应符合现行行业标准《施工现场临时用电安全技术规范》(JGJ 46—2018)的要求。塔式起重机的安全装置必须齐全,并应按程序进行调试合格。连接件及其防松防脱件应符合规定要求,严禁用其他代用品替代。连接件及其防松防脱件应使用力矩扳手或专用工具紧固连接螺栓,使预紧力矩达到规定要求。安装完毕后,应及时清理施工现场的辅助用具和杂物。

安装单位应对安装质量进行自检,安装单位自检合格后,应委托有相应资质的检验检测机构进行检测。检验检测机构应出具检测报告书。安装质量的自检报告书和检测报告书应存入设备档案。经自检、检测合格后,应由总承包单位组织出租、安装、使用、监理等单位进行验收,合格后方可使用。塔式起重机停用 6 个月以上的,在复工前应由总承包单位组织有关单位按规定重新进行验收,合格后方可使用。

3) 塔式起重机的拆卸

塔式起重机拆卸作业宜连续进行;当遇特殊情况,拆卸作业不能继续时,应采取措施保证塔式起重机处于安全状态。当用于拆卸作业的辅助起重设备设置在建筑物上时,应明确设置位置、锚固方法,并应对辅助起重设备的安全性及建筑物的承载能力等进行验算。拆卸前应检查主要结构件、连接件、电气系统、起升机构、回转机构、变幅机构、顶升机构等。发现隐患应采取措施,解决后方可进行拆卸作业。附着式塔式起重机应明确附着装置的拆卸顺序和方法。自升式塔式起重机每次降节前应检查顶升系统和附着装置的连接等,确认完好后方可进行作业。拆卸时,应先降节后拆除附着装置。塔式起重机的自由端高度应符合规定要求。拆卸完毕后,为塔式起重机拆卸作业而设置的所有设施应拆除,清理场地上作业时所用的吊索具、工具等各种零配件和杂物。

## 9.1.2 物料提升机的安全管理

**1. 物料提升机**

物料提升机是建筑施工现场常用的一种固定装置的输送物料的垂直运输设备。它以卷扬机为动力,以底架、立柱及天梁为架体,以钢丝绳为传动,以吊笼(吊篮)为工作装置。在架体上装设滑轮、导轨、导靴、吊笼、安全装置等和卷扬机配套构成完整的垂直运输体系,主要适用于粉状、颗粒状及小块物料的连续垂直提升,设置了断绳保护安全装置、停靠安全装置、缓冲装置、上下高度及极限限位器、防松绳装置等安全保护装置。具有使用范围广、整机运行的可靠性高,无故障时间超过2万小时、提升高度高,提升机运行平稳、无须用斗挖料,使用寿命长等特点。

物料提升机包括井式提升架(简称"井架",见图9-3)、龙门式提升架(简称"龙门架",见图9-4)、塔式提升架(简称"塔架")和独杆升降台等。各类物料提升机的共同特点如下。

图 9-3 井式提升架

图 9-4 龙门式提升架

(1)提升采用卷扬,卷扬机设于架体外。

(2)安全设备一般只有防冒顶、防坐冲和停层保险装置,只允许用于物料提升,不得载运人员。

(3)用于10层以下时,多采用缆风固定;用于超过10层的高层建筑施工时,必须采取附墙方式固定,成为无缆风高层物料提升架,并可在顶部设液压顶升构造,实现井架或塔架标准节的自升接高。

物料提升机结构的设计和运算应符合《钢结构设计标准》(GB 50017—2017)等标准的有关要求。物料提升机机构的设计和运算应提供正式、完整的运算书,结构运算应含整体抗倾翻稳固性、基础、立柱、天梁、钢丝绳、制动器、电机、安装抱杆、附墙架等的运算。

**2. 物料提升机的主要安全防护装置**

1）安全停靠装置

当吊篮运行到位时，该装置应能可靠地将吊篮定位，并能承担吊篮自重、额定荷载及运卸料人员和装卸物料时的工作荷载。此时起升钢丝绳应不受力。安全停靠装置的形式不一，有机械式、电磁式、自动或手动型等。

2）断绳保护装置

断绳保护装置就是当吊篮坠落情况发生时，此装置即刻动作，将吊篮卡在架体上，使吊篮不坠落，避免产生严重的事故。断绳保护装置的形式最常见的是弹闸式，其他还有偏心夹棍式、杠杆式和挂钩式等。

无论哪种形式，都应能可靠地将吊篮在下坠时固定在架体上，其最大滑落行程，在吊篮满载时不得超过1m。

3）吊篮安全门

吊篮的上下料口处应装设安全门，此门应制成自动开启型。当吊篮落地或停层时，安全门能自动打开，而在吊篮升降运行中此门处于关闭状态，成为一个四边都封闭的"吊篮"，以防止所运载的物料从吊篮中滚落。

4）上极限限位器

为防止司机误操作或机械、电气故障而引起吊篮上升高度失控造成事故，而设置的安全装置。该装置应能有效地控制吊篮允许提升的最高极限位置，此极限位置应控制在天梁最低处以下。当吊篮上升达到极限位置时，限位器即行动作，切断电源，使吊篮只能下降，不能上升。

5）紧急断电开关

应设在司机便于操作的位置，在紧急情况下，能及时切断提升机的总控制电源。

6）信号装置

该装置由司机控制，能与各楼层进行简单的音响或灯光联络，以确定吊篮的需求情况。高架提升机除应满足上述安全装置外，还应满足以下要求。

下极限限位器：该装置系控制吊篮下降最低极限位置的装置。在吊篮下降到最低限定位置时，即吊篮下降至尚未碰到缓冲器之前，此限位器自动切断电源，并使吊篮在重新启动时只能上升，不能下降。

缓冲器：在架体底部坑内设置的，为缓解吊篮下坠或下极限限位器失灵时产生的冲击力的一种装置。该装置应能承受并吸收吊篮满载时和规定速度下所产生的相应冲击力。缓冲器可采用弹簧或弹性实体。

超载限制器：此装置是为保证提升机在额定载重量之内安全使用而设置。当荷载达到额定荷载时，即发出报警信号，提醒司机和运料人员注意。当荷载超过额定荷载时，应能切断电源，使吊篮不能启动。

通信装置：由于架体高度较高，吊篮停靠楼层数较多，司机不能清楚地看到楼层上人员需要或分辨不清哪层楼面发出信号时，必须装设通信装置。通信装置必须是一个闭路的双向电气通信系统，司机应能听到或看清每一站的需求，并能与每一站人员通话。

当低架提升机的架设是利用建筑物内部垂直通道，如采光井、电梯井、设备或管道井时,在司机不能看到吊篮运行情况下,也应该装设通信联络装置。

**3. 安装与拆卸管理**

1) 施工方案与资质管理

安装或拆卸物料提升机前,安拆单位必须依照产品使用说明书编制专项安装或拆卸施工方案,明确相应的安全技术措施,以指导施工。

专项安装或拆卸施工方案必须经企业技术负责人审核批准。方案的编制人员必须参加对装拆人员的安全技术交底,并履行签字手续。装拆人员必须持证上岗。

物料提升机安装或拆卸过程中,必须指定监护人员进行监护,发现违反工作程序或专项施工方案要求的应立即指出,予以整改,并做好监护记录,留档存查。

物料提升机采用租赁形式或由专业施工单位进行安装或拆卸时,其专项安装或拆卸施工方案及相应计算资料须经发包单位技术复审。总包单位对其安装或拆卸过程负有督促落实各项安全技术措施的义务。

使用单位应根据物料提升机的类型,建立相关的管理制度、操作规程、检查维修制度,并将物料提升机的管理纳入设备管理范畴,不得对卷扬机和架体分开管理。

2) 架体的安装

安装架体时,应将基础地梁(或基础杆件)与基础(或预埋件)连接牢固。每安装两个标准节(一般不大于8m),应采取临时支撑或临时缆风绳固定,并进行初校正,在确认稳定时,方可继续作业。

安装龙门架时,两边立柱应交替进行,每安装两节,除将单支柱进行临时固定外,尚应将两立柱在横向连成一体。利用建筑物内井道做架体时,各楼层进料口处的停靠门必须与司机操作处装设的层站标志灯进行联锁。阴暗处应装照明。架体各节点的螺栓必须紧固,螺栓应符合孔径要求,严禁扩孔和开孔,更不得漏装或以铅丝代替。

缆风绳应选用直径不小于9.3mm的圆股钢丝绳。高度在20m(含20m)以下时,缆风绳不少于1组(4~8根);高度在20~30m时,缆风绳不少于2组。高架必须按要求设置附墙架,间距不大于9m。缆风绳应在架体四角有横向缀件的同一水平面上对称设置,缆风绳与地面的夹角不应大于60°,其下端应与地锚可靠连接。

3) 卷扬机的安装

卷扬机应安装在平整坚实的位置上,宜远离危险作业区,视线应良好。因施工条件限制,卷扬机的安装位置距施工作业区较近时,其操作棚的顶部应按《龙门架及井架物料提升机安全技术规范》(JGJ 88—2010)中防护棚的要求架设。固定卷扬机的锚杆应牢固可靠,不得以树木、电杆代替锚桩。当钢丝绳在卷筒中间位置时,架体底部的导向滑轮应与卷筒轴心垂直,否则应设置辅助导向滑轮,并用地梁、地锚、钢丝绳拴牢。钢丝绳在提升运动中应被架起,使其不拖于地面或被水浸泡。钢丝绳必须穿越主要干道时,应挖沟槽并加保护措施,严禁在钢丝绳穿行的区域内堆放物料。

4) 架体的拆卸

在拆除缆风绳或附墙架前,应先设置临时缆风绳或支撑,确保架体的自由高度不大于两个标准节(一般不大于8m)。拆除龙门架的天梁前,应先分别对两立柱采取稳固措施,保证单柱的稳定。拆除作业宜在白天进行。夜间作业应有良好的照明。因故中断作业时,应采取临时稳固措施。严禁从高处向下抛掷物件。

**4. 物料提升机的安全使用与管理**

提升机安装后,应由主管部门组织有关人员按规范和设计的要求进行检查验收,确定合格后发给使用证,方可交付使用。

由专职司机操作。升降机司机应经专门培训,人员要相对稳定,每班开机前,应对卷扬机、钢丝绳、地锚、缆风绳进行检查,并进行空车运行,确认安全装置安全可靠后方能投入工作。每月进行一次定期检查。严禁人员攀登、穿越提升机架体和乘坐吊篮上下。物料在吊篮内应均匀分布,不得超出吊篮,严禁超载使用。设置灵敏可靠的联系信号装置,司机在通讯联络信号不明时不得开机,作业中不论任何人发出紧急停车信号,均应立即执行。装设摇臂把杆的提升机,吊篮与摇臂把杆不得同时使用。提升机在工作状态下,不得进行保养、维修、排除故障等工作,若要进行则应切断电源并在醒目处挂"有人检修、禁止合闸"的标志牌,必要时应设专人监护。

卷扬机应安装在平整坚实的位置上,宜远离危险作业区,视线应良好。因施工条件限制,卷扬机的安装位置距施工作业区较近时,其操作棚的顶部应按规定的防护棚要求架设。作业结束时,司机应降下吊篮,切断电源,锁好控制电箱门,防止其他无证人员擅自启动提升机。

## 9.1.3 施工升降机的安全管理

施工升降机是城市高层和超高层的各类建筑施工中运送施工人员上下及建筑材料和工具设备必备的、重要的垂直运输设施。施工升降机又称为施工电梯,是一种使工作笼(吊笼)沿导轨做垂直(或倾斜)运动的机械。施工升降机在工地上通常是配合塔吊使用。一般的施工升降机载重量在 1～10t,运行速度为 1～60m/min。

施工升降机的种类很多(见图9-5),按运行方式分有无对重和有对重两种;按控制方式分为手动控制式和自动控制式;施工升降机按其传动形式可分为齿轮齿条式、钢丝绳式和混合式三种。根据实际需要还可以添加变频装置和 PLC 控制模块,另外还可以添加楼层呼叫装置和平层装置。

图 9-5 施工升降机

**1. 施工升降机的主要安全装置**

1）限速器

齿条驱动的建筑施工升降机，为了防止吊笼坠落均装有锥鼓式限速器，可分为单向式和双向式两种。单向限速器只能沿吊笼下降方向起限速作用，双向限速器则可以沿吊笼的升降两个方向起限速作用。

2）缓冲弹簧

在建筑施工升降机底笼的底盘上装有缓冲弹簧，以便当吊笼发生坠落事故时，减轻吊笼的冲击，同时保证吊笼和配重下降着地时呈柔性接触，缓冲吊笼和配重着地时的冲击。缓冲弹簧有圆锥卷弹簧和圆柱螺旋弹簧两种。一般情况下，每个吊笼对应的底架上装有2个圆锥卷弹簧，也有采用4个圆柱螺旋弹簧的。

3）上、下限位器

为防止吊笼上、下时超过需停位置，因司机误操作和电气故障等原因继续上行或下降引发事故而设置的装置，安装在吊轨架和吊笼上，属于自动复位型的。

4）上、下极限限位器

上、下极限限位器是在上、下限位器不起作用时，当吊笼运行超过限位开关和越程后，能及时切断电源使吊笼停车。极限限位器是非自动复位型，动作后只能手动复位才能使吊笼重新启动。极限限位器安装在导轨器或吊笼上。越程是指限位开关与极限限位开关之间所规定的安全距离。

5）安全钩

安全钩是为防止吊笼到达预先设定位置，上限位器和上极限限位器因各种原因不能及时动作、吊笼继续向上运行，将导致吊笼冲击导轨架顶部而发生倾翻坠落事故而设置的。安全钩是安装在吊笼上部的重要也是最后一道安全装置，它能使吊笼上行到导轨架顶部的时候，安全钩钩住导轨架，保证吊笼不发生倾翻坠落事故。

6）急停开关

当吊笼在运行过程中发生各种原因的紧急情况时，司机能在任何时候按下急停开关，使吊笼停止运行。急停开关必须是非自行复位的安全装置，安装在吊笼顶部。

7）吊笼门、底笼门联锁装置

施工升降机的吊笼门、底笼门均装有电气联锁开关，它们能有效地防止因吊笼门或底笼门未关闭就启动运行而造成人员坠落和物料滚落，只有当吊笼门和底笼门完全关闭时才能启动行运。

8）楼层通道门

施工升降机与各楼层均搭设了运料和人员进出的通道，在通道口与升降机结合部必须设置楼层通道门。此门在吊笼上下运行时处于常闭状态，只有在吊笼停靠时才能由吊笼内的人打开。应做到楼层内的人员无法打开此门，以确保通道口处在封闭的条件下不出现危险的边缘。

楼层通道门的高度不应低于1.8m，门的下沿离通道面不应超过50mm。

9）通信装置

由于司机的操作室位于吊笼内，无法知道各楼层的需求情况，且分辨不清是哪个层面发出信号,因此必须安装一个闭路的双向电气通信装置,司机应能听到或看到每一层的需求信号。

10) 地面出入口防护棚

升降机在安装完毕时,应及时搭设地面出入口的防护棚。防护棚搭设的材质要选用普通脚手架钢管,防护棚长度不应小于5m,有条件的可与地面通道防护棚连接起来。宽度应不小于升降机底笼最外部尺寸。其顶部材料可采用50mm厚木板或两层竹笆,上、下竹笆间距应不小于600mm。

**2. 施工升降机的安装与拆卸**

1) 施工方案与资质管理

安装与拆除作业必须由经当地建设行政主管部门认可、持有相应安拆资质证书的专业单位实施。专业单位根据现场工作条件及设备情况编制安拆施工方案,对作业人员进行分工和技术交底,确定指挥人员,划定安全警戒区域并设监护人员。

安装与拆除作业的人员应由专业队伍中取得市级有关部门核发的资格证书的人员担任。参与安装与拆卸的人员,必须熟悉施工电梯的机械性能、结构特点,并具备熟练的操作技术和排除一般故障的能力,必须有强烈的安全意识。

作业人员应明确分工,专人负责,统一指挥,严禁酒后作业。工作时须佩戴安全帽、系安全带、穿防滑鞋,不得穿过于宽松的衣服,应穿工作服。

2) 施工升降机的安装与拆卸

在施工升降机每次安装与拆卸作业之前,企业应根据施工现场工作环境及辅助设备情况编制安装拆卸方案,经企业技术负责人审批同意后方能实施。每次安装或拆除作业之前,应对作业人员按不同的工种和作业内容进行详细的技术、安全交底。参与装拆作业的人员必须持有专门的资格证书。

升降机的装拆作业必须是经当地建设行政主管部门认可、持有相应的装拆资质证书的专业单位实施。升降机每次安装后,施工企业应当组织有关职能部门和专业人员对升降机进行必要的试验和验收。确认合格后应当向当地建设行政主管部门认定的检测机构申报,经专业检测机构检测合格后,才能正式投入使用。

3) 施工升降机的安全使用和管理

施工企业必须建立健全施工升降机的各类管理制度,落实专职机构和专职管理人员,明确各级安全使用和管理责任制。驾驶升降机的司机应经有关行政主管部门培训合格的专职人员,严禁无证操作。司机应做好日常检查工作,即在电梯每班首次运行时,应分别作空载和满载试运行,将梯笼升高离地面设计高度处停车,检查制动器的灵敏性和可靠性,确认正常后方可投入使用。建立和执行定期检查和维修保养制度,每周或每旬对升降机进行全面检查,对查出的隐患按"三定"原则落实整改。整改后须经有关人员复查确认符合安全要求后,方能使用。梯笼乘人、载物时,应尽量使荷载均匀分布,严禁超载使用。升降机运行至最上层和最下层时,严禁以碰撞上、下限位开关来实现停车。司机因故离开吊笼以及下班时,应将吊笼降至地面,切断总电源并锁上电箱门,以防止其他无证人员擅自启动吊笼。风力达6级以上,应停止使用升降机,并将吊笼降至地面。各停靠层的运料通道两侧必须有良好的防护。楼层门应处于常闭状态,其高度应符合规范要求,任何人不得擅自打开或将头伸出门外,当楼层门未关闭时,司机不得开动电梯。确保通信装置的完好,司机应当在确认信号后方能开动升降机。作业中无论任何人在任何楼层发出紧急停车信号,司机都应当立即执行。升降机应按规定单独安装接地保护和避雷装置。严禁在升降机运行状态下进行维修保养工作。若需维修,必须切断电源并在醒目处挂上"有人检修,禁止合闸"的标志牌,并有专人监护。

## 9.2 建筑机械设备使用安全技术

除了大型垂直运输机械外,建筑施工中还会用到诸如钢筋弯箍机、焊机、挖掘机等施工机械设备。这些机具是建筑工程施工中实现施工机械化、自动化,提高劳动生产率的重要设备。随着我国经济的发展和城市建设的推进,各类建筑机械的应用也越来越广泛。但在实际的使用过程中,由于管理不严、操作不当等原因,机械伤害已成为建筑行业"五大伤害"之一。因此,提高建筑施工人员对施工机械的安全技术知识的认识,提升安全操作的技能,对有效防范和杜绝施工现场安全事故的发生,促进建筑施工安全生产具有重要意义。

### 9.2.1 钢筋加工机械的安全技术

**1. 钢筋调直切断机的安全使用要求**

料架、料槽应安装平直,对准导向筒、调直筒和下切刀孔的中心线。用手转动飞轮,检查传动机构和工作装置,调整间隙,紧固螺栓,确认正常后,启动空运转,检查轴承应无异响,齿轮啮合良好,确认运转正常后方可作业。按调直钢筋的直径,选用合适的调直块、曳引轮槽及传动速度。调直块的孔径应比钢筋直径大2~5mm,曳引轮槽宽应和所需调直钢筋的直径相符合,传动速度应根据钢筋直径选用,直径大的宜选用慢速,经调试合格,方可送料。在调直块未固定、防护罩未盖好前不得送料。作业中严禁打开防护罩及调整间隙。当钢筋送入后,手与曳引轮必须保持一定距离,不得接近。送料前应将不直的料头切去,导向筒前应装一根1m长的钢管,钢筋必须先穿过钢管再送入调直前端的导孔内。作业后,应松开调直筒的调直块并回到原来位置,同时预压弹簧必须回位。钢筋加工机械以电动机、液压为动力,以卷扬机为辅机时,应按有关规定执行。机械的安装必须坚实稳固,保持水平位置。固定式机械应有可靠的基础,移动式机械作业时应揳紧行走轮。室外作业应设置机棚,机棚应有堆放原料、半成品的场地。加工较长的钢筋时,应有专人帮扶,并听从操作人员指挥,不得任意推拉。作业后,应堆放好成品,清理场地,切断电源,锁好电闸箱。

**2. 钢筋切断机的安全使用要求**

接送料工作台面应和切刀下部保持水平,工作台的长度可根据加工材料长度决定。启动前,必须确认刀片安装应正确、切刀应无裂纹、刀架螺栓紧固、防护罩应牢固,然后用手转动皮带轮,检查齿轮啮合间隙,调整切刀间隙,固定刀与活动刀间水平间隙以0.5~1.0mm为宜。启动后,先空运转,检查各传动部分及轴承运转正常后方可作业。机械未达到正常转速时不得切料,切料时必须使用切刀的中下部位,并将钢筋握紧;应在活动刀向后退时,把钢筋送入刀口,以防钢筋末端摆动或弹出伤人。不得剪切直径及强度超过机械铭牌规定的钢筋和烧红的钢筋。一次切断多根钢筋时,总截面积应在规定范围内。剪切低合金钢时,应换高硬度切刀,直径应符合铭牌规定。切断短料时,手和切刀之间的距离应保持150mm以上,如手握端小于400mm时,应用套管或夹具将钢筋短头压住或夹牢。切刀一端小于300mm时,切断前必须用夹具夹住,防止弹出伤人。切长钢筋应有专人扶住,操作时动作要一致,不得任意拖拉。运转中,严禁用手直接清除切刀附近的短头钢筋和杂物。人员不得在钢筋摆动周围和切刀附近停留。

发现机械运转不正常、有异响或切刀歪斜等情况,应立即停机检修。使用电动液压钢筋切断机时,要先松开放油阀,空载运转几分钟,排掉缸内空气,然后拧紧,并用手扳动钢筋给活动刀以回程压力,即可进行工作。已切断的钢筋,堆放要整齐,防止切口突出,误踢割伤。作业后,用钢刷清除切刀间的杂物,进行整机清洁保养。

**3. 钢筋弯曲机的安全使用要求**

工作台和弯曲机台面要保持水平,并准备好各种芯轴及工具。按加工钢筋的直径和弯曲半径的要求装好芯轴、成型轴、挡铁轴或可变挡架,芯轴直径应为钢筋直径的2.5倍。检查芯轴、挡块、转盘应无损坏和裂纹,防护罩紧固可靠,经空运转确认正常后,方可作业。作业时,将钢筋需要弯曲的一头插在转盘固定销上,并用手压紧,应注意钢筋放入插头的位置和回转方向,不要弄错方向,确认机身固定销子安在挡住钢筋的一侧后方可开动。

弯曲长钢筋应有专人扶住,并站在钢筋弯曲方向的外侧,互相配合,不得在地上拖拉。调头弯曲时,防止碰撞人和物。机械运转中,严禁更换芯轴、销子和变换角度以及调速等作业,转盘换向、加油和清理必须在停稳后进行。弯曲钢筋时,严禁超过本机规定的钢筋直径、根数及机械转速。弯曲高强度或低合金钢筋时,应按机械铭牌规定换算最大限制直径并调换相应的芯轴。严禁在弯曲钢筋的作业半径内和机身不设固定销的一侧站人。弯曲好的半成品应堆放整齐,弯钩不得朝上。弯曲机操作人员不准戴手套。

**4. 钢筋螺纹成型机的安全使用要求**

使用机械前,应确认刀具安装正确、连接牢固,各运转部位润滑情况良好,无漏电现象,在空车试运转确认无误后方可作业。钢筋应先调直再下料。切口端面应与钢筋轴线垂直,不得有马蹄形或挠曲,不得用气割下料。加工钢筋锥螺纹时,应采用水溶性切削润滑液;当气温低于0℃时,应掺入15%~20%亚硝酸钠。不得用机油作润滑液或不加润滑液套丝。加工时必须确保钢筋夹持牢固。机械在运转过程中,严禁清扫刀片上面的积屑杂物,发现工况不良应立即停机检查、修理。对超过机械铭牌规定直径的钢筋严禁进行加工。作业后应切断电源,用钢刷清除切刀间的杂物,进行整机清洁润滑。

**5. 钢筋冷挤压连接机的安全使用要求**

有下列情况之一时,应对挤压机的挤压力进行标定:新挤压设备使用前;旧挤压设备大修后;油压表受损或强烈振动后;套筒压痕异常且查不出其他原因时;挤压设备使用超过一年;挤压的接头数超过5000个。设备使用前后的拆装过程中,超高压油管两端的接头及压接钳、换向阀的进出油接头应保持清洁,并应及时用专用防尘帽封好。超高压油管的弯曲半径不得小于250mm,扣压接头处不得扭转,且不得有死弯。挤压机液压系统的使用应符合有关规定;高压胶管不得荷重拖拉、弯折和受到尖利物体刻划。

压模、套筒与钢筋应相互配套使用,压模上应有相对应的连接钢筋规格标记。挤压前的准备工作应符合下列要求:钢筋端头的锈迹、泥沙、油污等杂物应清理干净;钢筋与套筒应先进行试套,当钢筋有马蹄、弯折或纵肋尺寸过大时,应预先进行矫正或用砂轮打磨;不同直径钢筋的套筒不得串用;钢筋端部应画出定位标记与检查标记,定位标记与钢筋端头的距离应为套筒长度的一半,检查标记与定位标记的距离宜为20mm;检查挤压设备情况,应进行试压,符合要求后方可作业。

挤压操作应符合下列要求:钢筋挤压连接宜先在地面上挤压一端套筒,在施工作业区插入待接钢筋后再挤压另一端套筒;压接钳就位时,应对准套筒压痕位置的标记,并应与钢筋轴线保持垂直;挤压顺序宜从套筒中部开始,并逐渐向端部挤压;挤压作业人员不得随意改变挤压力、压接道数和挤压顺序。作业后应收拾好成品、套筒和压模,清理场地,切断电源,锁好开关箱,最后将挤压机和挤压钳放到指定地点。

**6. 钢筋对焊机的安全使用要求**

焊工必须经过专门安全技术和防火知识培训,经考核合格,持证者方准独立操作;徒工操作必须有师傅带领指导,不准独立操作。焊工施焊时必须穿戴白色工作服、工作帽、绝缘鞋、手套、面罩等,并要时刻预防电弧光伤害,并及时通知周围无关人员离开作业区,以防伤害眼睛。钢筋焊接工作房,应尽可能采用防火材料搭建,在焊接机械四周严禁堆放易燃物品,以免引起火灾。工作棚应备有灭火器材。遇6级以上大风天气时,应停止高处作业,雨、雪天应停止露天作业;雨雪后,应先清除操作地点的积水或积雪,否则不准作业。进行大量焊接生产时,焊接变压器不得超负荷,变压器升温不得超过60°C。为此,要特别注意遵守焊机暂载率规定,以免过分发热而损坏。焊接过程中,如焊机有不正常响声、变压器绝缘电阻过小、导线破裂、漏电等,应立即停止使用,进行检修。对焊机断路器的接触点、电极(铜头),要定期检查修理。冷却水管应保持畅通,不得漏水和超过规定温度。

**7. 钢筋除锈机械**

使用电动除锈机除锈,要先检查钢丝刷固定螺丝有无松动,检查封闭式防护罩装置及排尘设备的完好情况,防止发生机械伤害。使用移动式除锈机,要注意检查电气设备的绝缘及接地是否良好。操作人员要将袖口扎紧,并戴好口罩、手套等防护用品,特别是要戴好安全保护眼镜,防止圆盘钢丝刷上的钢丝甩出伤人。送料时,操作人员要侧身操作,严禁在除锈机的正前方站人,长料除锈需两人互相呼应,紧密配合。

**8. 钢筋加工机械安全事故的预防措施**

钢筋加工机械在使用前,必须经过调试运转正常,并经建筑安全管理部门验收,确认符合要求,发给准用证或有验收手续后,方可正式使用。设备挂上合格牌。钢筋机械应由专人使用和管理,安全操作规程上墙,明确责任人。施工用电必须符合规范要求,做好保护接零,配置相应的漏电保护器。钢筋冷作业区与对焊作业区必须有安全防护设施。钢筋机械各传动部位必须有防护装置。在塔吊作业范围内,钢筋作业区必须设置双层安全防坠棚。

## 9.2.2 电气焊设备的安全技术

**1. 电焊机使用安全知识**

交、直流电焊机应空载合闸启动,直流发电机式电焊机应按规定的方向旋转,带有风机的要注意风机旋转方向是否正确。电焊机在接入电网时须注意电压应相符,多台电焊机同时使用应分别接在三相电网上,尽量使三相负载平衡。电焊机需要并联使用时,应将一次线并联接入同一相位电路;二次侧也需同相相连,对二次侧空载电压不等的焊机,应经调整相等后才可使用,否则不能并联使用。焊机二次侧把线、地线要有良好的绝缘特性,柔性好,导电能力要与焊接电流相匹配,宜使用 YHS 型橡胶皮护套铜芯多股软电缆,长度不大于 30m。操作时电缆不宜成盘状,否则将影响焊接电流。多台焊机同时使用,当需拆除某一台时,应先断电后在其一侧验电,在确认无电后方可进行拆除工作。所有交、直流电焊机的金属外壳,都必须采取保护接地或接零。接地、接零电阻应小于 4Ω。

焊接的金属设备、容器本身有接地、接零保护时,焊机的二次绕组禁止没有接地或接零。多台焊机的接地、接零线不得串接接入接地体,每台焊机应设独立的接地、接零线,其接点应用螺丝压紧。宜用插销连接,其长度不得大于 5m,且须双层绝缘。电焊机二次侧把、地线需接长使用时,应保证搭接面积,接点处用绝缘胶带包裹好,接点不宜超过两处;严禁使用管道、轨道及建筑物的金属结构或其他金属物体串接起来作为地线使用。电焊机的一次、二次接线端应有防护罩,且一次接线端需用绝缘带包裹严密;二次接线端必须使用线卡子压接牢固。电焊机应放置在干燥和通风的地方(水冷式除外),露天使用时其下方应防潮且高于周围地面;上方应设防雨棚和有防砸措施。焊接操作及配合人员必须按规定穿戴劳动防护用品。

高空焊接或切割时,必须系好安全带,焊接周围和下方应采取防火措施,并有转入监护。在施焊压力容器、密闭容器等危险容器时,应严格按操作规程执行。

**2. 气焊使用安全知识**

焊接设备的各种气瓶均应有不同的安全色标:氧气瓶(天蓝色瓶、黑字)、乙炔瓶(白色瓶、红字)、氢气瓶(绿色瓶、红字)、液化石油气瓶(银灰色瓶、红字)。不同类的气瓶,瓶与瓶之间的间距不小于 5m,气瓶与明火距离不小于 10m。如果无法满足上述安全距离要求,应使用非燃烧材料或难燃烧材料建造墙进行隔离防护。

乙炔瓶使用或存放时只能直立,不能平放。乙炔瓶瓶体温度不能过超过 40℃。施工现场的各种气瓶应集中存放在具有隔离措施的场所,存放环境应符合安全要求,管理人员应经培训,存放处有安全规定和标志。班组使用过程中的零散存放,不能存放在住宿区和靠近油料和火源的地方。存放区应配备灭火器材。氧气瓶与其他易燃气瓶、油脂和其他易燃易爆物品分别存放,也不得同车运输。氧气瓶与乙炔瓶不得存放在同一仓库内。使用和运输应随时检查气瓶防震圈的完好情况,为保护瓶阀,应装好气瓶防护帽。禁止敲击、碰撞气瓶,以免损伤和损坏气瓶;夏季要防止阳光曝晒。冬天瓶阀冻结时,宜用热水或其他安全的方式解冻,不准用明火烘烤,以免气瓶材质的机械特性变坏和气瓶内压力增高。瓶内气体不能用尽,必须留有剩余压力。可燃气体和助燃气体的余压宜留 0.49MPa 左右,其他气体气瓶的余压可低些。不得用电磁起重机搬运气瓶,以免失电时气瓶从高空坠落而致气瓶损坏和爆炸。盛装易起聚合反应气体的气瓶,不得置于有放射性射线的场所。使用和运输应随时检查气瓶防震圈的完好情况,为保护瓶阀,应装好气瓶防护帽。

### 9.2.3 木工加工机械设备的安全技术

**1. 平刨使用安全知识**

平刨在进入施工现场前,必须经过建筑安全管理部门验收,确认符合要求时,发给准用证或有验收手续方能使用。设备挂上合格牌。平刨、电锯、电钻等多用联合机械在施工现场严禁使用。手压平刨必须有安全装置,并在操作前检查机械各部件及安全防护装置是否松动或失灵,检查刨刀锋利程度,经试车 1～3min 后,才能进行正式工作。如刨刃已钝,应及时调换。吃力深度一般调为 1～2mm。操作时左手压住木料,右手均匀推进,不要猛推猛拉,切勿将手指按于木料侧面。刨料时,先刨大面当作标准面,然后再刨小面。在刨较短、较薄的木料时,应用推板去推压木料;长度不足 400mm 或薄而窄的小料不得用手压刨。两人同时操作时,须待料推过刨刃 150mm 以外,下手方可接拖。操作人员衣袖要扎紧,不准戴手套。施工用电必须符合规范要求,并定期进行检查。

**2. 圆盘锯使用安全知识**

圆盘锯在进入施工现场前,必须经过建筑安全管理部门验收,确认符合要求,发给准用证或有验收手续方能使用。设备应挂上合格牌。操作前应检查机械是否完好,电器开关等是否良好,熔丝是否符合规格,并检查锯片是否有断、裂现象,并装好防护罩,运转正常后方能投入使用。操作人员应戴安全防护眼镜;锯片必须平整,不准安装倒顺开关,锯口要适当,锯片要与主动轴匹配、紧牢,不得有连续缺齿。操作时,操作者应站在锯片左侧的位置,不应与锯片站在同一直线上,以防止木料弹出伤人。木料锯到接近端头时,应由下手拉料进锯,上手不得用手直接送料,应用木板推送。锯料时,不准将木料左右搬动或高抬;送料不宜用力过猛,遇木节要减慢进锯速度,以防木节弹出伤人。锯短料时,应使用推棍,不准直接用手推,进料速度不得过快,下手接料必须使用刨钩。剖短料时,料长不得小于锯片直径的 1.5 倍,料高不得大于锯片直径的 1/3。截料时,截面高度不准大于锯片直径的 1/3。锯线走偏,应逐渐纠正,不准猛扳。锯片运转时间过长,温度过高时,应用水冷却,直径 600mm 以上的锯片在操作中,应喷水冷却。木料若卡住锯片时,应立即停车后处理。用电应符合规范要求,采用三级配电二级保护,三相五线保护接零系统。定期进行检查,注意熔丝的选用,严禁采用其他金属丝作为代用品。

### 9.2.4 手持电动工具的安全技术

建筑施工中,手持电动工具常用于木材加工中的锯割、钻孔、刨光、磨光、剪切及混凝土浇捣过程的振捣作业等。电动工具按其触电保护分为Ⅰ、Ⅱ、Ⅲ类。

手持电动工具在使用前,必须经过建筑安全管理部门验收,确定符合要求,发给准用证或有验收手续方能使用。设备挂上合格牌。一般场所选用Ⅱ类手持式电动工具,并装设额定动作电流不大于15mA，额定漏电动作时间小于0.1s的漏电保护器。若采用此类手持电动工具，还必须作保护接零。手持电动工具的负荷线必须采用耐气候型的橡皮护套铜芯软电缆，并不得有接头。手持电动工具的外壳、手柄、负荷线、插头、开关等必须完好无损，使用前必须做空载试验，运转正常方可投入使用。电动工具在使用中不得任意调换插头，更不能不用插头，而将导线直接插入插座内。当电动工具不用或需调换工作头时，应及时拔下插头，但不能拉着电源线拔下插头。插插头时，开关应在断开位置，以防突然起动。

使用过程中要经常检查，如发现绝缘损坏、电源线或电缆护套破裂、接地线脱落、插头插座开裂、接触不良以及断续运转等故障时，应立即修理，否则不得使用。移动电动工具时，必须握持工具的手柄，不能用拖拉橡皮软线来搬动工具，并随时注意防止橡皮软线擦破、割断和轧坏现象，以免造成人身事故。长期搁置未用的电动工具，使用前必须用500V兆欧表测定绕阻与机壳之间的绝缘电阻值，应不得小于7mΩ，否则须进行干燥处理。

## 9.2.5 土方机械设备的安全技术

**1. 打桩机械安全知识**

打桩机械在使用前，必须经过建筑安全管理部门验收，确认符合要求，发给准用证或有验收手续方能使用。设备挂上合格牌。临时施工用电应符合规范要求。打桩机应设有超高限位装置。打桩作业要有施工方案。打桩安全操作规程应上牌，并认真遵守，明确责任人。具体操作人员应经培训教育和考核合格，持证并经安全技术交底后，方能上岗作业。

**2. 翻斗车使用安全知识**

行驶前，应检查锁紧装置，并将料斗锁牢，不得在行驶时掉斗。行驶时应从一挡起步，不得用离合器处于半结合状态来控制车速。上坡时，当路面不良或坡度较大时，应提前换入抵挡行驶；下坡时严禁空挡滑行；转弯时应减速，急转弯时应换入抵挡。翻斗制动时，应逐渐踏下制动踏板，并应避免紧急制动。在坑沟边缘卸料时，应设置安全挡块。车辆接近坑边时，应减速行驶，不得剧烈冲撞挡块。停车时，应选择合适地点，不得在坡道上停车。冬季应采取防止车轮与地面冻结的措施。严禁料斗内载人，料斗不得在卸料情况下行驶或进行平地作业。内燃机运转或料斗内载荷时，严禁在车底进行任何作业。操作人员离机时，应将内燃机熄火，并摘挡拉紧手制动器。作业后，应对车辆进行清洗，清除砂土及混凝土等粘结在料斗和车架上的脏物。

## 9.2.6 混凝土搅拌设备的安全技术

**1. 搅拌机安全使用知识**

搅拌机在使用前，必须经过建筑安全管理部门验收，确认符合要求，发给准用证或有验收手续方能使用，设备应挂上合格牌。临时施工用电应做好保护接零，配备漏电保护器，具备三级配电两级保护。搅拌机应设防雨棚，若机械设置在塔吊运转作业范围内的，必须搭设双层安全防坠棚。搅拌机的传动部位应设置防护罩。搅拌机安全操作规程应上墙，明确设备责任人，定期进行安全检查、设备维修和保养。

**2. 混凝土泵车安全操作规程**

构成混凝土泵车的汽车底盘、内燃机、空气压缩机、水泵、液压装置等的使用，应执行汽车的一般规定及混凝土泵的有关规定。泵车就位地点应平坦坚实，周围无障碍物，上空无高压输电线。泵车不得停放在斜坡上。泵车就位后，应支起支腿并保持机身的水平和稳定。当用布料杆送料时，机身倾斜度不得大于3°。

就位后，泵车应打开停车灯，避免碰撞。

作业前检查项目应符合下列要求：燃油、润滑油、液压油、水箱添加充足，轮胎气压符合规定，照明和信号指示灯齐全良好。液压系统工作正常，管道无泄漏；清洗水泵及设备齐全良好。搅拌斗内无杂物，料斗上保护格网完好并盖严。输送管路连接牢固，密封良好。

布料管所用配管和软管应按出厂说明书的规定选用，不得使用超过规定直径的配管，装接的软管应拴上防脱安全带。伸展布料杆应按出厂说明书的顺序进行，布料杆升离支架后方可回转。严禁用布料杆起吊或拖拉物件。当布料杆处于全伸状态时，不得移动车身。作业中需要移动车身时，应将上段布料杆折叠固定，移动速度不得超过10km/h。不得在地面上拖拉布料杆前端软管；严禁延长布料配管和布料杆。当风力在6级及以上时，不得使用布料杆输送混凝土。泵送管道的敷设，应按混凝土泵操作规程中的规定执行。泵送前，当液压油温度低于15℃时，应采用延长空运转时间的方法提高油温。泵送时应检查泵和搅拌装置的运转情况，监视各仪表和指示灯，发现异常，应及时停机处理。料斗中混凝土面应保持在搅拌轴中心线以上。泵送混凝土应连续作业。当因供料中断被迫暂停时，停机时间不得超过30min。暂停时间内应每隔5~10min(冬季3~5min)作2~3个冲程反泵—正泵运动，再次投料泵送前应先将料搅拌。当停泵时间超限时，应排空管道。作业中，不得取下料斗上的格网，并应及时清除不合格的骨料或杂物。泵送中当发现压力表上升到最高值，运转声音发生变化时，应立即停止泵送，并应采用反向运转方法排除管道堵塞；无效时，应拆管清洗。作业后，应将管道和料斗内的混凝土全部输出，然后对料斗、管道等进行冲洗。当采用压缩空气冲洗管道时，管道出口端前方10m内严禁站人。作业后，不得用压缩空气冲洗布料杆配管，布料杆的折叠收缩应按规定顺序进行。作业后，各部位操纵开关、调整手柄、手轮、控制杆、旋塞等均应复位，液压系统应卸荷，并应收回支腿，将车停放在安全地带，关闭门窗。冬季应放尽存水。

---

## 小结

建筑施工机械的安全管理是施工过程中不可忽视的重要环节。在使用施工机械设备时，必须严格按照要求进行操作和管理，制订相应的安全控制措施，让操作人员接受足够的安全培训，提高安全意识和技能水平，从而确保施工过程中的安全生产和人身安全。

在建筑起重机械安全技术要求方面，塔式起重机、物料提升机和施工升降机等都是常用的设备，使用时必须落实好安全管理措施，包括安全检查、验收和防护措施等。在建筑机械设备使用安全技术方面，不同的设备有着不同的安全要求，如钢筋加工机械、电气焊设备、木工加工机械设备、手持电动工具、土方机械设备和混凝土搅拌设备等。需要注意的是，施工机械设备的安全性能不仅取决于设备本身的质量和性能，更需要施工方对设备进行正确的操作管理和维护保养。

总之,加强施工机械的安全管理是保障施工现场安全生产和人身安全的重要措施。只有周密的安全管理措施和严格的监督验收,方可做到安全施工,保障施工人员的身体健康和生命安全。

## 实训任务

根据对施工现场各垂直运输机械和起重吊装作业的参观,阅读起重吊装施工方案及相关资料,然后根据《建筑施工安全检查标准》(JGJ 59—2011)中"塔式起重机、物料提升机、施工升降机及起重吊装检查评分表"对各垂直运输机械和起重吊装作业进行检查和评分。

## 本章教学资源

建筑起重机械
安全技术要求

建筑机械设备
使用安全技术

# 第10章 施工现场防火安全管理

## 学习目标

1. 掌握施工现场防火安全的基本知识和相关法律法规,了解防火安全隐患的识别及消除方法,学习施工现场消防设备的布置和使用。

2. 掌握易燃施工机具的选择和使用细节,熟悉施工现场各项作业的防火安全措施和相应的急救措施。通过学习本章内容,提高工人的安全防范意识,正确使用防火设备和施工机具,做好作业前的防火检查和急救准备。

3. 掌握如何有效预防和应对火灾事故,提高现场安全防范水平,保障施工人员的生命财产安全。

## 学习重点与难点

1. 学习重点内容包括施工现场的消防安全组织及职责、消防设备及易燃施工机具的安全管理、各类施工作业的防火安全措施、火灾急救措施等。掌握施工现场防火安全的基本规定,了解如何识别并消除防火安全隐患,学习消防设备和施工机具的正确使用方法,以及各类作业的防火安全措施和火灾急救措施。

2. 学习难点包括如何正确布置施工现场的平面,如何针对不同施工作业制订相应的防火安全措施,以及如何在火灾现场自救和进行有效的应急响应。通过学习本章内容,可以帮助施工人员提高防火安全意识和技能,有效预防和应对火灾事故,保障施工现场的安全生产。

## 案例引入

某地区一家建筑公司发生火灾事故,造成了十分严重的后果。当时,该建筑公司正在施工一栋高层建筑,工程量巨大,人员繁多,施工现场存在大量的防火安全隐患。起火原因是电焊作业过程中发生起火,因为施工现场没有进行有效的防火措施,导致火势迅速扩散,最终造成了重大人员伤亡和财产损失(见图10-1)。

图10-1 某建筑工地火灾事故

通过对这起火灾事故的分析可以看出,施工现场防火安全管理的重要性。施工现场的防火安全隐患可以来自多个方面,如人员作业行为、现场设备和工具、环境等。如果不进行有效的防火安全管理和措施,就会存在严重的风险。

因此,施工现场的防火安全管理需要严格按照基本规定进行,采取有效的预防和应对措施。建议在施工前对现场安全设施进行全面检查,并切实落实消防安全责任人及值班管理措施。同时,加强对施工人员的安全培训,提高他们的安全意识和应急反应能力。对于各类施工机具的使用和存放,应该进行严格的标识和管理,防止意外发生。另外,对于易燃易爆物品和危险区域,应该进行隔离和标识,人员禁止接近和存储。

在各类施工作业过程中,也需要针对性制订相应的防火安全措施和应对措施。对于电焊、气焊、电工等作业,需要进行严格的作业许可和管理,避免火花等产生。对于油漆作业,要防止油漆溶剂挥发导致的爆炸危险,适时通风换气。对于防水作业,要严格控制所用材料的质量和使用方法,避免擦火花产生。对于脚手架作业,要注意施工人员的平衡和安全,防止意外坠落等。

在火灾发生时,需要及时进行应急响应和灭火救援。应该明确逃生通道和器材的位置和使用方法,并定期举行灭火演练。在火灾现场,要保护好自己,并根据现场情况及时报警,接受指挥。同时,应加强对火灾现场局部火势的控制,及时救助被困人员和避免火势扩大。

在建筑施工过程中,防火安全事关人员生命财产安全,需要得到施工单位的高度重视和管理。只有在严格按照基本规定制订有效的管理措施的前提下,才能达到最好的防火安全效果。

## 10.1 施工现场防火安全隐患

### 10.1.1 施工现场防火安全特点

施工现场的火灾危险性与一般居民住宅、厂矿、企事业单位的有所不同。由于尚未完工,尚处于施工期间,正式的消防设施,诸如消火栓系统、自动喷水灭火系统、火灾自动报警系统均未投入使用,且施工现场内有众多现场施工人员及存有大量施工材料,都在一定程度上增加了施工现场的火灾危险性。

### 10.1.2 施工现场消防隐患

**1. 易燃、可燃材料多**

由于施工要求,很难避免施工现场存放有可燃材料,如木材、油毡纸、沥青、汽油、松香水等。这些材料一部分存放在条件较差的临建库房内,另一部分为了施工方便,就会露天堆放在施工现场;此外,施工现场还经常会遗留如废刨花、锯末、油毡纸头等易燃、可燃的施工尾料,不能及时清理。以上这些物质的存在,使施工现场具备了燃烧产生的一个必备条件——可燃物。

**2. 临建设施多,防火标准低**

为了施工需要,施工现场会临时搭设大量的作业棚、仓库、宿舍、办公室、厨房等临时用房,考虑到简易快捷和节省成本,这些临时用房多数会使用耐火性能较差的金属夹芯板房,甚至有些施工现场还会采用可燃材料搭设临时用房。同时,因为施工现场面积相对狭小,上述临时用房往往相互连接,缺乏应有的防火间距,一旦一处起火,很容易蔓延扩大。

**3. 动火作业多**

施工现场存在大量的电气焊、防水、切割等动火作业,这些动火作业使施工现场具备了燃烧产生的另一个必备条件——火源,一旦动火作业不慎,使火星引燃施工现场的可燃物,极易引发火灾。另外,施工现场一旦缺乏统筹管理或失管、漏管,形成立体交叉动火作业,甚至出现违章动火作业,所带来的后果及造成的损失便会难以计量。

**4. 临时电气线路多**

随着现代化建筑技术的不断发展,以墙体、楼板为中心的预制设计标准化、构件生产工厂化和施工现场机械化得到了普遍采用,施工现场的电焊、对焊机以及大型机械设备增多,再加上施工人员大多吃住在施工现场,这些使施工场地的用电量大增,常常会造成过负荷用电。另外,因为是临时用电,一些施工现场用电系统没有经过正规的设计,甚至违反规定任意敷设电气线路,常常导致电气线路因接触不良、短路、过负荷、漏电、打火等引发火灾。

**5. 施工临时员工多,流动性强,素质参差不齐**

由于建筑施工的工艺特点,各工序之间往往相互交叉、流水作业。一方面,施工人员常处于分散、流动状态,各作业工种之间相互交接,容易遗留火灾隐患;另一方面,施工现场外来人员较多,施工人员的素质参差不齐,经常出入工地,乱动机械、乱丢烟头等现象时有发生,给施工现场安全管理带来不便,往往会因遗留的火种未被及时发现而酿成火灾。

**6. 既有建筑进行扩建、改建使火灾危险性增大**

既有建筑进行扩建、改建施工一般是在建筑物正常使用的情况下作业,场地狭小,操作不便。有的建筑物隐蔽部位多,墙体、顶棚构造往往因缺乏图样资料而存在先天隐患,如果用焊、用火、用电等管理不严,极易因火种落入房顶、夹壁、洞孔或通风管道的可燃保温材料中埋下火灾隐患。

**7. 隔音、保温材料用量大**

目前,大型工程中保温、隔声及空调系统等工程使用保温材料的地方越来越多,保温材料的种类繁多,然而在隔声保温效果较好的聚氨酯泡沫材料成为几次影响较大的火灾事故"元凶"后,工程上转而寻找其耐火替代产品,如橡塑板、玻璃棉、岩棉、复合硅酸盐等。目前,市场上最具代表性的就是橡塑保温材料,它以丁腈橡胶、聚氯乙烯为主要原料,虽然具有一定的耐火性,但是"难燃"终究不可避免地在一定条件下引发"可燃"。

**8. 现场管理及施工过程受外部环境影响大**

施工现场经常会因为抢工期、抢进度而进行冒险施工,甚至是违章施工,给施工现场的消防安全管理带来较大影响。另外,建设单位指定的施工分包单位不服从施工总承包单位管理、分包单位层层分包等现象比比皆是,给施工现场消防安全带来先天隐患。

## 10.2 施工现场防火的基本规定

### 10.2.1 一般规定

施工现场的消防安全管理应由施工单位负责。实行施工总承包时,应由总承包单位负责。分包单位应向总承包单位负责,并应服从总承包单位的管理,同时应承担国家法律、法规规定的消防责任和义务。监理单位应对施工现场的消防安全管理实施监理。施工单位应根据建设项目规模、现场消防安全管理的重点,在施工现场建立消防安全管理组织机构及义务消防组织,并应确定消防安全负责人和消防安全管理人员,同时应落实相关人员的消防安全管理责任。施工单位应针对施工现场可能导致火灾发生的施工作业及其他活动,制订消防安全管理制度。消防安全管理制度应包括下列主要内容:消防安全教育与培训制度,可燃及易燃易爆危险品管理制度,用火、用电、用气管理制度,消防安全检查制度,应急预案演练制度。

施工单位应编制施工现场防火技术方案,并应根据现场情况变化及时对其修改、完善。防火技术方案应包括下列主要内容:施工现场重大火灾危险源辨识、施工现场防火技术措施、临时消防设施、临时疏散设施配备、临时消防设施和消防警示标识布置图。

施工单位应编制施工现场灭火及应急疏散预案。灭火及应急疏散预案应包括下列主要内容:应急灭火处置机构及各级人员应急处置职责、报警接警处置的程序和通信联络的方式、扑救初起火灾的程序和措施、应急疏散及救援的程序和措施。

### 10.2.2 其他防火管理规定

(1)施工现场的重点防火部位或区域应设置防火警示标识。

(2)施工单位应做好施工现场临时消防设施的日常维护工作,对已失效、损坏或丢失的消防设施应及时更换、修复或补充。

(3)临时消防车道、临时疏散通道、安全出口应保持畅通,不得遮挡、挪动疏散指示标识,不得挪用消防设施。

(4)施工期间,不应拆除临时消防设施及临时疏散设施。

(5)施工现场严禁吸烟。

### 10.2.3 施工现场的消防安全组织及职责

为了确保施工现场消防安全,施工现场的消防安全组织可分为三个部分,分别为消防安全领导小组、消防安全保卫组和义务消防队。其中,消防安全领导小组负责施工现场的消防安全领导工作;消防安全保卫组负责施工现场的日常消防安全管理工作;义务消防队负责施工现场的日常消防安全检查、消防器材维护和初期火灾扑救工作。具体人员配置如下。

**1. 消防安全负责人**

项目消防安全负责人是工地防火安全的第一责任人,由项目经理担任,对项目工程生产经营过程中的消防工作负全面领导责任。应履行以下职责。

(1) 贯彻落实消防方针、政策、法规和各项规章制度,结合项目工程特点及施工全过程的情况,制订本项目各消防管理办法或提出要求,并监督实施。

(2) 根据工程特点确定消防工作管理体制和人员,并确定各业务承包人的消防保卫责任和考核指标,支持、指导消防人员工作。

(3) 组织落实施工组织设计中的消防措施,组织并监督项目施工中消防技术交底和设备、设施验收制度的实施。

(4) 领导、组织施工现场定期的消防检查,发现消防工作中的问题,制订措施,及时解决。对上级提出的消防与管理方面的问题,要定时、定人、定措施予以整改。

(5) 发生事故时做好现场保护与抢救工作,及时上报,组织、配合事故调查,认真落实制订的整改措施,吸取事故教训。对外包队伍加强消防安全管理,并对其进行评定。参加消防检查,对施工中存在的不安全因素,从技术方面提出整改意见和方法并予以清除。参加并配合火灾及重大未遂事故的调查,从技术上分析事故原因,提出防范措施和意见。

**2. 消防安全管理人**

施工现场应确定一名主要领导为消防安全管理人,具体负责施工现场的消防安全工作。应履行以下职责。

(1) 制订并落实消防安全责任制和防火安全管理制度,组织编制火灾的应急预案和落实防火、灭火方案以及火灾发生时应急预案的实施。拟订项目经理部及义务消防队的消防工作计划。

(2) 配备灭火器材,落实定期维护、保养措施,改善防火条件,开展消防安全检查和火灾隐患整改工作,及时消除火险隐患。管理本工地的义务消防队和灭火训练,组织灭火和应急疏散预案的实施和演练。组织开展员工消防知识、技能的宣传教育和培训,使职工懂得安全用火、用电和其他防火、灭火常识,增强职工消防意识和自防自救能力。组织火灾自救,保护火灾现场,协助火灾原因调查。

**3. 消防安全管理人员**

施工现场应配备专、兼职消防安全管理人员(如消防干部、消防主管等),负责施工现场的日常消防安全管理工作。应履行以下职责:认真贯彻消防工作方针,协助消防安全管理人制订防火安全方案和措施,并督促落实。定期进行防火安全检查,及时消除各种火险隐患,纠正违反消防法规、规章的行为,并向消防安全管理人报告,提出对违章人员的处理意见。指导防火工作,落实防火组织、防火制度和灭火准备,对职工进行防火宣传教育。组织参加本业务系统召集的会议,参加施工组织设计的审查工作,按时填报各种报表。对重大火险隐患及时提出消除措施的建议，填发火险隐患通知书，并报消防监督机关备案。组织义务消防队的业务学习和训练。发生火灾事故，立即报警和向上级报告，同时要积极组织扑救，保护火灾现场，配合事故的调查。

**4. 工长**

认真执行上级有关消防安全生产规定，对所管辖班组的消防安全生产负直接领导责任。认真执行消防安全技术措施及安全操作规程，针对生产任务的特点，向班组进行书面消防安全技术交底，履行签字手续，并经常检查规程、措施、交底的执行情况，随时纠正现场及作业中的违章、违规行为。经常检查所管辖班组作业环境及各种设备的消防安全状况，发现问题及时纠正、解决。定期组织所管辖班组学习消防规章制度，开展消防安全教育活动，接受安全部门或人员的消防安全监督检查，及时解决提出的不安全问题。对分管工程项目应用的符合审批手续的新材料、新工艺、新技术，要组织作业工人进行消防安全技术培训；若在施工中发现问题，必须立即停止使用，并上报有关部门或领导。

**5. 班组长**

对本班组的消防工作负全面责任。认真贯彻执行各项消防规章制度及安全操作规程，认真落实消防安全技术交底，合理安排班组人员工作。熟悉本班组的火险危险性，遵守岗位防火责任制，定期检查班组作业现场消防状况，发现问题并及时解决。经常组织班组人员学习消防知识，监督班组人员正确使用个人劳动保护用品。对新调入的职工或变更工种的职工，在上岗之前进行防火安全教育。熟悉本班组消防器材的分布位置，加强管理，明确分工，发现问题及时反映，保证初期火灾的扑救。发生火灾事故，立即报警和向上级报告，组织本班组义务消防人员和职工扑救，保护火灾现场，积极协助有关部门调查火灾原因，查明责任者并提出改进意见。

**6. 班组工人**

认真学习和掌握消防知识，严格遵守各项防火规章制度。认真执行消防安全技术交底，不违章作业，服从指挥、管理；随时随地注意消防安全，积极主动地做好消防安全工作。对不利于消防安全的作业要积极提出意见，并有权拒绝违章指挥。发扬团结友爱精神，在消防安全生产方面做到互相帮助、互相监督，对新工人要积极传授消防保卫知识，维护一切消防设施和防护用具，做到正确使用，不损坏，不私自拆改、挪用。发现有险情立即向领导反映，避免事故发生。发现火灾应立即向有关部门报告火警，不谎报。发生火灾事故时，有参加、组织灭火工作的义务，并保护好现场，主动协助领导查清起火原因。

**7. 义务消防队**

向职工进行消防知识宣传，提高防火警惕。结合本职工作，班前、班后进行防火检查，发现不安全的问题及时解决，解决不了的应采取措施并向领导报告，发现违反防火制度者有权制止。经常维修、保养消防器材及设备，并根据本单位的实际情况需要报请领导添置各种消防器材。组织消防业务学习和技术操练，提高消防业务水平。组织队员轮流值勤。协助领导制订本单位灭火的应急预案。发生火灾立即启动应急预案，实施灭火与抢救工作。协助领导和有关部门保护现场，追查失火原因，提出改进措施。

## 10.3　施工现场火灾急救措施

### 10.3.1　火灾急救

施工现场发生火警、火灾时,应立即了解起火部位,燃烧的物质等基本情况,迅速拨打火警电话"119"或向项目领导报告,同时组织撤离和扑救。

在消防部门到达前,对易燃、易爆的物质采取正确有效的隔离。如切断电源、撤离火场内的人员和周围的易燃易爆及一切贵重物品,根据火场情况,机动灵活地选择灭火工具。

在扑救现场,应行动统一。如果火势扩大,一般扑救不可能时,应积极组织人员撤退,避免不必要的伤亡。

扑灭火情可单独采用,也可同时采用几种灭火方法(冷却法、窒息法、化学中断法)进行扑救。灭火扑救的基本原理是破坏燃烧的三条件(可燃物、助燃物、火源)中的任一条件。在扑救的同时要注意周围情况,防止中毒、坍塌、坠落、触电、物体打击等二次事故的发生。在灭火后,要保护好现场,以便事后调查起火原因。

### 10.3.2　火灾现场自救注意事项

**1. 熟悉环境**

熟悉环境就是了解我们经常或临时所处建筑物的消防安全环境。对于我们经常工作或居住的建筑物,事先可制订较为详细的逃生计划,所有成员都要知道逃生出口、路线和方法。要留心报警器、灭火器的位置,以及有可能作为逃生器材的物品,以便遇到火灾时能及时疏散和灭火。只有警钟长鸣,养成习惯,才能处变不惊,临危不乱。进入不熟悉的建筑物时,养成先熟悉环境的习惯。

**2. 迅速撤离**

逃生行动是争分夺秒的行动。一旦听到火灾警报或意识到自己可能被烟火包围,千万不要迟疑,要立即跑出房间,设法脱险,切不可延误逃生良机。一般来说,火灾初期烟少火小,只要迅速撤离,是能够安全逃生的。

**3. 毛巾保护**

火灾中产生的一氧化碳在空气中的含量达1.28%时,人在1~3分钟内即可窒息死亡。同时,燃烧中产生的热空气被人吸入,会严重灼伤呼吸系统的软组织,严重的也可导致人窒息死亡。逃生时多数要经过充满浓烟的路线才能离开危险的区域。逃生时,不管附近有无烟雾,都应采取防烟措施。常用的防烟措施是用干、湿毛巾捂住口鼻。可把毛巾浸湿,叠起来捂住口鼻,无水时,干毛巾也行;身边如没有毛巾,餐巾布、口罩、衣服也可以替代,可多叠几层,使滤烟面积增大,将口鼻捂严。穿越烟雾区时,即使感到呼吸困难,也不能将毛巾从口鼻上拿开。

### 4. 通道疏散

楼房着火时,应根据火势情况,优先选用最便捷、最安全的通道和疏散设施,如疏散楼梯、消防电梯、室外疏散楼梯等。从浓烟弥漫的建筑物通道向外逃生,可向头部、身上浇些凉水,用湿衣服、湿床单、湿毛毯等将身体裹好,要低势行进或匍匐爬行,穿过险区。如无其他救生器材时,可考虑利用建筑物的窗户、阳台、屋顶、落水管等脱险。

### 5. 绳索滑行

当各通道全部被浓烟烈火封锁时,可利用结实的绳子,或将窗帘、床单、被褥等撕成条,拧成绳,用水沾湿,然后将其拴在牢固的暖气管道、窗框、床架上,被困人员逐个顺绳索滑到地面或下到未着火的楼层而脱离险境。

### 6. 借助器材

人们处在火灾中,生命危在旦夕,不到最后一刻,谁也不会放弃生命,一定要竭尽所能设法逃生。逃生和救人的器材设施种类较多,通常使用的有缓降器、救生袋、导向网、导向绳、救生舷梯等,如果能够充分利用这些器材和设施,就容易从火"口"脱险。

### 7. 暂时避难

在无路逃生的情况下,应积极寻找暂时的避难处所,以保护自己,择机而逃。如果在综合性多功能大型建筑物内,可利用设在电梯、走廊末端以及卫生间附近的避难间,躲避烟火的危害。如果处在没有避难间的建筑物里,被困人员应创造避难场所与烈火搏斗,求得生存。首先,应关紧房门和迎火的门窗,打开背火的门窗,但不要打碎玻璃,窗外有烟进来时,要赶紧把窗户关上。如门窗缝或其他孔洞有烟进来时,要用毛巾、床单等物品堵住,或挂上湿棉被、湿毛毯等难燃物品,并不断向迎火的门窗及遮挡物上洒水,最后淋湿房间内的所有可燃物,一直坚持到火灾的熄灭。另外,在被困时,要主动与外界联系,以便及早获救。如房间有电话、对讲机等通信设备时,要及时报警。如没有这些通信设备,白天可用各色的旗子或衣物摇晃,向外投掷物品,夜间可摇晃点着的打火机、划火柴、打开电灯、手电向外报警求援,直到消防队来救助脱险或在能疏散的情况下择机逃生。在逃生过程中如果有可能应及时关闭防火门、防火卷帘门等防火隔物,启动通风和排烟系统,以便取得逃生和救援时机。

### 8. 标志引导

在公共场所的墙面上、顶棚上、门顶处、转弯处,应设置"安全出口""紧急出口""安全通道""太平门""火警电话"以及逃生方向箭头、事故照明灯等消防标志和事故照明标志。被困人员看到这些标志时,马上就可以确定自己的行为,按照标志指示的方向有秩序地撤离逃生,以解"燃眉之急"。

### 9. 利人利己

在众多被困人员逃生过程中,极易出现拥挤、聚堆甚至倾轧践踏的现象,造成通道堵塞和不必要的人员伤亡。相互拥挤、践踏,既不利于自己逃生,也不利于别人逃生。在逃生过程中如看见前面的人倒下去了,应立即扶起,对拥挤的人应给予疏导或选择其他疏散方向予以分流,减轻单一疏散通道的压力,竭尽全力保持疏散通道畅通,以最大限度减少人员伤亡。

### 10.3.3　火灾事故应急响应步骤

（1）立即报警。当接到发生火灾信息时，应确定火灾的类型和大小，并立即报告防火指挥系统，防火指挥系统启动紧急预案。指挥小组要迅速报"119"火警电话，并及时报告上级领导，便于及时扑救、处置火灾事故。

（2）组织扑救火灾。当施工现场发生火灾时，应急准备与响应指挥部除及时报警外，要立即组织基地或施工现场义务消防队员和职工进行扑救，义务消防队员选择相应器材进行扑救。扑救火灾时要按照"先控制，后灭火；救人重于救火；先重点，后一般"的灭火战术原则。派人切断电源，组织抢救伤亡人员，隔离火灾危险源和重点物资，充分利用项目中的消防设施器材进行灭火。

（3）人员疏散是减少人员伤亡扩大的关键，也是最彻底的应急响应。在现场平面布置图上绘制疏散通道，一旦发生火灾等事故，人员可按图示疏散通道撤离到安全地带。

（4）协助公安消防队灭火。联络组拨打119、120求救，并派人到路口接应。当专业消防队到达火灾现场后，火灾应急小组成员要向消防队负责人简要说明火灾情况，并全力协助消防队员灭火，听从专业消防队指挥，齐心协力，共同灭火。

（5）现场保护。当火灾发生时和扑灭后，指挥小组要派人保护好现场，维护好现场秩序，等待事故原因和责任人调查。同时应立即采取善后工作，及时清理火灾造成的垃圾以及采取其他有效措施，使火灾事故对环境造成的污染降低到最低限度。

（6）火灾事故调查处置。按照公司事故、事件调查处理程序规定，火灾发生情况报告要及时按"四不放过"原则进行查处。事故后分析原因，编写调查报告，采取纠正和预防措施，负责对预案进行评价并改善预案。对火灾发生情况的报告应急准备与响应指挥小组要及时上报公司。

---

**── 小结 ──**

施工现场防火安全管理是保障施工现场工作人员生命财产安全的重要一环。在施工现场，存在着各种各样的火灾隐患，如易燃材料储存、用火、用电、用气等。因此，必须要针对这些隐患制订科学的防火安全管理规定。施工现场防火的基本规定包括一般规定和其他防火管理规定，同时还要成立消防安全组织，并明确各职责。在施工现场消防设备及易燃施工机具安全管理方面，需要对施工现场进行平面布置与消防设备器材的布置，严格管理用火、用电、用气以及特殊机具的安全使用。在施工现场施工作业防火安全管理方面，需要对各项作业进行具体的防火措施，如电焊、气焊、木工、电工、油漆、防水和脚手架作业等。此外，还要制订火灾急救措施，并确定应急响应步骤，一旦发生火灾，能迅速应对，最大程度地减少火灾的损失。综上所述，施工现场防火安全管理应该在施工过程的每一个环节都始终贯穿，加强施工安全管理，确保施工安全生产。

—— **实训任务** ——————————————————————

根据《建设工程施工现场消防安全技术规范》(GB 50720—2023)、《建筑工程安全技术交底手册》《建筑安装工程安全技术规程》《建筑机械使用安全技术规程》《施工现场临时用电安全技术规范》(JGJ 46—2018)、《建筑施工安全检查标准》(JGJ 59—2021)和《中华人民共和国消防法》中的要求,编制施工现场消防防火施工方案。

—— **本章教学资源** ——————————————————

施工现场防火安全管理

# 第11章 文明施工

## 学习目标

1. 了解文明施工的概念、基本条件、现场要求和标准,以及场容管理、机具管理和临时设施管理等方面的内容。

2. 增强施工现场管理的环保意识,保障施工过程中的环境安全和人民群众的身体健康,使建设项目达到可持续发展的目标。

## 学习重点与难点

1. 学习重点是文明施工中场容管理、机具管理和临时设施管理等方面的内容。

2. 学习难点是垃圾分类处理、水土保持和噪声控制等。要求学生深入理解环保意识在施工现场的重要性,掌握垃圾分类处理、水土保持及噪声控制等方面的相关技术和方法,保障施工现场的环境安全和人民群众的身体健康。

## 案例引入

党的二十大报告指出,深入推进环境污染防治。坚持精准治污、科学治污、依法治污,持续深入打好蓝天、碧水、净土保卫战。加强污染物协同控制,基本消除重污染天气。统筹水资源、水环境、水生态治理,推动重要江河湖库生态保护治理,基本消除城市黑臭水体。加强土壤污染源头防控,开展新污染物治理。提升环境基础设施建设水平,推进城乡人居环境整治。全面实行排污许可制,健全现代环境治理体系。严密防控环境风险。深入推进中央生态环境保护督察。

近年来,文明施工与环境保护已成为建筑工程施工的重要方面。我国某地一家建筑公司进行了文明施工与环境保护的实践,取得了良好的效果。

这家公司在施工现场采取了一系列的文明施工措施,如设立文明岗、提高文明施工评价等,强化了工人的文明施工意识和环保意识。同时,公司还制订了严格的文明施工现场基本要求和标准,对施工现场的垃圾分类处理、水土保持、噪声控制等方面进行了严格的管理,建立了良好的施工环境保护机制。

此外,该公司还加强了施工现场的机具管理和临时设施管理,对料具等机具进行了有效的管理、存放和使用,保证了施工现场的安全和顺利进行。对临时设施的布置和搭设等方面也进行了严格管理,确保临时设施的安全、整洁和有效使用。

在环境保护方面,该公司采用了多种措施来保护施工现场和周边的环境,如建立了各类垃圾桶,强化了垃圾分类处理,进行了水土保持和噪声控制等方面的工作。通过这些努力,不仅保障了施工现场的环境安全和人民群众的身体健康,也获得了施工业主和社会的高度认可。

可以看出，文明施工与环境保护是建筑工程施工的必然趋势，也是社会责任的表现。只有在文明施工和环境保护方面积极努力，才能够实现绿色、可持续的发展。

## 11.1 文明施工概述

### 11.1.1 文明施工的概念

坚持绿水青山就是金山银山的理念，坚持山水林田湖草沙一体化保护和系统治理，全方位、全地域、全过程加强生态环境保护，生态文明制度体系更加健全，污染防治攻坚向纵深推进，绿色、循环、低碳发展迈出坚实步伐，生态环境保护发生历史性、转折性、全局性变化，我们的祖国天更蓝、山更绿、水更清。

文明施工是指保持施工场地整洁、卫生，施工组织科学，施工程序合理的一种施工活动。实现文明施工，不仅要着重做好现场的场容管理工作，而且还要相应做好现场材料、设备、安全、技术、保卫、消防和生活卫生等方面的管理工作。结合工程现场实际特点，通过对各个施工环节以及步骤实施优化管控，建立并完善文明施工制度和保障措施，科学合理规划现场施工总平面布置图，并严格落实建设工程相关的标准规范及制度，将文明施工与绿色环保施工进行有机融合，确保施工项目能够顺利进行。安全文明施工是推进行业发展、提升施工企业综合管理水平的关键内容之一，更是确保工程质量和操作人员安全的重要一环。

### 11.1.2 文明施工的意义

确保施工安全，减少人员伤亡。建筑施工行业是高危行业，危险系数高，事故发生率高，如若发生安全生产事故，常常伴随人员伤亡，对个人、对企业、对社会造成巨大的损失。

规范施工程序，保证工程质量。施工项目的工程质量是企业生存的根本，是企业在激烈市场竞争中胜出的保证。安全文明施工提供了良好的施工环境和施工秩序，规范了施工程序和施工步骤，为工程质量达到优良打下了基础。

文明施工是适应现代化施工的客观要求。现代化施工需要采用先进的技术、工艺、材料、设备和科学的施工方案，需要严密组织、严格要求、标准化管理和高素质的职工。文明施工能适应现代化施工的要求，是实现优质、高效、低耗、安全、清洁、卫生的有效手段。

提升企业形象，提高市场竞争力。安全文明施工在视觉上反映了企业的精神外貌，在产品上凝聚了企业的文化内涵。安全文明施工展示了企业的生存能力、生产能力、管理能力，提高了企业的市场竞争能力。

### 11.1.3 文明施工的基本条件

**1. 有整套的施工组织设计（或施工方案）**

文明施工专项方案应由工程项目技术负责人组织人员编制，送施工单位技术部门的专业技术人员审核,报施工单位技术负责人审批,经项目总监理工程师(建设单位项目负责人)审查同意后执行。

文明施工专项方案一般包括以下内容:施工现场平面布置图,包括临时设施、现场交通、现场作业区、施工设备机具、安全通道、消防设施及通道的布置,成品、半成品、原材料的堆放等。大型工程施工中,平面布置图会受施工进程的影响而发生较大变动,可按基础、主体、装修三阶段进行施工平面布置图设计。施工现场围挡的设计。临时建筑物、构筑物、道路场地硬化等单体的设计。现场污水排放、现场给水(含消防用水)系统设计。粉尘、噪声控制措施。现场卫生及安全保卫措施。施工区域内及周边地上建筑物、构筑物及地下管网的保护措施。制订并实施防高处坠落、物体打击、机械伤害、坍塌、触电、中毒、防台风、防雷、防汛、防火灾等应急救援预案(包括应急网络)。

**2. 有健全的施工指挥系统和岗位责任制度**

1) 组织管理

文明施工是施工企业、建设单位、监理单位、材料供应单位等参建各方的共同目标和共同责任,建筑施工企业是文明施工的主体,也是主要责任者。

施工现场应成立以项目经理为第一责任人的文明施工管理组织。分包单位应服从总包单位的文明施工管理组织的统一管理,并接受监督检查。现场安全组织结构见图11-1。

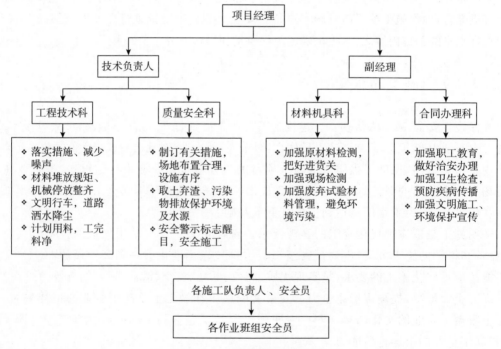

图11-1 现场安全组织结构

(1)项目经理:主管本项目的文明施工办理任务。

(2)工程办理部门:负责本企业文明施工办理体系的建立及运行监督、办理任务。

(3)副经理部:负责环境办理制度和计划的实施任务;半月召开一次"施工现场文明施工"任务例会,总结前一阶段的施工现场文明施工办理情况,布置下一阶段施工现场文明施工办理任务;建立并执行施工现场文明施工办理检查制度。每半月组织一次由各施工单位施工现场文明施工办理负责人参加的联合检查,对检查中所发现的问题,应按照具体情况,定时间、定人、定措施予以解决,项目经理部有关部门应监督落实问题的解决情况。

(4)安全科:项目经理部实施文明施工办理的主管部门。

(5)综合办理科:项目经理部实施文明施工办理的协助部门。

(6)工程科:项目经理部实施文明施工办理的执行部门。

(7)项目经理:对项目部文明施工管理体系的运行任务总负责。

(8)执行经理:具体负责项目部文明施工办理计划和措施落实任务。

(9)技术负责人:负责按照项目部的具体情况制订相应的文明施工办理计划和措施。

2)制度管理

(1)各项施工现场管理制度应有文明施工的规定,包括个人岗位责任制、经济责任制、安全检查制度、持证上岗制度、奖惩制度、竞赛制度和各项专业管理制度等。

(2)加强和落实现场文明检查、考核及奖惩管理,以促进施工文明管理工作的提高。检查范围和内容应全面周到,包括生产区、生活区、场容场貌、环境文明及制度落实等内容。检查发现的问题应采取整改措施。

(3)工序衔接交叉合理,交接责任明确。

(4)有严格的成品保护措施和制度。

(5)大小临时设施和各种材料。

(6)施工场地平整,道路畅通,排水设施得当,水电线路整齐。

(7)机具设备状况良好,使用合理,施工作业符合消防和安全要求。

## 11.1.4 文明施工现场的基本要求

现场必须实行封闭管理,现场出入口应设大门和保安室,大门或门头设置企业名称和企业标识,建立完善的保安值班管理制度,严禁非施工人员任意进出;场地四周必须采用封闭围挡,围挡要坚固、整洁、美观并沿场地四周连续设置。一般路段的围挡高度不得低于1.8m,市区主要路段的围挡高度不得低于2.5m。现场出入口明显处设置"五牌一图",即工程概况牌、管理人员名单及监督电话牌、消防保卫牌、安全生产牌、文明施工和环境保护牌及施工现场总平面图。现场的场容管理应建立在施工平面图设计的合理安排和物料器具定位管理标准化的基础上,项目经理部应根据施工条件,按照施工总平面图、施工方案和施工进度计划的要求,进行所负责区域的施工平面图的规划、设计、布置、使用和管理。

现场的主要机械设备、脚手架、密目式安全网与围挡、模具、施工临时道路、各种管线、施工材料制品堆及仓库、土方及建筑垃圾堆放区、变配电间、消防栓、警卫室以及现场的办公、生产和临时设施等的布置与搭设,均应符合施工平面图及相关规定的要求。现场的临时用房应选址合理,并符合安全、消防要求和国家有关规定。现场的施工区域应与办公、生活区划分清晰,并应采取相应的隔离防护措施,在建工程内严禁住人。现场应设置办公区、宿舍、食堂、厕所、淋浴间、开水房、文体活动室、密闭式垃圾站或容器(垃圾分类存放)等临时设施,所用建筑材料应符合环保、消防要求。现场应设置畅通的排水沟系统,保持场地道路的干燥坚固,泥浆和污水未经处理不得直接排放。施工场地应硬化处理,有条件时可对施工现场进行绿化布置。

现场应建立防火制度和火灾应急响应机制,落实防火措施,配备防火器材。明火作业应严格执行动火审批手续和动火监护制度。高层建筑要设置专用的消防水源和消防立管,每层设置消防水源接口。现场应按要求设置消防通道,并保持畅通。现场应设宣传栏、报刊栏,悬挂安全标语和安全警示标志牌,加强安全文明施工的宣传。施工现场应加强治安综合治理、社区服务和保健急救工作,建立和落实好现场治安保卫、施工环保、卫生防疫等制度,避免失盗、扰民和传染病等事件发生。严格遵守各地政府及有关部门制订的与施工现场场容场貌有关的法规。

### 11.1.5 文明工地标准

(1) 班子坚强。项目班子坚持两个文明一起抓的方针,重视创建文明工地工作,讲学习,讲政治,讲正气,工作勤奋,团结协作,廉洁奉公,作风民主,群众威信高,组织能力强。党组织的核心、堡垒作用发挥好,执行上级各项规定、制度认真,落实措施有力。

(2) 队伍过硬。思想过硬,日常学习教育落实,施工人员爱工地、讲道德、吃苦奉献思想树得牢;技术过硬,结合施工狠抓业务技术培训,施工人员能够熟练掌握本岗位的操作技能;作风纪律过硬,管理规章制度健全,施工人员服从命令、听从指挥,能打硬仗,无违法犯罪。

(3) 现场整洁。生活现场布置合理,设施齐全,伙房、澡堂、厕所干净卫生,宿舍整齐划一,会议室、图书室和娱乐体育活动场所布置有序;施工现场管理规范,标牌齐全,规格统一,机械设备、物资材料管理符合贯标要求,场地经常整理,保持清洁。

(4) 鼓动有力。施工动员教育及时,标语口号响亮,劳动竞赛成效明显,党团员带头作用突出,施工人员生产积极性高,现场大干气氛浓烈。

(5) 工期保证。能优化施工组织设计,合理配置生产要素,完成实物工作量超计划,工程进度在参战单位中名列前茅,满足工期要求,业主满意。

(6) 产品优质。工程有明确的质量目标,有具体的分阶段规划,有健全的质量体系和严格的控制措施,认真落实质量标准。

(7) 安全达标。工地安全组织健全,制度完善,责任到人,教育常抓,检查认真,预防得力,安全防护符合施工规范标准,无因工死亡、重伤和重大机械设备事故,无火灾事故,无严重污染和扰民,无食物中毒和传染疾病。

## 11.2 文明施工场容管理

### 11.2.1 施工现场场容管理的意义及内容

**1. 场容管理的意义**

场容是指施工现场的现场面貌,包括入口、围护、场内道路、堆场的整齐清洁,也包括办公室内环境甚至包括现场人员的行为。

施工现场的场容管理,实际上是根据施工组织设计的施工总平面图,对施工现场进行的管理,它是保持良好的施工现场秩序,保证交通道路和水电畅通,实现文明施工的前提。场容管理的好坏,不仅关系到工程质量的优劣,人工材料消耗的多少,还关系到生命财产的安全,因此,场容管理体现了建筑工地管理水平和施工人员的精神状态。

**2. 常见的场容问题**

开工之初,一般工地场容管理较好,随着工程铺开,由于控制不严,未按施工程序办事,场容逐渐乱起来,常见的场容问题有:随意弃土与取土,形成坑洼和堵塞道路。临时设施搭设杂乱无章。全场排水无统一规划,洗刷机械和混凝土养护排出的污水遍地流淌,道路积水,泥浆飞溅。材料进场,不按规定场地堆放,某些材料、构件过早进场,造成场地拥塞,特别是预制构件不分层和不分类堆放,随地乱摆,大量损坏。施工余料残料清理不及时,日积月累,废物成堆。拆下的模板、支撑等周转材料任意堆放,甚至用来垫路铺沟,被埋入土中。管沟长期不回填,到处深沟壁垒,影响交通,危及安全。管道损坏,阀门不严,水流不断。乱接电源,乱拉电线。

**3. 场容管理的基本要求**

(1) 严格按照施工总平面图的规定建设各项临时设施,堆放大宗材料、成品、半成品及生产设备。

(2) 审批各参建单位需用场地的申请,根据不同时间和不同需要,结合实际情况,在总平面图设计的基础上进行合理调整。

(3) 贯彻当地政府关于场容管理有关条例,实行场容管理责任制度,做到场容整齐、清洁、卫生、安全,交通畅通,防止污染。

(4) 创造清洁整齐的施工环境,达到保证施工的顺利进行和防止事故发生的目的。目前有的施工周期较长的项目已在可能条件下对现场环境进行绿化,使建筑施工环境有了较大的转变。

(5) 合理地规划施工用地,分阶段进行施工总平面设计。通过场容管理与其他工作的结合,共同对现场进行管理。

(6) 建立现场料具器具管理标准。特别是对于易燃、有害物体,如汽油、电石等的管理是场容管理和消防管理结合的重点。

(7) 施工结束后必须清场。施工结束后应将地面上施工遗留的物资清理洁净。现场不作清理的地下管道,除业主要求外应一律切断供应源头。凡业主要求保留的地下管道应绘成平面图,交付业主,并作交接记录。

## 11.2.2 施工现场场容管理的原则

**1. 进行动态管理**

现场管理必须以施工组织设计中的施工总平面布置图和政府主管部门对场容的有关规定及依据,进行动态管理。要分结构施工阶段、装饰施工阶段分别绘制施工平面布置图,并严格遵照执行。

**2. 建立岗位责任制**

按专业分工种实行现场管理岗位责任制，把现场管理的目标进行分解，落实到有关专业和工种，这是实施文明施工岗位责任制的基本任务。例如，砌筑、抹灰用的砂浆机，水泥、硅砂堆场和落地灰、余料的清理，由瓦工、抹灰工负责；钢筋及其半成品、余料的堆放，由钢筋工负责，为了明确责任，可以通过施工任务或承包合同落实到责任者。

**3. 勤于检查，及时整改**

对文明施工的检查工作要从工程开工做起，直到竣工交验为止。由于施工现场情况复杂，也可能出现三不管的死角，在检查中要特别注意，一旦发现要及时协调，重新落实，消灭死角。

### 11.2.3 施工现场场容的内容

**1. 现场围挡**

市区主要路段和市容景观道路及机场、码头、车站广场的工地，应设置高度不小于2.5m的封闭围挡；一般路段的工地，应设置高度不小于1.8m的封闭围挡。围挡须沿施工现场周边连续设置，不得留有缺口，做到坚固、平直、整洁、美观。围挡应采用砌体、金属板材等硬质材料，禁止使用彩条布、竹笆、石棉瓦、安全网等易变形材料。围挡应根据施工场地地质、周围环境、气象、材料等进行设计，确保围挡的稳定性、安全性。围挡禁止用于挡土、承重，禁止依靠围挡堆放物料、器具等。

砌筑围墙厚度不得小于180mm，应砌筑基础大放脚和墙柱，基础大放脚埋地深度不小于500mm（在混凝土或沥青路上有坚实基础的除外），墙柱间距不大于4m，墙顶应做压顶，墙面应采用砂浆批光抹平、涂料刷白。板材围挡底里侧应砌筑高300mm、不小于180mm厚的砖墙护脚，外立压型钢板或镀锌钢板通过钢立柱与地面可靠固定，并刷上与周围环境协调的油漆和图案。围挡应横不留隙、竖不留缝，底部用直角扣牢。

围挡必须使用硬质材料，满足坚固、稳定、整洁、美观的要求。围挡必须沿工地四周连续设置，不得中断。小区内多个单位多个工程之间可用软质材料围挡，但在集中施工小区最外围，应设置硬质材料围挡。雨后、大风后以及春融季节应当检查围挡的稳定性，发现问题及时处理。

**2. 封闭管理**

施工现场应有一个以上的固定出入口，出入口应设置大门，大门高度一般不得低于2m。大门处应设门卫室，实行人员出入登记、门卫人员值守管理制度及交接班制度，并应配备门卫值守人员，禁止无关人员进入施工现场。施工现场人员均应佩戴证明其身份的证卡，管理人员和施工作业人员应戴（穿）分颜色区别的安全帽（工作服）。施工现场出入口应标有企业名称或标志，并应设置车辆冲洗设施。

**3. 施工场地**

施工现场的场地应当整平，清除障碍物，无坑洼和凹凸不平，雨季不积水，暖季应适当绿化。施工现场应有防止扬尘的措施。经常洒水，对粉尘源进行覆盖遮挡。施工现场应设置排水设施,且排水通畅,无积水。设置排水沟及沉淀池,不应有跑、冒、滴、漏等现象,现场废水不得直接排入市政污水管网和河流。施工现场应有防止泥浆、污水、废水污染环境的措施。施工现场应设置专门的吸烟处,严禁随意吸烟。现场存放的油料、化学溶剂等应设有专门的库房,地面应进行防渗漏处理。禁止将有毒、有害废弃物作土方回填。

施工现场应设置密闭式垃圾站,建筑垃圾、生活垃圾应分类存放,并及时清运出场;建筑物内外的零散碎料和垃圾渣土应及时清理。清运必须采用相应容器或管道运输,严禁凌空抛掷;现场严禁焚烧各类垃圾及有毒有害物质。楼梯踏步、休息平台、阳台等处不得堆放料具和杂物。

**4. 道路**

施工现场的主要道路及材料加工区地面应进行硬化处理。硬化材料可以采用混凝土、预制块或用石屑、焦渣、砂头等压实整平,保证不沉陷、不扬尘,防止泥土带入市政道路。施工现场道路应畅通,应有循环干道,满足运输、消防要求。路面应平整坚实,中间起拱,两侧设排水设施,主干道宽度不宜小于3.5m,载重汽车转弯半径不宜小于15m,如因条件限制,应当采取措施。道路布置要与现场的材料、构件、仓库等料场、吊车位置相协调;应尽可能利用永久性道路,或先建好永久性道路的路基,在土建工程结束之前再铺路面。

**5. 安全警示标志**

安全警示标志是指提醒人们注意的各种标牌、文字、符号以及灯光等。一般来说,安全警示标志包括安全色和安全标志。安全色分为红、黄、蓝、绿4种颜色,分别表示禁止、警告、指令和提示。

安全标志分禁止标志(共40种)、警告标志(共39种)、指令标志(共16种)和提示标志(共8种)。安全警示标志的图形、尺寸、颜色、文字说明和制作材料等,均应符合国家标准规定。

根据国家有关规定,施工现场入口处、施工起重机械、临时用电设施、脚手架、出入通道口、楼梯口、电梯井口、孔洞口、桥梁口、隧道口、基坑边缘、爆破物及有害危险气体和液体存放处等属于危险部位,应当设置明显的安全警示标志。

---

## 小结

文明施工已成为建筑工程施工中必不可少的一部分。文明施工的意义不仅在于提高工程的质量和效率,更在于减轻施工对周围环境和人民群众的影响,提高了人们的生活质量。为了实现文明施工,需要同时满足一系列基本条件,如健全的管理制度、员工的文明作业素质、严格的现场施工要求等。

在施工现场场容管理方面,需要注意对施工区域进行科学规划和划分,防止施工过程中的混乱和安全问题。保护方面需要采取一系列措施,如垃圾分类处理、水土保持、噪声控制等,保护施工现场和周边的环境,达到绿色施工的目的。

建筑工程施工过程中,要实现文明施工和环境保护是一个长期的、艰苦的过程。只有不断地积极更新并完善管理制度,提高员工的文明作业素质,加强对现场施工的监督,才能够实现文明施工的目标,为人民创造一个良好的生活环境。

## 实训任务

根据《建设工程施工现场管理规定》《建设工程施工现场消防安全技术规范》(GB 50720—2011)、《建筑工程安全技术交底手册》《建筑安装工程安全技术规程》《建筑机械使用安全技术规程》《施工现场临时用电安全技术规范》(JGJ 46—2005)中的要求,编制施工现场场容管理制度。

## 本章教学资源

文明施工概述

文明施工场容管理

# 参考文献

[1] GB 50300—2013,建筑工程施工质量验收统一标准[S]. 北京:中国建筑工业出版社,2013.
[2] GB 50204—2015,混凝土结构工程施工质量验收规范[S]. 北京:中国建筑工业出版社,2015.
[3] GB 50205—2020,钢结构工程施工质量验收标准[S]. 北京:中国计划出版社,2020.
[4] GB 50202—2018,建筑地基基础工程施工质量验收标准[S]. 北京:中国计划出版社,2018.
[5] GB 50203—2011,砌体结构工程施工质量验收规范[S]. 北京:中国建筑工业出版社,2011.
[6] GB 50207—2012,屋面工程质量验收规范[S]. 北京:中国建筑工业出版社,2012.
[7] GB 50208—2011,地下防水工程质量验收规范[S]. 北京:中国建筑工业出版社,2011.
[8] GB 50210—2018,建筑装饰装修工程质量验收规范[S]. 北京:中国建筑工业出版社,2018.
[9] GB 55023—2022,施工脚手架通用规范[S]. 北京:中国建筑工业出版社,2022.
[10] GB 55016—2021,建筑环境通用规范[S]. 北京:中国建筑工业出版社,2021.
[11] GB 55006—2021,钢结构通用规范[S]. 北京:中国建筑工业出版社,2021.
[12] GB 55003—2021,建筑与市政地基基础通用规范[S]. 北京:中国建筑工业出版社,2021.
[13] GB 55007—2021,砌体结构通用规范[S]. 北京:中国建筑工业出版社,2021.
[14] JGJ 59—2021,建筑施工安全检查标准[S]. 北京:中国建筑工业出版社,2021.
[15] 侯君伟,吴琏. 建筑工程施工全过程质量监控验收手册[M]. 北京:中国建筑工业出版社,2016.